L'énergie en 2050

L'énergie en 2050

Nouveaux défis et faux espoirs

Bernard Wiesenfeld

EDP
SCIENCES

17, avenue du Hoggar
Parc d'activités de Courtabœuf, BP 112
91944 Les Ulis Cedex A, France

ISBN : 2-86883- 818-9

Table des matières

Introduction

ÉNERGIE ET ACTIVITÉ HUMAINE

La civilisation technicienne est d'essence universalisatrice

Georges Friedmann

Rien n'est infini.

Rien n'est éternel.

L'Univers est limité dans l'espace et dans le temps.

L'Homme a longtemps cru que la Terre était infinie et ses ressources illimitées.

Il découvre aujourd'hui qu'il vit dans un espace restreint et que la pénurie menace son existence.

L'Homme sait depuis toujours que le climat peut perturber son activité.

Il apprend maintenant que son activité peut provoquer un désastre climatique.

Cette prise de conscience collective remonte à 1972 lorsque le Club de Rome s'élève contre la surexploitation des ressources naturelles liée à la croissance économique et démographique, et prône la croissance zéro. Il apparaît alors clairement qu'un développement économique incontrôlé est incompatible avec la protection de la planète à long terme.

Vingt ans plus tard, la conférence de Rio légitime le concept de développement durable, qui vise à concilier progrès économique, développement social et respect de l'environnement.

***

L'objet de cet ouvrage est de décrire les différentes énergies mises à la disposition de l'Homme par la nature et de tenter de dresser le paysage énergétique à l'horizon 2050. Ce dernier dépend des politiques énergétiques engagées dans le monde, qui définissent les besoins en ressources.

Il dépend également de l'état des réserves d'énergie primaire et des exigences en matière de développement durable (économie d'énergie, diminution des déchets, lutte contre le réchauffement climatique...).

La première partie de l'ouvrage traite des énergies et de leurs applications industrielles.

Dans le premier chapitre est définie la notion d'énergie, et sont explicitées les différentes formes d'énergies et les inter-conversions entre elles.

L'équivalence entre masse et énergie nous amène à nous intéresser de plus près à la matière. Qu'est-ce que la matière ? D'où vient-elle ? Comment s'est formé l'Univers ? Qu'y avait-il avant le Big Bang ?

Il est également évoqué les travaux des physiciens à la recherche d'une loi unique pour décrire les phénomènes fondamentaux de la nature. C'est la théorie de Tout, qui nous permettrait par le calcul de remonter le temps jusqu'au Big Bang.

Les chapitres 2 et 3 développent les énergies primaires mises à la disposition de l'homme et leurs applications industrielles, à savoir les énergies non renouvelables (hydrocarbures – gaz, pétrole), le charbon et le nucléaire (uranium, plutonium, thorium) (chap. 2) et les énergies renouvelables (hydraulique, solaire, éolien, biomasse et géothermie) (chap. 3).

Pour chaque énergie, une explication est donnée sur son origine physique : par exemple, sur la formation des gisements d'hydrocarbures, ou encore sur l'origine du vent et de la chaleur souterraine.

La part consacrée au nucléaire est importante étant donné la complexité du sujet (il est plus difficile d'expliquer le processus de production de chaleur par la fission nucléaire que par la combustion du bois ou du charbon) et le rôle majeur que cette énergie est appelée à jouer dans les 50 prochaines années.

Un chapitre entier est consacré à l'hydrogène, qui n'est pas une énergie primaire mais un vecteur énergétique, et à son utilisation comme combustible dans la pile à combustible.

En effet, l'épuisement annoncé des réserves d'hydrocarbures oblige l'Homme à réfléchir à des solutions de substitution dans les transports, et l'hydrogène peut constituer en ce sens une voie de progrès.

La deuxième partie de l'ouvrage traite des relations entre énergie et société.

Dans le chapitre 5 sont définis le développement durable, ainsi que la charte de l'environnement et ses trois grands principes : le principe de prévention, le principe de précaution et le principe pollueur-payeur.

Plusieurs paragraphes sont consacrés au réchauffement climatique, aux gaz à effet de serre et à leurs effets à moyen terme sur les climats de la planète.

Quels sont les risques que nous encourons ? Quelles sont les mesures prises par les États ? Quelles sont les conséquences du développement durable sur les politiques énergétiques ?

Le chapitre 6 définit les besoins en énergie à l'horizon 2050, donne une évaluation des réserves en énergies non renouvelables et décrit les évolutions des politiques énergétiques dans le monde jusqu'à 2050, année de transition vers l'« après-pétrole ».

Enfin, la conclusion fait le point, à la lumière des analyses faites dans l'ouvrage, sur la répartition souhaitable du mix énergétique, ainsi que sur les politiques qui doivent être menées afin de lutter efficacement contre le réchauffement climatique et, plus généralement, de respecter les préceptes du développement durable.

Partie I

LES COMPOSANTES DE L'ÉNERGIE

La société tout entière repose sur l'industrie

Saint-Simon

Chapitre 1

Notion d'énergie

1.1. Qu'est-ce que l'énergie ?

Tout dans l'univers est énergie.

Nous savons en effet depuis le début du siècle dernier qu'il existe une équivalence entre l'énergie et la masse. Cette équivalence est formalisée par la célèbre formule $E = mc^2$ (Albert Einstein, 1905) dans laquelle E représente l'énergie, m la masse et c la vitesse de la lumière.

Ainsi, sans énergie, pas de matière et sans matière, pas d'univers.

Mais qu'est-ce vraiment que l'énergie ?

L'énergie est la grandeur qui représente la capacité d'un système à produire du mouvement. Dans la notion d'énergie, il y a donc non seulement le mouvement lui-même, mais également la capacité à en créer.

C'est un des concepts fondamentaux de la physique, dont l'une des propriétés est de se conserver, quel que soit le processus physique mis en jeu. Il ne peut donc y avoir ni création, ni disparition d'énergie, mais simplement transformation d'une forme d'énergie en une autre, ou encore transformation de la matière, par transfert d'énergie d'un système à un autre. C'est le principe général de conservation de l'énergie ou premier principe de la thermodynamique.

Il existe deux formes d'énergie. L'une, liée à la tension, est l'énergie stockée. L'autre, appelée énergie libre, est associée au mouvement.

L'énergie mécanique, par exemple, se décompose en une énergie stockée, dite potentielle, et en une énergie libre dite cinétique : la pomme sur l'arbre contient une énergie potentielle, liée à sa hauteur, qui se transforme en énergie cinétique associée à sa vitesse lorsqu'elle tombe de l'arbre. Ainsi, dans sa chute, la pomme perd de la hauteur mais gagne en vitesse et son énergie totale reste constante.

L'énergie permet également, comme il vient d'être dit, de transformer la matière, de créer des substances nouvelles.

Ainsi, lorsqu'on retraite des déchets ménagers, on fabrique de nouveaux produits propres à la consommation. On fabrique par exemple des vêtements polaires à partir de bouteilles de plastique recyclées (voir § 3.4.2).

De même, quand nous retraitons le combustible usé d'une centrale nucléaire, nous fabriquons un nouveau combustible. On récupère ainsi le plutonium créé dans le réacteur nucléaire qui, sans retraitement, serait éliminé comme déchet.

Dans ces deux exemples, le recyclage est une économie de matière. C'est également une économie d'énergie.

1.2. Les différentes formes d'énergie

À l'instar de la pomme, on observe dans la nature diverses formes d'énergies qui peuvent s'inter-convertir.

Parmi ces différentes formes, distinguons celles de type libre de celles de type stocké.

1.2.1. Énergie libre

L'énergie libre peut se présenter sous quatre formes différentes :

- cinétique,
- thermique,
- électrique,
- rayonnante.

1.2.1.1. Énergie cinétique

L'énergie mécanique apparaît lorsque le système observé bouge. À titre d'illustration, la figure 1.1 représente un objet solide en mouvement linéaire vers la droite.

En réalité, si l'objet est en mouvement, c'est parce que toutes les molécules qui le composent se déplacent dans la même direction, dans le même sens et à la même vitesse.

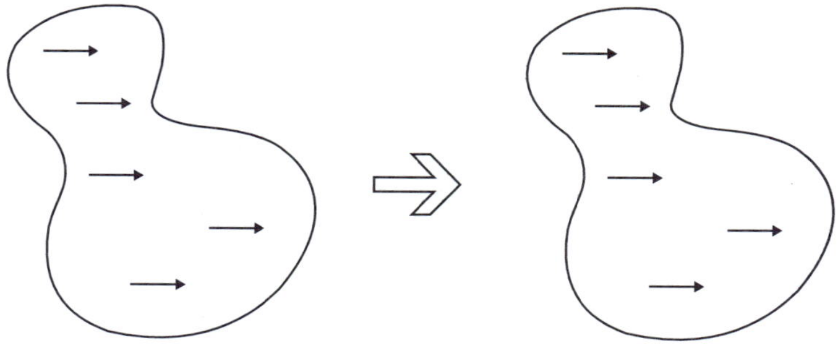

Tous les atomes se déplacent de façon ordonnée.

Figure 1.1. Objet solide en mouvement linéaire.

1.2.1.2. Énergie thermique (ou chaleur)

Supposons que l'objet observé soit un gaz enfermé dans une enceinte étanche.

Chaque molécule de gaz se déplace de façon désordonnée, heurte d'autres molécules sur son passage et rebondit contre les parois de l'enceinte. Au niveau du gaz dans son ensemble, l'agitation thermique provoquée par les mouvements désordonnés des molécules, ainsi que par les vibrations des atomes à l'intérieur des molécules, définit la température du milieu. Ainsi, la chaleur est-elle une manifestation de l'énergie cinétique. À chaque collision, les molécules transmettent de l'énergie cinétique de proche en proche. C'est le phénomène de propagation de la chaleur. Plus les molécules bougent, plus l'agitation thermique du milieu est grande et plus la température ambiante est élevée. Si les molécules sont inertes, la température est thermodynamiquement nulle. On obtient alors le 0 degré absolu ou 0 Kelvin (– 273,15 degrés Celsius (°C)). Il n'existe pas de température qui lui soit inférieure.

Dans le cas d'un objet solide, les molécules restent en apparence fixes dans la matière mais les atomes vibrent de façon désordonnée à l'intérieur des molécules et ce, d'autant plus fortement que la température est élevée.

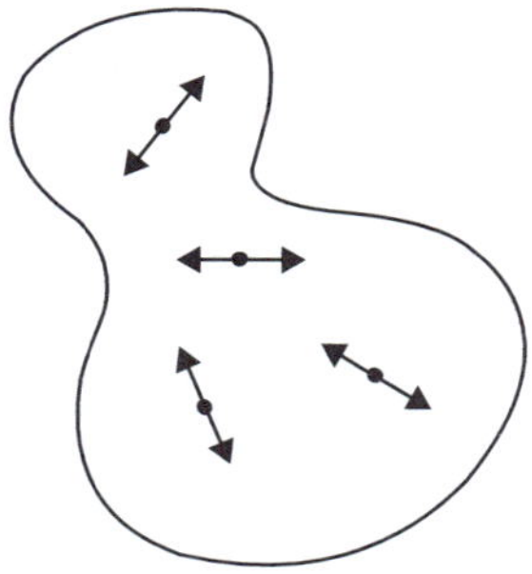

Tous les atomes vibrent de façon désordonnée à l'intérieur des molécules.

Figure 1.2. Objet solide immobile à une température donnée.

1.2.1.3. Énergie électrique

Cette énergie correspond au déplacement de particules chargées électriquement, appelées électrons, dans la matière.

Un atome est constitué d'un noyau autour duquel gravite un cortège d'électrons. Si certains de ces électrons peuvent s'échapper de leur atome d'origine et évoluer librement dans la matière, on est en présence d'une matière conductrice.

Ces électrons libres pourront être canalisés pour créer un courant électrique.

Si tous les électrons du cortège restent liés à l'atome d'origine, on a affaire à un isolant électrique. Aucun courant électrique ne peut alors être créé.

1.2.1.4. Énergie rayonnante (ou rayonnement)

Il s'agit du déplacement de particules de masse nulle, appelées photons, qui sont intimement associées à une onde électromagnétique, visible (lumière) ou invisible (infrarouge, ultraviolet, rayon X, rayon gamma...). Ce couplage entre onde et photon, généralisé aux autres particules (dualité onde-corpuscule), fut mis en évidence par Louis de Broglie, qui reçut le prix Nobel de physique en 1929 pour ses travaux sur ce nouvel axe de développement de la physique appelé mécanique ondulatoire.

Ces particules de masse nulle se déplacent à la vitesse de la lumière (300 000 km/s).

Le rayonnement contiendra d'autant plus d'énergie que la fréquence de l'onde associée sera élevée. Ainsi, le rayonnement ultraviolet est plus énergétique que le rayonnement visible ou infrarouge et le rayon gamma emmagasine plus d'énergie que le rayon X.

L'onde électromagnétique se caractérise par sa fréquence ou par sa longueur d'onde λ, qui est liée à la fréquence υ par l'expression : $\lambda = c/\upsilon$, c représentant la vitesse de la lumière.

Le tableau suivant donne l'ordre de grandeur des longueurs d'onde des principaux types d'ondes de photons :

Tableau 1.1. Longueur d'onde des principaux types d'onde.

Longueur d'onde	Type d'onde
En-dessous de 10 pm	Rayon gamma
10 pm à 10 nm	Rayon X
0,3 µm à 0,4 µm	Ultraviolet
0,4 µm à 0,7 µm	Lumière visible
0,7 µm à 2,5 µm	Infrarouge
mm à m	Micro-onde
m à km	Onde radio

p (pico) : 10^{-12} n (nano) : 10^{-9} µ (micro) : 10^{-6}
m (milli) : 10^{-3} m (mètre) k (kilo) : 10^{3}

Remarque : *dans le domaine de la radioactivité, on est amené à considérer des rayonnements de particules autres que le photon (appelé radioactivité gamma).*

En effet, on considère la radioactivité alpha (rayonnement de noyaux d'hélium) et la radioactivité bêta (rayonnement d'électrons ou de positons).

1.2.2. Les transformations de l'énergie libre

Les quatre formes d'énergie libre peuvent s'inter-convertir grâce à des dispositifs appropriés, appelés convertisseurs d'énergie (voir fig. 1.3).

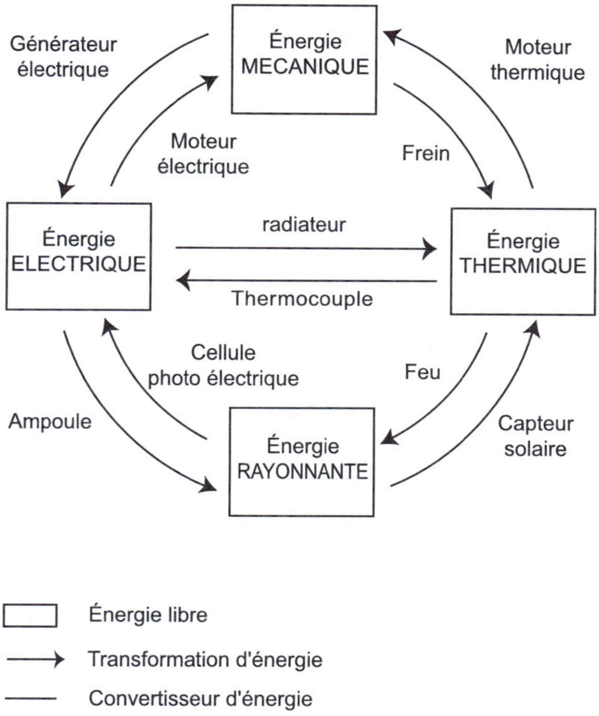

Figure 1.3. Transformations des énergies libres et exemples de convertisseurs d'énergie.

Remarque : *il n'existe pas de procédé industriel convertissant directement le rayonnement en énergie mécanique bien que le phénomène physique existe (moteur à pression de radiation ou voile solaire). Il en est de même pour la conversion réciproque.*

Toutes les énergies libres n'ont pas le même niveau de qualité. Certaines sont en effet plus facilement convertibles en d'autres formes et sont ainsi considérées comme plus nobles.

Lorsqu'un objet se déplace, emmagasinant une énergie mécanique, nous avons vu que toutes les molécules se déplacent de façon ordonnée contrairement à l'énergie thermique qui impose aux atomes des mouvements désordonnés.

Le passage de l'énergie mécanique à l'énergie thermique peut se faire spontanément (sans apport d'énergie) alors que dans le sens inverse il faut disposer d'un moteur thermique qui apportera une énergie extérieure au système.

D'une manière générale, il ne peut y avoir spontanément qu'une dégradation de la qualité énergétique c'est-à-dire un passage de l'ordre vers le désordre.

Ceci est un principe fondamental. Le niveau de désordre d'un système se mesure par son entropie. Plus le désordre est grand, plus l'entropie est élevée. Si un système isolé se trouve dans un état hors d'équilibre, il subira forcément une augmentation ultérieure de son entropie. C'est la loi d'augmentation de l'entropie ou second principe de la thermodynamique, découvert par R. Clausius et mis en lumière dans son approche statistique par L. Boltzmann.

L'entropie de tous les systèmes isolés observables dans la nature ne décroît jamais. Elle augmente ou au mieux, reste constante.

En outre, tout processus impliquant des objets macroscopiques peut être décomposé en processus réversibles et irréversibles.

Un processus irréversible s'accompagne toujours d'une augmentation de l'entropie, et un processus réversible, d'une conservation de l'entropie.

En résumé, toute transformation spontanée d'une énergie libre en une autre est un processus irréversible qui s'accompagne d'une augmentation du désordre, c'est-à-dire de l'entropie. La qualité de l'énergie se dégrade.

Un organisme vivant se caractérise par un niveau d'organisation très élevé, qu'il maintient par un apport extérieur d'énergie (les aliments). Son évolution spontanée conduit à une augmentation du désordre, à la destruction de son organisation, c'est-à-dire à la mort.

En revanche, la transformation spontanée de l'énergie potentielle en énergie cinétique est un processus réversible. Elle s'accompagne du maintien de l'ordre, donc de l'entropie. La qualité de l'énergie ne se dégrade pas.

C'est le cas du pendule. Lors du mouvement oscillatoire, il y a conversion réciproque de l'énergie potentielle, caractérisée par la hauteur du pendule, en énergie cinétique caractérisée par sa vitesse.

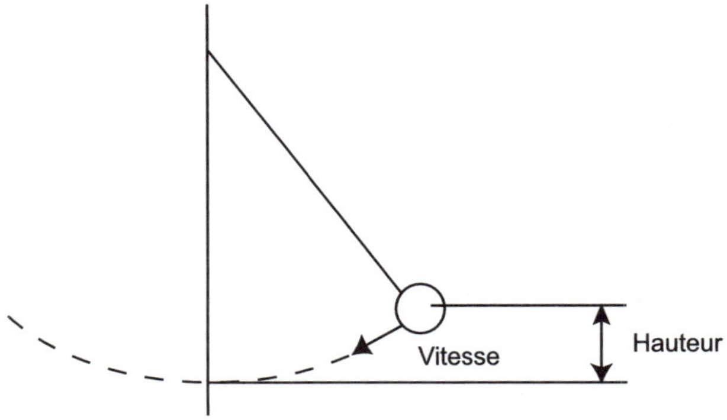

Figure 1.4. Conversion d'énergie dans le pendule.

L'énergie potentielle est une forme d'énergie stockée parmi d'autres. Nous allons les découvrir maintenant.

1.2.3. Énergie stockée

Contrairement à l'énergie libre, l'énergie stockée peut, par définition, se conserver sur de longues durées en conservant ses qualités intrinsèques.

Les différentes formes d'énergie stockée sont :

- l'énergie potentielle ;
- l'énergie chimique ;
- l'énergie nucléaire.

1.2.3.1. Énergie potentielle

Nous l'avons déjà évoquée. Il s'agit d'une énergie mécanique stockée dont la forme libre associée est l'énergie cinétique. On accumule de l'énergie potentielle en faisant travailler une force à contre-sens. En laissant ensuite travailler cette force dans son sens naturel, l'énergie potentielle emmagasinée est libérée :

- la pomme sur l'arbre emmagasine une énergie potentielle due à sa hauteur, qui se transforme en énergie cinétique lorsqu'elle tombe de l'arbre. La force mise en jeu est le poids de la pomme. On accumule de l'énergie potentielle en faisant travailler le poids à contre-sens, c'est-à-dire en faisant remonter la pomme sur l'arbre ;
- un ressort tendu, l'eau retenue derrière un barrage constituent un stock d'énergie potentielle.

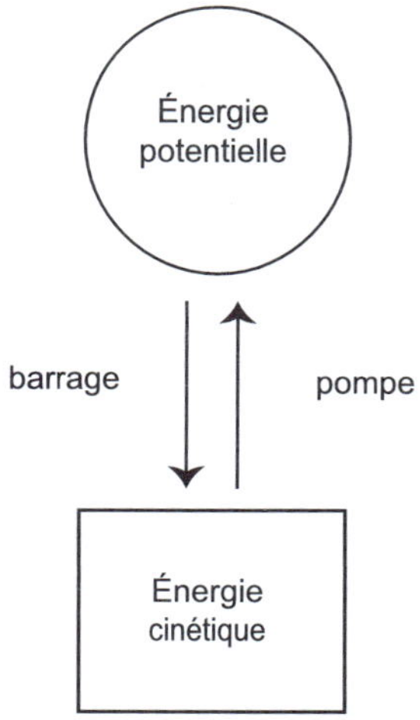

Figure 1.5. Inter-conversion d'énergie potentielle et d'énergie cinétique.

1.2.3.2. Énergie chimique

Alors que l'énergie potentielle utilise une force liée à la matière (il s'agit souvent du poids, comme dans l'exemple de la pomme), l'énergie chimique met en jeu des forces qui lient les atomes entre eux dans les molécules. On est dans le domaine de la physique de l'atome, au niveau de son cortège électronique, ou physique atomique.

La réaction chimique consiste donc à modifier les molécules en agissant sur les forces de liaison entre atomes. Cela se traduira soit par une absorption de chaleur (réaction endothermique) soit par un dégagement de chaleur (réaction exothermique). Dans ce dernier cas, on aura libéré une énergie stockée dans la matière par un processus chimique.

À titre d'illustration, citons les réserves d'énergie chimique stockées dans les mines de charbon ou les réservoirs d'hydrocarbures (pétrole ou gaz).

Par réaction chimique de ces combustibles fossiles avec l'oxygène de l'air, l'énergie stockée est libérée sous forme de chaleur. Les applications industrielles sont multiples : pétrole raffiné pour le fonctionnement d'un moteur de voiture (essence) ou d'avion (kérosène), gaz de ville (méthane) pour le chauffage urbain, charbon (lignite, houille) pour la production d'électricité dans une centrale thermique.

Il est possible de stocker trois des quatre formes d'énergie libre en énergie chimique :

- la photochimie (ex. : la photosynthèse des plantes – voir § 3.4.1) permet de stocker en énergie chimique l'énergie rayonnante du Soleil ;
- la thermolyse est une synthèse chimique stockant l'énergie thermique des réactifs ;
- l'électrolyse permet de convertir l'énergie électrique d'une batterie d'accumulateur en énergie chimique.

La quatrième énergie libre, l'énergie cinétique, ne peut pas être convertie en énergie chimique, mais l'inverse est possible (ex. : au moyen d'un muscle chez l'animal).

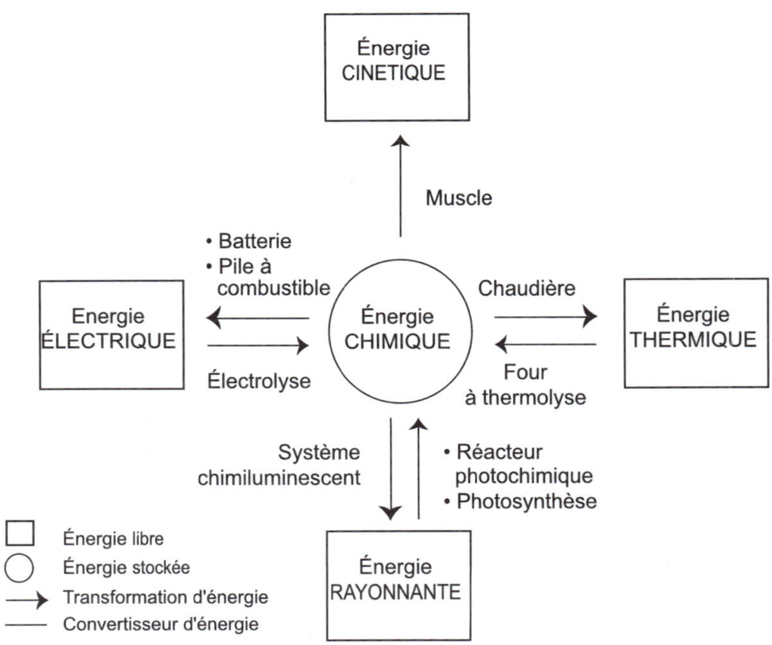

Figure 1.6. Transformations entre énergie chimique et énergies libres et exemples de convertisseurs d'énergie.

1.2.3.3. Énergie nucléaire

L'énergie nucléaire met en jeu les forces qui lient les nucléons entre eux dans les noyaux des atomes. On est dans le domaine de la physique du noyau, ou physique nucléaire.

Le noyau d'un atome est constitué de nucléons qui sont soit des neutrons (charge électrique nulle), soit des protons (charge électrique positive).

Si on sépare tous les nucléons d'un noyau et qu'on les pèse séparément, on constate de façon surprenante que la masse d'un noyau est plus faible que la somme des masses des nucléons qui le constituent (voir fig. 1.7).

La différence s'appelle le défaut de masse et il est équivalent, d'après la théorie d'Einstein d'équivalence entre la masse et l'énergie, à une énergie appelée énergie de liaison.

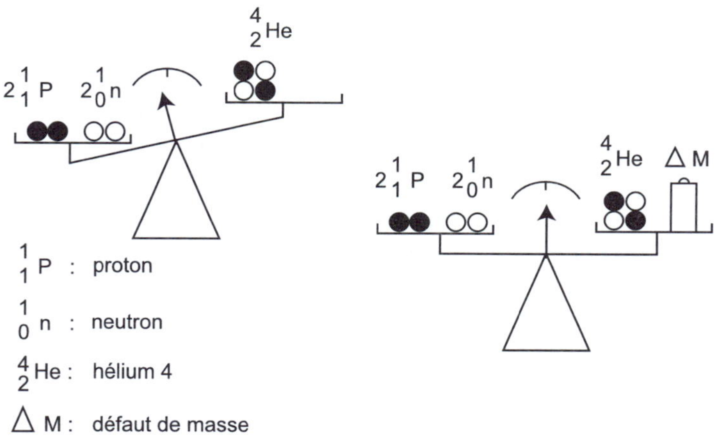

Figure 1.7. Énergie de liaison dans l'hélium.

Les physiciens ont mesuré l'énergie de liaison moyenne par nucléon $\Delta E/A$ pour l'ensemble des noyaux des atomes que l'on trouve dans la nature, et ils ont abouti à des résultats étonnants.

On constate en effet qu'il y a augmentation du défaut de masse, c'est-à-dire dégagement de chaleur, lors de la fission (cassure) d'un noyau lourd (nombre de masse supérieur à 60, correspondant à peu près au nickel) ou bien lors de la fusion (assemblage) de deux noyaux légers (nombre de masse inférieur à 60). Ces réactions sont exothermiques. *A contrario*, la fission d'un noyau léger et la fusion d'un noyau lourd requièrent de l'énergie : ce sont des réactions endothermiques (voir fig. 1.8).

Dans les réactions de fission d'un noyau lourd ou de fusion d'un noyau léger, une partie de la masse s'est transformée en énergie : c'est le principe de production d'énergie nucléaire, soit par fission des noyaux d'uranium ou de plutonium dans le cœur d'une centrale nucléaire en fonctionnement (exemple REP du parc EDF) ou dans l'explosion d'une bombe A (exemple d'Hiroshima ou de Nagasaki), soit par fusion des noyaux de deutérium et de tritium dans un réacteur à fusion contrôlée ou dans l'explosion d'une bombe H.

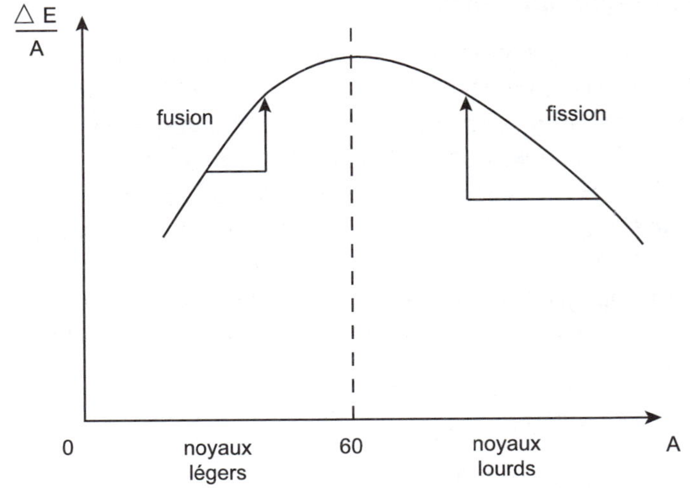

Figure 1.8. Exemple de réactions exothermiques : la fission d'un noyau lourd et la fusion d'un noyau léger.

Au sein des étoiles, nous avons affaire à une chaîne de réactions de fusion, qui démarre par la fusion de deux atomes d'hydrogène (ou deux protons) et fait intervenir ensuite la fusion d'autres éléments (hélium 3 et 4, lithium 7, beryllium 7 et deutérium).

$$ {}_1^1H + {}_1^1H \rightarrow {}_1^2H + {}_1^0e^+ + \upsilon $$

$$ \downarrow $$

$$ {}_1^2H + {}_1^1H \rightarrow {}_2^3He + \gamma $$

85 % / 15 %

$$ {}_2^3He + {}_2^3He \rightarrow {}_2^4He + 2\,{}_1^1H \qquad {}_2^3He + {}_2^4He \rightarrow {}_4^7Be + \gamma $$

$$ \downarrow $$

$$ {}_4^7Be + {}_{-1}^{0}e^- \rightarrow {}_3^7Li + \upsilon $$

$$ \downarrow $$

$$ {}_3^7Li + {}_1^1H \rightarrow 2\,{}_2^4He $$

${}_1^1H$: proton ; ${}_1^0e^+$: positon ; ${}_1^2H$: deutérium ; υ : neutrino ; ${}_2^3He$: hélium 3 ; ${}_2^4He$: hélium 4 ;
${}_4^7Be$: béryllium ; γ : rayonnement gamma ; ${}_{-1}^{0}e^-$: électron ; ${}_3^7Li$: lithium 7

Au total, on obtient :

$$ 4\,{}_1^1H + 2\,{}_{-1}^{0}e^- \rightarrow {}_2^4He + 2\upsilon + 27 \text{ MeV}^* $$

(*) MeV = Méga électron-Volts (millions d'électron-Volts).

L'électron-volt est une unité d'énergie égale à l'énergie acquise par un électron subissant une variation de potentiel de 1 volt.

1 eV = 1,6.10^{-19} Joule.

Pour réaliser la réaction de fusion de deux noyaux, qui ont tous deux une charge positive, il faut vaincre la barrière de répulsion électrique afin de les rapprocher suffisamment l'un de l'autre.

Une solution consiste à détruire la structure de l'atome en créant un nouvel état de la matière, appelé plasma, par augmentation de la température du milieu au-delà de cent millions de degrés Celsius. Ce quatrième état de la matière après les états solide, liquide et gazeux, est constitué d'électrons libres (le cortège électronique a été détruit par l'agitation thermique intense) et de noyaux qui, animés de très grandes vitesses, peuvent fusionner par collision.

À ce jour, la fusion contrôlée n'est pas maîtrisée et il est encore nécessaire de résoudre des problèmes technologiques complexes avant d'atteindre le stade du prototype industriel, qui n'est pas attendu avant plusieurs décennies.

Les recherches les plus avancées ont été menées jusqu'à présent sur les installations Jet à Culham (Angleterre) et Tore Supra à Cadarache (France).

Ces installations, appelées Tokamak (acronyme russe signifiant « chambre magnétique toroïdale »), ont pour objectif de maintenir à une température supérieure à 100 millions de degrés un plasma confiné dans un champ magnétique annulaire créé par un électroaimant supraconducteur (voir fig. 1.9-a).

C'est le procédé de fusion par confinement magnétique.

Un autre procédé de fusion, qui fait l'objet d'études en laboratoire, consiste à irradier très rapidement avec de puissants faisceaux laser, une microbille contenant un mélange à forte concentration de deutérium et de tritium, enrobée d'un ablateur (voir fig. 1.9-b).

Lorsqu'il est irradié par le faisceau laser, l'ablateur chauffe puis est éjecté en induisant une réaction qui comprime la cible (implosion).

C'est le procédé de fusion par confinement inertiel.

Le programme ITER constitue la prochaine étape sur la voie de la fusion contrôlée par confinement magnétique : il s'agit de réaliser et de contrôler la combustion auto-entretenue d'un plasma de deutérium et de tritium dégageant une puissance de 500 MW sur une période de plus de 400 secondes et de qualifier les technologies nécessaires à la conception d'un futur réacteur à fusion. Le site de Cadarache, en compétition avec le site japonais de Rokkasho-Mura, a été finalement choisi en juin 2005 pour accueillir l'installation ITER. Sa construction durera dix ans et son exploitation une trentaine d'années, pour un investissement total de dix milliards d'euros, soit plus de trois fois le prix d'un réacteur nucléaire de type EPR.

Si l'expérience s'avère concluante, on pourra alors envisager la construction d'un prototype de réacteur à fusion dont la fonction sera de récupérer la chaleur de fusion dans la couverture tritigène au lithium entourant le plasma, pour produire de la vapeur (voir fig. 1.10).

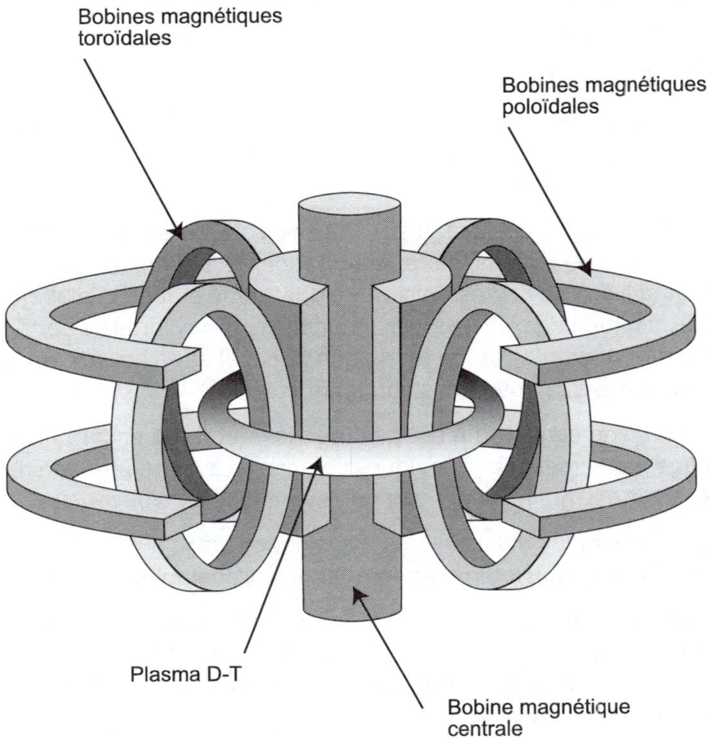

a - Tokamak
confinement magnétique

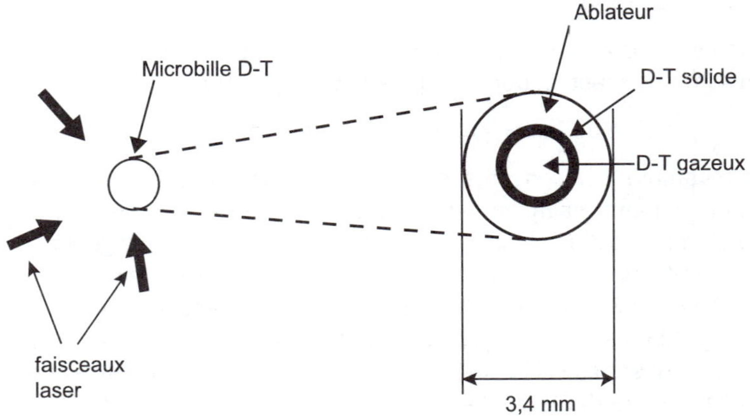

b - Microfusion par laser
confinement inertiel

Figure 1.9. Installations d'étude de la fusion contrôlée.

Cette couverture a deux fonctions distinctes :

- récupérer l'énergie cinétique des neutrons issus de la réaction de fusion dans le plasma (voir fig. 1.10) ;
- régénérer le tritium nécessaire à la fusion avec le deutérium, par les deux réactions suivantes :

$$ {}_0^1n + {}_3^6Li \rightarrow {}_1^3H + {}_2^4He + 4{,}78\ \text{MeV} $$

$$ {}_0^1n + {}_3^7Li \rightarrow {}_1^3H + {}_2^4He + {}_0^1n - 2{,}47\ \text{MeV}. $$

${}_0^1n$: neutron ; ${}_3^6Li$: lithium 6 ; ${}_1^3H$: tritium ; ${}_2^4He$: hélium 4 ; ${}_3^7Li$: lithium 7

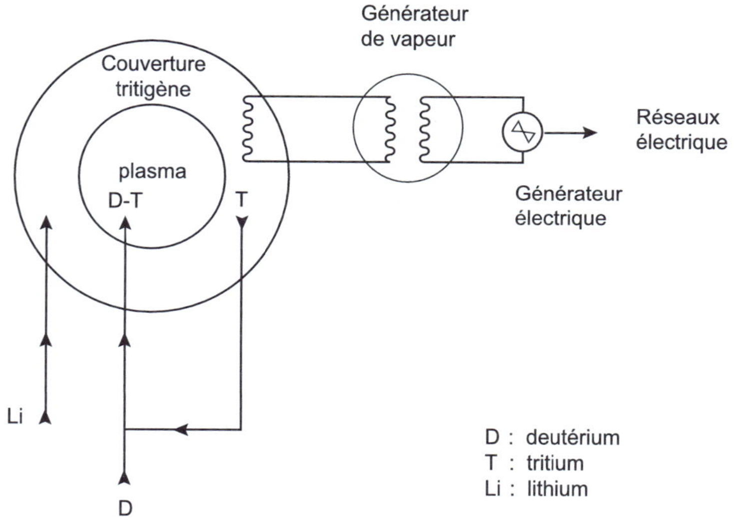

Figure 1.10. Principe du réacteur à fusion contrôlée par confinement magnétique.

Remarque : *le deutérium est abondant dans la nature. Il peut-être par exemple extrait de l'eau de mer (33 g par m*^{3}*). Le lithium provient de l'écorce terrestre. Les ressources sont estimées à 2000 ans.*

La fusion contrôlée pose à ce jour de nombreux problèmes particulièrement complexes à résoudre, concernant principalement le maintien du plasma à très haute température, l'extraction de la chaleur produite dans le plasma, la récupération de l'énergie des neutrons, la cohabitation de la très haute température du plasma avec la très basse température des aimants supraconducteurs, la production du tritium dans la couverture de lithium...

En revanche, la réaction de fission contrôlée est relativement simple à réaliser par bombardement neutronique d'un noyau fissile car le neutron, électriquement neutre, n'est pas dévié sur sa trajectoire par le cortège électronique (chargé négativement) qui entoure le noyau ou par le noyau cible lui-même (chargé positivement).

C'est ce procédé qui est utilisé dans le cœur d'un réacteur nucléaire pour produire de l'énergie.

Fusion deutérium — tritium

$$^{2}_{1}H + ^{3}_{1}H \rightarrow ^{4}_{2}He + ^{1}_{0}n + 17{,}6 \text{ MeV}.$$

Fission de l'uranium 235

$$^{235}_{92}U + ^{1}_{0}n \rightarrow ^{94}_{38}Sr + ^{140}_{54}Xe + 2\,^{1}_{0}n + 200 \text{ MeV}.$$

$^{2}_{1}H$: deutérium ; $^{3}_{1}H$: tritium ; $^{4}_{2}He$: hélium 4 ; $^{1}_{0}n$: neutron ; $^{235}_{92}U$: uranium 235 ;

$^{94}_{38}Sr$: strontium 94 ; $^{140}_{54}Xe$: xénon 140

Nota : les noyaux Sr et Xe sont des exemples de produits de fission de l'uranium 235, mais il en existe beaucoup d'autres : iode 129, césium 137, technétium 99, zirconium 95, krypton 85... qui peuvent résulter de la fission avec leur probabilité propre.

Remarque : *nous ne savons pas, aujourd'hui, stocker l'énergie sous forme d'énergie nucléaire. Il nous faudrait pour cela savoir fusionner des noyaux lourds en y apportant l'énergie nécessaire. Cela pose à l'évidence des problèmes techniques considérables.*

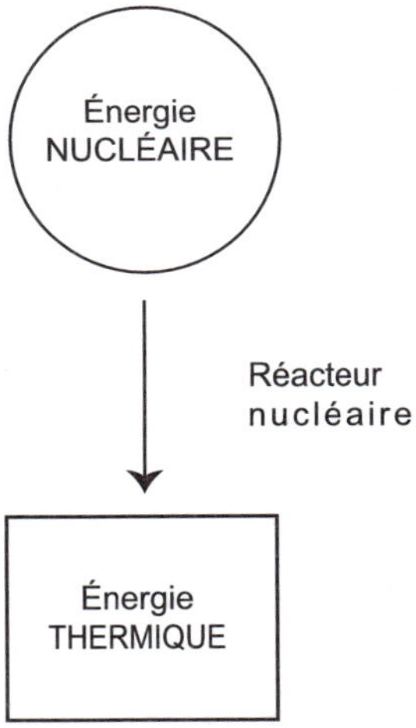

Figure 1.11. Transformation entre énergie thermique et énergie nucléaire.

1.3. Énergie et matière

Nous avons défini l'énergie et nous savons par ailleurs qu'il existe une équivalence entre la masse et l'énergie. Aussi est-il légitime de regarder la matière de plus près.

1.3.1. Structure de la matière

La matière est faite de molécules ; la molécule d'atomes ; l'atome d'un noyau et d'électrons qui gravitent autour de lui ; le noyau de nucléons (neutrons et protons) et enfin le nucléon de quarks (quark up et quark down - voir fig. 1.12).

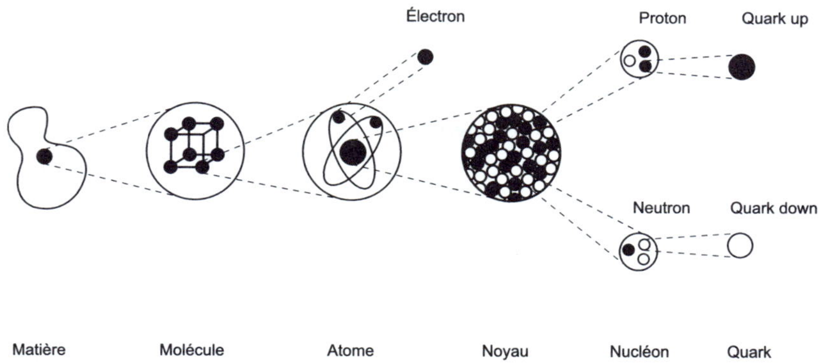

Figure 1.12. Structure de la matière.

Les quarks sont des particules élémentaires, c'est-à-dire des entités simples non dissociables.

D'une manière générale, les particules élémentaires peuvent être classées en deux catégories distinctes :

- Les fermions, qui sont des particules de spin demi-entier.
  Ils répondent à la statistique de Fermi-Dirac.
- Les bosons, qui sont des particules de spin entier ou nul.
  Ils répondent à la statistique de Bose-Einstein.

1.3.2. Les fermions

Dans l'état actuel des connaissances, toute la matière de l'univers, inerte ou vivante, est composée de quarks u (up) et d (down) et d'électrons, auxquels il faut ajouter le neutrino électronique υ_e. Ce sont les particules élémentaires constitutives de la matière. Elles forment une famille dans la catégorie plus large des fermions. Les fermions légers sont appelés leptons. Les fermions lourds sont appelés baryons. Il existe deux autres familles de fermions que l'on rencontre dans l'univers mais qui ne font pas partie intégrante de la matière ordinaire telle que nous la connaissons. Les trois familles de fermions sont représentées dans le tableau 1.2.

Tableau 1.2. Les trois familles de fermions.

Fermions	Famille 1 (matière)	Famille 2	Famille 3
Lepton	e électron ν_e neutrino électronique	μ muon ν_μ neutrino muonique	τ tauon ν_τ neutrino tauique
Baryon	quark up (u) quark down (d)	quark strange (s) quark charmé (c)	quark beauty (b) quark top (t)

Remarque : *on observe d'autres baryons appelés hypérons. Ils sont plus lourds qu'un nucléon et leurs durées de vie sont extrêmement faibles, inférieures à la nanoseconde. Leur étude dépasse le cadre de l'ouvrage.*

1.3.3. Les bosons

Il existe, dans la nature, quatre forces d'interaction entre fermions, responsables de la cohésion de l'univers : la force d'interaction forte, responsable de la cohésion du noyau des atomes ; la force d'interaction faible responsable de certains processus radioactifs ; la force d'interaction électromagnétique responsable de la cohésion des atomes et des molécules (lois de l'électromagnétisme) ; et, enfin, la force d'interaction gravitationnelle responsable de la cohésion des galaxies.

Ce sont des particules élémentaires, appelées bosons légers, qui sont responsables de ces différentes interactions. On les nomme respectivement gluon, boson intermédiaire, photon et graviton (non encore découvert) (voir tableau 1.3).

Tableau 1.3. Les bosons.

Bosons lourds (Mésons)	Pion π^0, π^+, π^- Kaon k^0, k^+, k^- ...
Bosons légers	Gluon Bosons intermédiaires W^+, W^-,Z^0, H^0 ? (boson de Higgs) Photon Graviton ?

1.3.4. L'antimatière

Chaque particule élémentaire possède son anti-particule qui ne lui diffère que par ses propriétés électriques (charge) et magnétique (moment magnétique), qui sont inversées. Ainsi, l'anti-électron est le positon de charge positive, l'antiproton est chargé négativement...

Théoriquement, en combinant des antiparticules élémentaires, on pourrait obtenir des anti-atomes, puis des anti-molécules, et enfin de l'antimatière.

Cependant, dans notre environnement, la durée de vie de l'antimatière est extrêmement courte car à leur contact, matière et antimatière s'annihilent en dégageant de l'énergie.

La première antiparticule identifiée fut le positon (anti-électron) produit par la collision des rayons cosmiques avec les particules de l'atmosphère terrestre. L'observation remonte à 1932. Depuis, l'homme en fabrique couramment dans les accélérateurs de particules (collisionneurs).

À titre d'exemple, on utilise l'antimatière en médecine, lorsqu'on construit une image à trois dimensions à partir d'un « appareil photo » très particulier appelé tomographe à positon.

Le fluor 18, radioélément émetteur β^+ (positon) est produit artificiellement dans un accélérateur de particules de type cyclotron, puis est incorporé dans une molécule de glucose, pour donner le 18 FDG (18 fluoro-desoxy-glucose).

Cette molécule est injectée par voie intraveineuse et va se fixer dans des cellules à fort métabolisme glucidique (cellules cancéreuses, phénomènes inflammatoires et infectieux...).

Il suffit alors de capturer puis traiter informatiquement les positons émis par ces cellules (tout comme l'appareil photo capture et traite la lumière émise par l'objet photographié) pour localiser par l'image des tumeurs ou des métastases dont le diamètre peut être inférieur au centimètre.

1.3.5. La naissance de l'Univers

Il est aujourd'hui communément admis que l'Univers s'est formé il y a 13,7 milliards d'années à la suite d'un événement initial appelé Big Bang. Cela est conforme à la croyance judéo-chrétienne en la Création, par opposition à la conception hellénistique d'un Univers sans début ni fin.

Immédiatement après le Big Bang, toutes les forces et particules d'interaction sont indiscernables. Ensuite, à mesure que la température décroit, la force d'interaction unique se décompose en deux forces (électronucléaire et gravitationnelle), puis en trois (électrofaible, forte, gravitationnelle) et enfin en quatre (électromagnétique, faible, forte et gravitationnelle), correspondant aux quatre forces d'intéraction actuellement connues.

Détaillons les principales étapes de la Création de l'Univers :

- Avant un instant très proche du « temps 0 », égal à 10^{-43} seconde (temps de Planck) d'après la théorie de la physique quantique applicable à l'infiniment petit (l'univers ne mesure alors que 10^{-35} mètre de diamètre), on se situe dans une zone qui nous est, dans l'état actuel des connaissances, parfaitement inaccessible.
- À 10^{-43} seconde, la température est égale à 10^{32} degré Kelvin (K) et l'énergie par particule est de 10^{19} GeV. Les aspects quantiques deviennent alors négligeables.
- À 10^{-35} seconde après le Big Bang, le thermomètre cosmique indique 10^{28} K et l'énergie moyenne par particule est de 10^{15} GeV.
- Il y a alors séparation entre interaction forte et interaction électrofaible (c'est-à-dire faible et électromagnétique unifiées). Il n'y a presque plus d'échange entre baryons et leptons.
- À 10^{-10} seconde, il y a séparation entre l'interaction faible et l'interaction électromagnétique. La densité, d'environ 10^{26} grammes par centimètre cube, est

très supérieure à la densité nucléaire. Il n'y a pas encore de proton ni de neutron, mais seulement des quarks libres et des électrons. La température est de 10^{-15} K (100 GeV).

- C'est à 10^{-6} seconde ($T=10^{13}$ K) que les quarks se regroupent trois par trois pour former les protons et les neutrons, qui restent en équilibre jusqu'à une seconde, période à laquelle les neutrinos se séparent de la matière. L'énergie est alors de 1 MeV par particule ($T=10^{10}$ K). S'il devient un jour possible d'observer ces neutrinos, nous serons alors capables de sonder l'Univers jusqu'à ce moment.
- À 100 secondes après le Big Bang ($T=10^{9}$ K) débute la nucléosynthèse primordiale qui conduit à la formation des premiers noyaux d'hydrogène et d'hélium.
- À 380 000 ans (T=3000 K), il y a découplage entre la matière et les photons. Ces derniers se propagent dans l'Univers qui devient subitement transparent. La lumière ainsi libérée en tout point de l'espace peut être aujourd'hui détectée par nos télescopes : c'est le rayonnement cosmologique, ou « Rayonnement fossile », égal à 3 K, qui témoigne du bien-fondé de la théorie du Big Bang.
  Il fut découvert par Penzias et Wilson en 1965, ce qui leur valut le prix Nobel de physique en 1978.
  Enfin, les électrons peuvent être interceptés par les noyaux d'hydrogène et d'hélium. C'est la naissance des premiers atomes...

1.3.6. La théorie de Tout

Depuis longtemps, l'Homme a cherché une loi unique pour décrire les phénomènes fondamentaux de la nature. À cette loi unique correspondrait une particule d'interaction unique. Ainsi, cette théorie permettrait-elle par le calcul de remonter le temps jusqu'au Big Bang.

Les domaines de la physique investigués concernaient, à l'origine, la Terre et l'espace, puis les phénomènes électriques, magnétiques et optiques et enfin, la structure intime de la matière.

Les Grecs considéraient, d'une part, le monde d'en haut, la voûte céleste, parfaite et éternelle, et d'autre part le monde d'en bas, celui des hommes, où régnaient corruption et précarité.

La Terre était immobile au centre de l'Univers et tous les corps célestes se déplaçaient sur des sphères. Cette conception cosmologique domina jusqu'à la Renaissance ou Copernic, le premier, affirma qu'en réalité la Terre tournait sur elle-même et autour du Soleil (1543).

À la suite des travaux de Kepler et Galilée qui confirmèrent les résultats de Copernic en dépit des interdits de l'Église, la première idée d'unification entre mécanique céleste et mécanique terrestre revint à Newton qui proclama que tous les corps étaient soumis à une même loi physique, la loi de la gravitation (1687), responsable à la fois du mouvement des astres et de la chute des corps. Ainsi put-il justifier la forme elliptique des trajectoires des planètes autour du Soleil et calculer la vitesse de chute d'une pomme de son arbre à partir de la même loi.

À la fin du XIXe siècle, Maxwell élabora une théorie unifiant les domaines de la physique apparemment aussi différents que l'électricité, le magnétisme et l'optique. Il réécrivit, à partir des travaux de Faraday, les lois de Coulomb et d'Ampère sur les effets électriques et magnétiques et aboutit finalement, après avoir introduit une hypothèse (non validée à l'époque) sur la vitesse de la lumière, à un système d'équations différentielles qui mit en évidence le caractère électromagnétique de la lumière. Plus précisément, la lumière pouvait être assimilée à une onde électromagnétique dont les champs électrique et magnétique, perpendiculaires entre eux, oscillaient perpendiculairement à leur direction de propagation (voir fig. 1.13). Ses prédictions furent confirmées expérimentalement par Hertz en 1888.

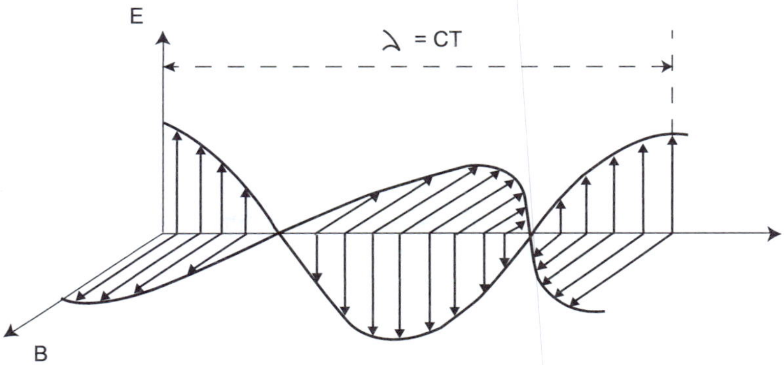

E Champ électrique
B Champ magnétique
λ Longueur d'onde
T Période
C Vitesse de la lumière

Figure 1.13. Onde électromagnétique.

Une décennie plus tard, Einstein constata que les équations de Maxwell conduisaient à des interprétations physiques différentes lorsque l'observateur était en mouvement par rapport au référentiel de l'expérience. C'est en recherchant une réponse à cette difficulté qu'il élabora en 1905 la théorie de la relativité restreinte qui stipula, d'une part que les lois de la physique devaient s'exprimer de la même manière dans tous les systèmes de référence, d'autre part que les équations de Maxwell respectaient ce principe dès lors que la vitesse de la lumière avait une valeur constante quel que soit le référentiel : « *La lumière se propage dans l'espace vide avec une vitesse bien définie c qui est indépendante de l'état de mouvement du corps émetteur* » (voir fig. 1.14). En d'autres termes, bien que finie, la vitesse de la lumière se comportait comme une valeur infinie (l'infini plus quelque chose donne l'infini).

La découverte de la radioactivité β conduisit le physicien italien Enrico Fermi à envisager, au début des années 30, l'existence d'une nouvelle force d'interaction,

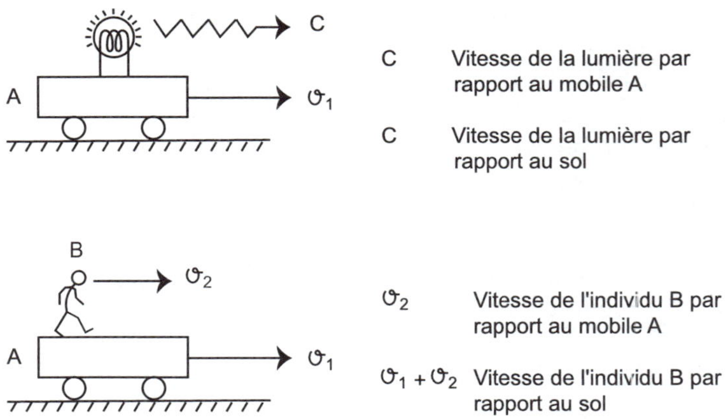

Figure 1.14. Vitesse de la lumière : constante universelle.

l'interaction faible. Quelques années plus tard, Richard Feynman élabora les bases de l'électrodynamique quantique (QED) dont l'objet est de décrire les interactions entre électrons et photons. Dans la QED, les phénomènes électromagnétiques mettaient en jeu des électrons dont les interactions étaient représentées par un échange de photons (voir fig. 1.15).

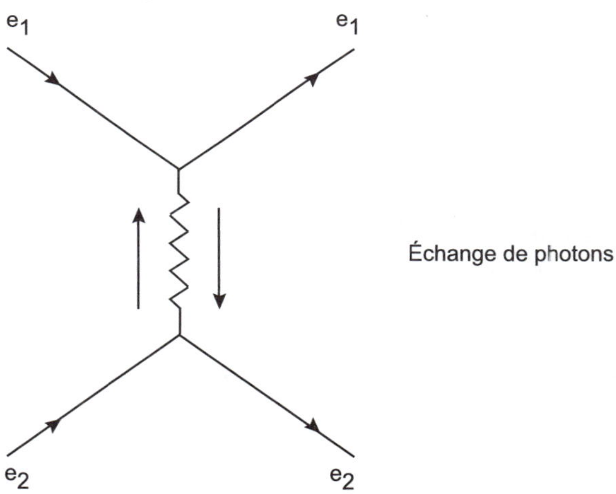

Figure 1.15. Diagramme de Feynman représentant le processus d'interaction électromagnétique (QED).

Par analogie, les premières théories sur la radioactivité mirent en jeu des particules d'interaction faible appelées bosons intermédiaires.

En tentant de généraliser sa théorie aux autres interactions fondamentales, Feynman découvrit que la force d'interaction faible (boson intermédiaire) et la force d'interaction électromagnétique (photon) étaient des manifestations d'une seule force d'interaction dite « électrofaible ». Ses travaux lui valurent le prix Nobel de physique en 1965.

Cependant, pour être complète, la théorie électrofaible suppose l'existence d'une particule d'interaction faible supplémentaire très spéciale : le boson de Higgs (H^0). Cette particule est théoriquement nécessaire pour expliquer l'origine de la masse des particules. Elle n'a jamais été mise en évidence expérimentalement. L'accélérateur de particule LHC (Large Hadron Collider) en construction au CERN devrait apporter une réponse définitive quant à l'existence attendue du boson de Higgs à partir de 2007.

La phase suivante d'unification est la synthèse électronucléaire. Elle suppose l'unification de l'interaction forte et de l'interaction électrofaible. C'est la théorie de grande unification (GUT).

À l'origine, le japonais Yukawa introduisit une particule d'interaction appelée méson π (ou pion) (1936) pour expliquer la cohésion des protons à l'intérieur du noyau atomique alors qu'ils dussent logiquement se repousser du fait de leur même charge positive.

Cependant, les expériences faites en haute altitude et en laboratoire montrèrent que le méson π était lui-même soumit à l'interaction forte qui s'avéra de fait mal comprise.

Cette difficulté fut surmontée en 1964 par les physiciens Murray Gell-Mann et George Zweig qui découvrirent une nouvelle particule constitutive des protons et des neutrons baptisées « quark ». Ce n'est qu'en 1975 que les premiers quarks furent détectés expérimentalement. Une nouvelle particule d'interaction forte, le gluon, fut en outre introduite, dont l'existence fut confirmée expérimentalement quelques années plus tard au centre de recherche de Desy (Allemagne).

Pour différencier les différents quarks, on introduisit une nouvelle propriété appelée couleur (bleue, verte ou rouge), d'où le nom de chromodynamique quantique (QCD) donné à la théorie de l'interaction forte (chromos signifie couleur en grec).

Selon cette théorie, l'interaction forte, responsable de la cohésion des neutrons et des protons dans le noyau atomique, résulte d'un échange de gluons entre quarks, de même que l'interaction électromagnétique résulte d'un échange de photons entre électrons. La figure 1.16 décrit le processus d'interaction forte à l'aide d'un diagramme de Feynman : un quark up bleu devient rouge en émettant un gluon bleu absorbé par un quark down rouge qui devient bleu.

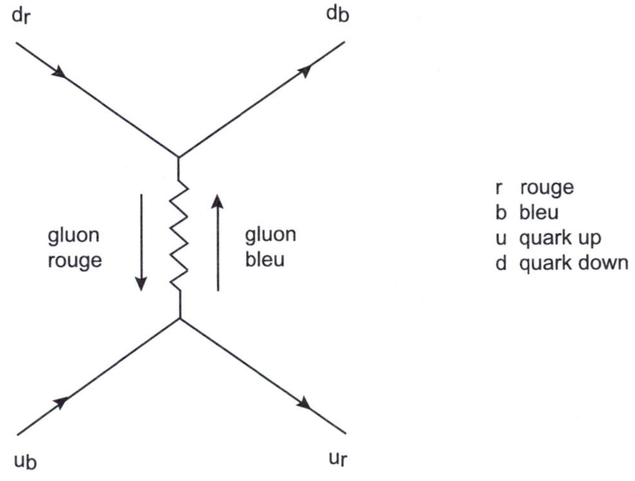

Figure 1.16. Diagramme de Feynman représentant le processus d'interaction forte (QCD).

La théorie de grande unification (GUT), ou unification électronucléaire, qui vise à unifier l'interaction forte et l'interaction électrofaible, n'est pas achevée à ce jour. Dès ses premiers développements, on s'aperçut qu'elle prédisait pour le proton une durée de vie moyenne limitée, bien que très importante (de l'ordre de 10^{32} années). Il était alors logiquement possible de détecter expérimentalement la désintégration de quelques protons au sein d'un matériau approprié (l'eau très pure par exemple) mis à l'abri des rayonnements cosmiques. L'expérience fut tentée, notamment en France dans le laboratoire souterrain de Modane (tunnel du Fréjus), mais sans résultat...

L'étape ultime consiste à unifier gravitation et interaction électronucléaire. Il s'agit donc d'identifier une « superforce » dont toutes les interactions connues (gravitationnelle, électromagnétique, faible et forte) seraient les composantes.

L'axe de recherche le plus prometteur fait appel à la supersymétrie, structure mathématique visant à concilier les deux grandes théories *a priori* antinomiques de la physique fondamentale que sont, d'une part la relativité générale, fondée sur un principe déterministe et adaptée au domaine de l'« infiniment grand », et d'autre part la mécanique quantique, fondée sur un principe probabiliste (exemple : on ne peut pas connaître à la fois la position et la vitesse d'un électron qui gravite autour du noyau atomique, mais seulement sa probabilité de présence à un endroit donné avec une vitesse donnée) et adaptée au domaine de l'« infiniment petit ».

Afin d'incorporer la gravitation dans la physique quantique, les chercheurs ont introduit une dimension spatiale aux particules élémentaires considérées jusque-là comme ponctuelles. C'est la théorie des cordes.

Cependant, les dimensions des cordes sont trop petites pour être détectables et de nombreuses questions restent en suspens.

- Le principe d'équivalence d'Einstein entre gravitation et accélération pure est-il exact ou approché ?
- Les constantes physiques universelles sont-elles variables dans le temps ?
- Y a-t-il unification des interactions ?
- Le Big Bang est-il le temps 0 de l'Univers ?
- L'Univers a-t-il pu naître du vide ?
- Existe-t-il d'autres univers ?

In fine, il est pour l'heure difficile de prédire s'il nous sera jamais possible de valider une théorie de Tout, c'est-à-dire d'atteindre l'unification ultime de la physique.

C'était le rêve d'Einstein. Deviendra-t-il un jour réalité ?

1.4. La mesure de l'énergie

Toutes les formes d'énergie, mécanique, thermique, électrique... sont la manifestation d'une même grandeur physique qui traduit la capacité d'un système à produire un mouvement (voir § 1.1).

Elles se mesurent donc par une unité commune, le Joule.

La puissance d'un système est l'énergie développée par ce système en une seconde. Elle se mesure en watts (W).

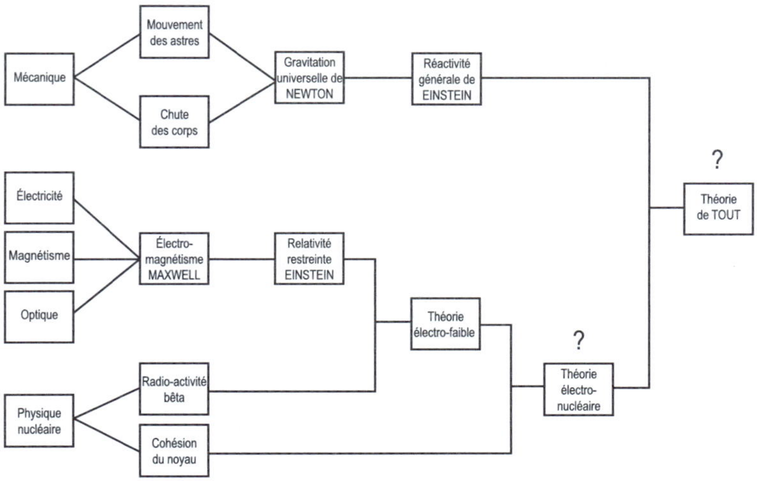

Figure 1.17. Vers la théorie de Tout.

Le spectre des puissances observables est très large, comme en témoigne l'échelle des puissances représentée sur la figure 1.18.

1.5. Les systèmes énergétiques

L'énergie disponible dans la nature a toujours été nécessaire à l'activité humaine.

Dans les temps les plus anciens, l'homme a vécu sur des énergies de proximité : le bois pour se chauffer, la force humaine ou animale pour se déplacer ou labourer la terre. La révolution industrielle qui survint en Occident à la fin du XVIIIe siècle fut la révolution de l'énergie : l'énergie mécanique se substitua à l'énergie animale et il s'ensuivit une élévation sensible du niveau de vie grâce à un confort accru, notamment dans la consommation domestique et les transports.

Le système énergétique est l'ensemble des opérations effectuées sur l'énergie, depuis sa source d'approvisionnement jusqu'à son utilisation par l'homme.

Il s'est complexifié avec le développement technologique et, en partant de la source, il convient de distinguer trois niveaux d'énergies : les énergies primaires, les énergies secondaires et les énergies finales.

1.5.1. Énergies primaires

C'est le premier niveau du système énergétique qui se compose de toutes les sources disponibles dans la nature.

On en distingue deux catégories : les énergies primaires non renouvelables et les énergies primaires renouvelables.

Les énergies primaires non renouvelables sont les combustibles fossiles (charbon, pétrole, gaz) et le combustible nucléaire (uranium et thorium).

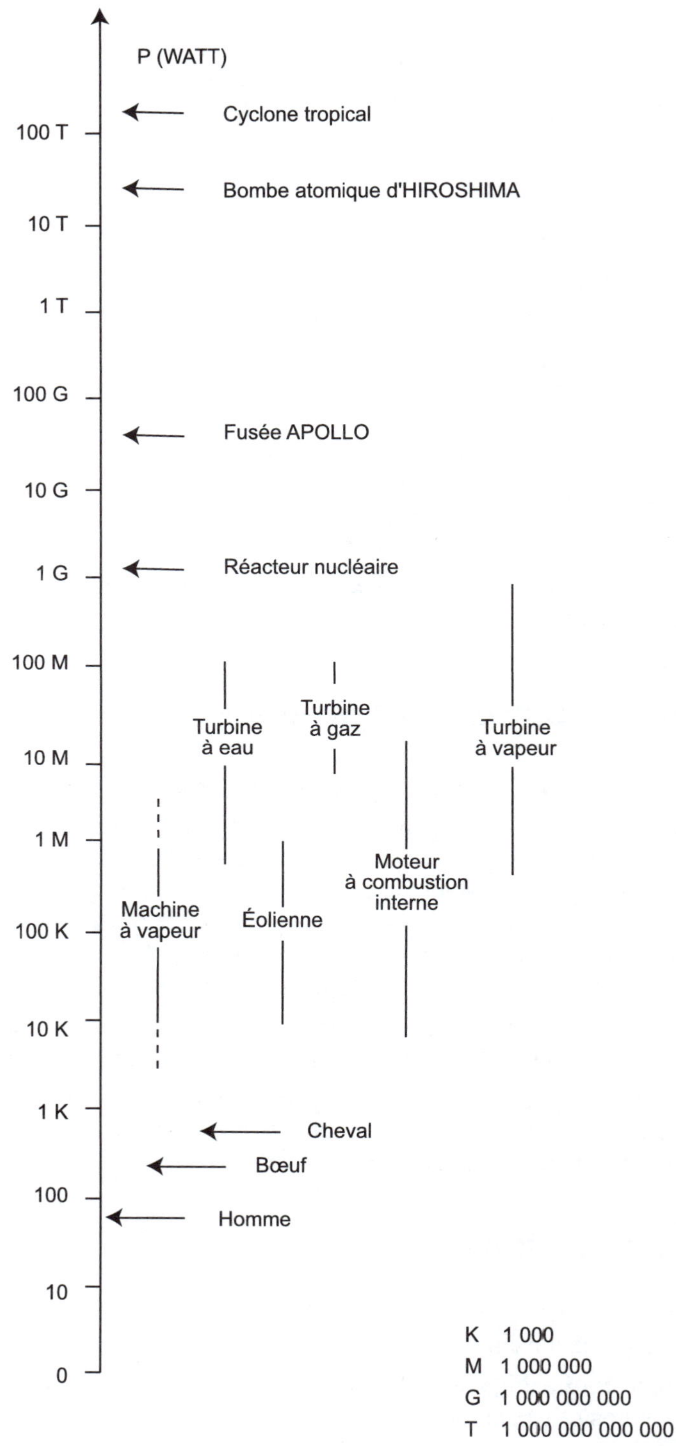

Figure 1.18. Échelle des puissances.

Les énergies primaires renouvelables sont l'hydraulique (barrage ou fil de l'eau), l'éolien, le solaire (thermique ou photovoltaïque), la biomasse (bois, végétaux, déchets fermentescibles d'origine animale, ménagère et industrielle), la géothermie et l'énergie marémotrice (énergie des marées).

L'énergie non renouvelable se présente sous la forme d'une énergie stockée, chimique pour les combustibles fossiles et nucléaire pour le combustible fissile.

Les énergies renouvelables peuvent être de forme libre ou stockée.

Énergie stockée : hydraulique (énergie potentielle qui stocke le rayonnement solaire responsable des précipitations), biomasse (énergie chimique qui stocke le rayonnement solaire), géothermie (énergie d'origine nucléaire).

Énergie libre : l'éolien a pour origine des mouvements météorologiques provoqués par le rayonnement solaire. L'énergie solaire provient, à l'évidence, du rayonnement solaire.

Enfin, l'énergie marémotrice est une énergie mécanique qui a pour origine la force d'attraction gravitationnelle de la lune (et du Soleil dans une moindre mesure).

Remarque : *Le Soleil est à l'origine de presque toutes les formes d'énergies primaires - énergies fossiles (charbon, pétrole, gaz), énergies renouvelables (biomasse, solaire, hydraulique, éolien).*

L'énergie nucléaire a pour origine la fission de l'uranium, du plutonium ou du thorium, et la géothermie provient de la radioactivité émise par l'uranium, le thorium et le potassium dans les entrailles de la Terre.

Le rayonnement solaire, quant à lui, provient des réactions de fusion nucléaire produites dans le Soleil.

Ainsi, hormis l'énergie marémotrice, dont la contribution au bilan énergétique mondial est marginale, toutes les sources d'énergies disponibles dans la nature ont pour origine des réactions nucléaires.

1.5.2. Énergies secondaires (ou vecteurs énergétiques)

1.5.2.1. Conversion de l'énergie

Les énergies primaires doivent subir des transformations pour être transportées et finalement consommées. Les énergies secondaires sont le résultat de ces transformations.

Elles sont principalement :

- **les produits pétroliers** issus du raffinage du pétrole brut : essence, kérosène, gasoil, fuel domestique ;
- **l'électricité** produite dans les centrales thermiques (combustible fossile) ou nucléaires (combustible fissile) et dans les installations utilisant une énergie renouvelable ;
- **la vapeur**, provenant généralement de la conversion d'énergies renouvelables (biomasse, solaire, géothermie) est utilisée par exemple pour des opérations de séchage industriel ;

- **l'hydrogène** produit par craquage thermique ou par électrolyse de l'eau, ou encore par reformage du gaz naturel (méthane) (voir § 4.5.1). Ce vecteur énergétique pourra, à l'horizon 2050, fournir de l'électricité dans des piles à combustible utilisables pour la propulsion des voitures ou dans des centrales de production électrique (voir chap. 4).

1.5.2.2. Transport et distribution de l'énergie

L'énergie primaire, une fois convertie en énergie secondaire, doit être acheminée jusqu'à l'utilisateur final. Cette opération s'effectue en deux étapes : il s'agit d'abord de transporter massivement l'énergie des centres de production vers les régions consommatrices, puis de distribuer localement l'énergie vers les utilisateurs.

Dans la mesure du possible, on transporte et distribue l'énergie à l'aide de réseaux.

Par analogie avec le réseau routier, le réseau de transport correspond au réseau d'autoroutes et le réseau de distribution, au réseau de routes secondaires.

L'exemple le plus connu est le réseau électrique français.

Pour limiter les pertes en lignes par effet Joule, le transport d'électricité s'effectue à très haute tension, alors que la distribution est assurée à basse tension. On peut ainsi découper le réseau électrique français en fonction du niveau de tension électrique.

- **Le réseau de transport** (400 kV et 225 kV) recouvre toutes les régions de France grâce à un maillage suffisamment fin et traverse en une dizaine de points nos frontières afin de s'interconnecter avec les réseaux des pays voisins. Il achemine de grandes quantités d'électricité des centrales de production vers les régions consommatrices.
- **Les réseaux de répartition** (90 kV et 63 kV) sont un sous-ensemble du réseau de transport et desservent des zones de consommation dans un découpage plus fin.
- **Les réseaux de distribution** (20 kV à 400 V) assurent la liaison entre les réseaux de répartition et les clients finaux.

Les réseaux sont reliés deux à deux par des stations de transformation permettant de passer d'une tension donnée à la tension inférieure suivante.

Autre exemple de réseau de transport : le gaz naturel est acheminé dans des gazoducs sur des distances souvent très importantes entre les pays producteurs et les pays consommateurs.

La tendance actuelle est de créer des réseaux gaziers adéquats pour fournir le gaz aux pays consommateurs et assurer le transit vers les pays voisins.

1.5.3. Énergie finale

En aval du système énergétique se situent les besoins élémentaires d'énergie de l'activité humaine, que l'on classe par secteurs d'utilisation de l'énergie et qui rendent compte des besoins élémentaires de l'activité économique.

On distingue trois grands secteurs d'utilisation de l'énergie : la consommation domestique (chauffage, confort domestique), les transports et l'industrie.

Ces différents secteurs peuvent se répartir en fonction des énergies libres suivantes.

Énergie thermique. Il s'agit du chauffage et de la réfrigération. Les besoins se situent dans les locaux d'habitation et de travail, ainsi que dans les processus industriels d'élaboration de matériaux divers (métaux, brique, ciment...).

Énergie mécanique (cinétique). Des applications multiples existent dans les transports (voitures, trains, bateaux, avions), l'industrie (moteurs, pompes, compresseurs...) et le secteur résidentiel (appareils ménagers, ascenseurs...).

Le rayonnement. Il est utilisé dans l'éclairage, les télécommunications, la télévision, l'imagerie médicale...

La quatrième énergie libre, **l'énergie électrique,** est particulière dans la mesure où elle est à la fois une énergie libre et un vecteur énergétique. On la retrouve dans tous les secteurs d'utilisation de l'énergie.

C'est au niveau final du système énergétique que l'on mesure toute l'importance de l'énergie dans l'activité économique.

Remarque : *il convient d'ajouter un dernier niveau après l'énergie finale, l'énergie utile, qui est l'énergie juste nécessaire à la satisfaction du besoin.*

Les pertes d'énergie entre l'énergie primaire et l'énergie utile se décomposent comme suit :

- 25 % à la conversion,
- 4 % au transport,
- 34 % à l'usage final.

Au total, l'énergie utile ne représente qu'environ un tiers de l'énergie primaire utilisée.

1.6. L'énergie électrique

1.6.1. Spécificité de l'énergie électrique

Parmi les différents vecteurs énergétiques, l'électricité est le plus important pour l'activité humaine, si bien que l'on peut mesurer le degré de développement économique d'un pays à la contribution de l'électricité à ses besoins énergétiques.

Cette contribution est aujourd'hui de 20 % en moyenne sur la planète, mais de 40 % dans les pays industrialisés. Son taux de pénétration est de 5 à 10 %/an dans certains pays en développement alors qu'il n'est que de 1,5 %/an dans les pays de l'Union Européenne. Cela signifie que le recours à l'énergie électrique témoigne de la volonté d'un pays de s'industrialiser. L'électricité est également le principal besoin en énergie des économies émergentes.

Les raisons de ce succès sont multiples. L'énergie électrique est au carrefour des énergies car elle peut être produite à partir de toutes les énergies primaires. Cela peut se faire sans pollution atmosphérique, à partir d'un combustible nucléaire ou d'une énergie primaire renouvelable.

En outre, l'électricité a la faculté de satisfaire, à tout moment et en tout lieu, de multiples besoins énergétiques grâce à un réseau de distribution fiable et dense.

Enfin, un appareillage électrique est généralement d'un usage simple et rapide.

En contrepartie, l'électricité présente l'inconvénient majeur de ne pas être stockable, si ce n'est en quantités faibles et à un coût élevé, sous forme d'énergie chimique dans des piles ou des batteries d'accumulateurs. C'est notamment la faible autonomie de ces systèmes de stockage de l'électricité qui limite actuellement sa pénétration dans le domaine du transport.

La meilleure manière de la stocker pour un usage industriel consiste à procéder indirectement, en faisant remonter l'eau d'une rivière ou d'un barrage équipé à cet effet, dans un réservoir situé en amont, d'un système de pompage. L'énergie potentielle accumulée sera libérée par gravité en période de forte demande d'électricité et l'énergie cinétique fournie par la vitesse de l'eau sera convertie en courant électrique dans une turbine à eau couplée à un alternateur.

1.6.2. Modes de production de l'électricité

Plusieurs moyens permettent principalement la production de l'électricité.

L'énergie fossile :

- le charbon,
- les hydrocarbures (pétrole, gaz).

L'énergie nucléaire :

- l'uranium,
- le plutonium,
- le thorium.

L'énergie renouvelable :

- l'hydraulique (eau),
- le solaire (rayonnement solaire),
- l'éolien (vent),
- la biomasse (végétaux, déchets organiques),
- la géothermie (chaleur de la Terre).

L'hydrogène dans une pile à combustible.

Nous allons développer dans les trois prochains chapitres ces différents moyens de production de l'électricité qui sont, mis à part la pile à combustible encore en phase de recherche et développement, exploités aujourd'hui à un stade plus ou moins avancé à travers la planète.

Résumé du chapitre 1

L'énergie est la grandeur qui représente la capacité d'un système à produire du mouvement. Dans la notion d'énergie, il y a non seulement le mouvement lui-même, mais également la capacité d'en donner.

L'énergie se conserve. C'est le premier principe de la thermodynamique.

Il existe deux formes d'énergie :

- l'énergie libre (cinétique, thermique, électrique, rayonnante),
- l'énergie stockée (potentielle, chimique, nucléaire).

Une énergie libre peut se transformer en une autre grâce à un dispositif approprié. Par exemple, l'énergie électrique peut se transformer en énergie mécanique à l'aide d'un moteur électrique.

L'entropie mesure le désordre d'un système. Plus le désordre est grand, plus l'entropie est élevée. Selon le deuxième principe de la thermodynamique, l'entropie d'un système isolé ne peut qu'augmenter ou, au mieux, rester constante.

L'énergie chimique met en jeu des forces qui lient les atomes entre eux dans les molécules. On se situe au niveau des électrons qui gravitent autour du noyau. C'est le domaine de la physique atomique.

L'énergie nucléaire implique des forces qui lient les nucléons entre eux dans les noyaux des atomes. C'est le domaine de la physique du noyau ou physique nucléaire.

Les réactions de fusion d'un noyau léger ou de fission d'un noyau lourd dégagent une énergie considérable appelée énergie de liaison. Il lui correspond une perte de masse appelée défaut de masse, conformément au principe d'équivalence entre énergie et masse.

C'est cette énergie qui est libérée par la bombe atomique (bombe A à fission d'uranium ou de plutonium, ou H à fusion de deutérium et tritium).

L'énergie de fission est maîtrisée et utilisée actuellement dans les centrales électro-nucléaires. L'énergie de fusion, quant à elle, n'est pas encore maîtrisée.

Toute matière (galaxies, minéraux, animaux, plantes...) est formée d'une combinaison de quatre particules élémentaires : le quark up, le quark down, l'électron et le neutrino électronique.

L'énergie primaire est le premier niveau du système énergétique, qui se compose de toutes les sources disponibles dans la nature :

- les énergies non renouvelables - fossile (charbon, gaz, pétrole) et fissile (uranium, thorium) ;
- les énergies renouvelables - hydraulique, éolienne, solaire, biomasse, géothermique, marémotrice.

À l'exception de l'énergie marémotrice, toutes les énergies primaires ont pour origine des réactions nucléaires.

Chapitre 2
Les énergies non renouvelables

2.1. Les énergies fossiles

2.1.1. Généralités

Les combustibles fossiles sont des corps chimiques composés principalement de carbone et d'hydrogène dont les proportions respectives varient du charbon (pas d'hydrogène) au méthane (forte proportion d'hydrogène).

2.1.1.1. Le charbon

Il se présente sous plusieurs formes selon sa richesse en carbone caractéristique de ses capacités énergétiques.

- La **tourbe** contient 65 % de carbone. Ce n'est pas une roche mais un sédiment constitué de végétaux plus ou moins décomposés dans une période récente. C'est un combustible médiocre.
- Le **lignite** contient 70 à 80 % de carbone. Sa formation remonte à l'ère secondaire et tertiaire.
- La **houille** (85 % de carbone) et l'**anthracite** (92 à 95 % de carbone). Leur formation remonte à l'ère primaire. Ils ont un haut pouvoir calorifique.

2.1.1.2. Le pétrole et le gaz

Ce sont principalement des hydrocarbures saturés ou alcanes de formule C_nH_{2n+2}. À la pression atmosphérique, ils sont gazeux pour n < 5 - méthane ou gaz naturel (CH_4), éthane (C_2H_6), propane (C_3H_8) et butane (C_4H_{10}) ; et liquide (pétrole) pour n ⩾ 5 - pentane (C_5H_{12}), hexane (C_6H_{14}), heptane (C_7H_{16}), octane (C_8H_{18})...

2.1.1.3. Pouvoir calorifique du combustible fossile

Le pouvoir calorifique est la quantité de chaleur dégagée par la combustion complète de l'unité de combustible considéré. Le tableau 2.1 donne le pouvoir calorifique de quelques combustibles fossiles exprimé en PCS (pouvoir calorifique supérieur), qui donne le dégagement maximal théorique de chaleur lors de la combustion, y compris la chaleur de condensation de la vapeur d'eau produite lors de la combustion.

Tableau 2.1. Pouvoir calorifique de quelques combustibles fossiles.

Charbon	PCS en kcal/kg
Tourbe	1000 à 1500
Lignite	3 500 à 4 500
Houille	8 350 à 8 600
Anthracite	7 800 à 8 400

Hydrocarbure liquide	PCS en kcal/kg
Hexane	11 630
Octane	10 105
Fuel lourd	10 400
Fuel domestique	10 700

Hydrocarbure gazeux	PCS en kcal/Nm^3
Méthane	9 535
Propane	24 360
Butane	32 075

2.1.1.4. Origine des hydrocarbures

Les gisements d'hydrocarbures se sont constitués au cours de millions d'années par un processus en trois phases successives.

1. Décomposition de la matière organique

Dans les milieux marins, les déchets organiques, issus de la décomposition de planctons, d'algues et d'organismes venus des fleuves, se déposent sur les fonds. Ces déchets sont mélangés aux sédiments provenant de l'érosion éolienne ou fluviale.

L'environnement marin étant pauvre en oxygène, donc protégé de l'action des bactéries, les déchets organiques se dégradent en une substance brunâtre et boueuse appelée kérogène.

Avec le temps et l'accumulation des couches géologiques successives, ces boues se transforment en roches sédimentaires appelées roches mères.

2. Transformation chimique par craquage moléculaire

Les conditions de pression (plusieurs milliers de bars) et surtout de température (plusieurs centaines de degrés) sont telles que le kérogène subit une transformation chimique conduisant à la sélection d'une partie de la matière en transformation par augmentation de la proportion de molécules formées de carbone et d'hydrogène, les hydrocarbures. C'est le craquage moléculaire.

3. Migration des molécules d'hydrocarbures

Sous l'effet de la pression, les hydrocarbures migrent. Ils quittent la roche mère et se déplacent vers des roches de porosité et de perméabilité plus importantes tels les grès ou les calcaires. Ainsi les hydrocarbures, substances visqueuses et peu denses, se glissent dans les interstices de la roche.

Au cours de cette migration, les hydrocarbures peuvent rencontrer une couche imperméable, par exemple argileuse, qui forme une structure piège. Ils sont alors stoppés dans leur migration et s'accumulent dans des poches appelées roches réservoirs.

Enfin, les composants en présence dans ces poches - l'eau, le pétrole et le gaz, se séparent du fait de leurs différentes densités, et une stratification se crée avec la couche aquifère, la plus lourde, surmontée d'une couche de pétrole puis de gaz (voir fig. 2.1).

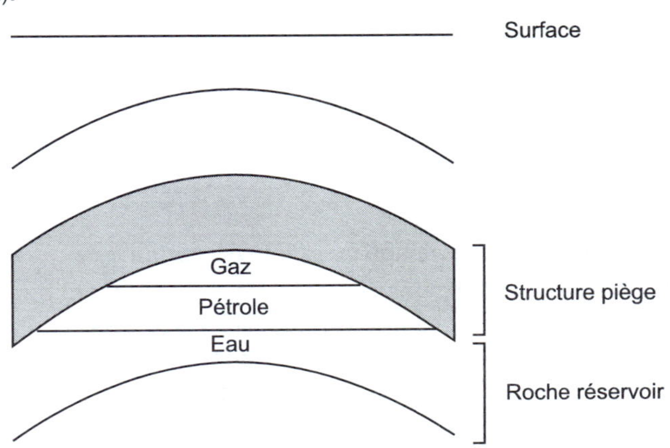

Figure 2.1. Schéma d'un piège à pétrole (type anticlinal).

2.1.1.5. Combustion des hydrocarbures

Lorsque ces combustibles sont chauffés en présence d'oxygène, ils brûlent en produisant du dioxyde de carbone et de l'eau selon la réaction :

$$C_nH_{2n+2} + ((3n+1)/2)O_2 \rightarrow nCO_2 + (n+1)H_2O. \qquad (1)$$

La combustion est très exothermique. Un mélange d'alcane vapeur et d'oxygène détone au contact d'une flamme, lorsque les proportions stoechiométriques sont réunies. Pour le méthane, ces proportions sont de l'ordre de seulement 4 à 13 % dans l'air, d'où le risque d'explosion de vapeurs de méthane en présence d'air dans les mines de houille. C'est le « coup de grisou » responsable, lorsqu'il survient, de la mort de nombreux mineurs (environ 5 000 morts chaque année dans les mines chinoises).

Remarque : *dans le moteur automobile (dit « à explosion »), la combustion du mélange d'air et d'essence s'effectue selon le régime de la déflagration. En effet, on évite la détonation, plus brutale, en utilisant un carburant à haut indice d'octane (IO), indice qui mesure le pouvoir antidétonant, obtenu notamment avec des alcanes ramifiés (c'est-à-dire non linéaires).*

À titre d'exemple, l'heptane normal (linéaire) a un IO égal par convention à 0. Utilisé comme carburant dans un moteur à explosion, il devient détonant à partir du taux de compression très bas de 2,5.

En revanche, l'iso-octane (octane ramifié) supporte des taux de compression beaucoup plus importants, de l'ordre de 9,5. Son IO est fixé conventionnellement à 100.

L'heptane linéaire est représenté par la formule semi-développée :

$$CH_3-CH_2-CH_2-CH_2-CH_2-CH_2-CH_3$$

L'iso-octane est représenté par la formule :

$$\begin{array}{ccccccccc} & & CH_3 & & & & CH_3 & & \\ & & | & & & & | & & \\ CH_3 & - & C & - & CH_2 & - & C & - & H \\ & & | & & & & | & & \\ & & CH_3 & & & & CH_3 & & \end{array}$$

La formule (1) indique qu'un alcane donne par combustion dans l'air du dioxyde de carbone et de l'eau.

En simplifiant, on peut écrire :

$$C + O_2 \rightarrow CO_2,$$

$$H_2 + 1/2\ O_2 \rightarrow H_2O.$$

On est en présence d'une combustion complète du carbone.

Dans la réalité, les combustibles fossiles (pétrole, gaz, charbon) brûlent de façon incomplète et complexe, à cause d'une température trop basse ou d'un déficit d'oxygène, en produisant des dérivés du carbone. En outre, ces combustibles contiennent des impuretés toxiques qui brûlent également.

Au total, lors de leur combustion, on distingue, outre le dioxyde de carbone et l'eau, l'émission de résidus carbonés (monoxyde de carbone, oléfines, aldéhydes, aromatiques, suie), d'oxydes de soufre et d'azote, de métaux lourds et, dans le seul cas du charbon, de résidus chlorés (dioxines et furanes).

Dans la chaudière thermique, objet du prochain paragraphe, ces substances intermédiaires constituent d'une part les cendres solides de foyer qu'on évacue par le fond, et d'autre part les fumées qu'il faut traiter avant le rejet à la cheminée afin de respecter la réglementation en vigueur en matière de protection de l'environnement.

2.1.2. Les centrales thermiques

Les centrales électriques d'origine thermique sont apparues il y a plus d'un siècle. Elles utilisent comme combustible les hydrocarbures (gaz naturel, pétrole distillé léger) ou le charbon.

La centrale électrique thermique de base (voir fig. 2.2) utilise la chaleur produite dans une chaudière par la combustion en présence d'air d'un combustible fossile. Cette chaleur est évacuée de la chaudière par un circuit d'eau primaire. L'eau primaire cède ses calories en faisant bouillir l'eau d'un circuit secondaire dans un ballon jouant le rôle de générateur de vapeur. La vapeur produite est ensuite détendue dans une turbine à vapeur qui convertit la chaleur véhiculée par la vapeur en énergie mécanique (rotation de la turbine) puis en énergie électrique par couplage à un alternateur. L'électricité produite sera enfin adaptée aux caractéristiques du réseau électrique par un transformateur. Au sortir de la turbine, la vapeur du circuit secondaire redevient liquide au passage dans un condenseur qui est traversé par un nouveau circuit, dit tertiaire, lui-même en contact avec une source froide pouvant être l'air d'un aéroréfrigérant, une rivière ou la mer.

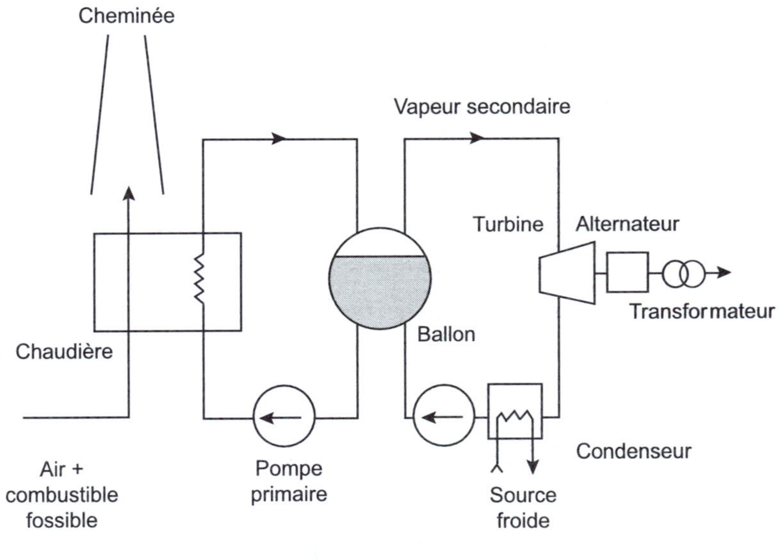

Figure 2.2. Schéma de principe d'une centrale thermique à vapeur.

2.1.2.1. Les hydrocarbures

a) La centrale à cycle combiné

Les turbines à combustion n'utilisent pas la vapeur pour produire l'électricité mais directement le mélange air-combustible qui est brûlé dans la chambre de combustion (la température atteint 1100 °C) puis détendu dans la turbine couplée à l'alternateur.

Elles ont pour origine les turboréacteurs d'avions développés pendant la seconde guerre mondiale.

La puissance électrique est d'environ 250 MWe.

Cependant, une grande partie de l'énergie thermique d'entrée à la turbine est perdue dans les gaz d'échappement qui sont évacués par la cheminée.

Aussi cherche-t-on à récupérer la chaleur de ces gaz dans un second circuit associé à une turbine à vapeur : c'est le cycle combiné.

Les premières réalisations de centrales électriques à cycle combiné remontent à un demi-siècle. Leur développement a été accéléré dans les années 70 et elles connaissent aujourd'hui un succès certain lié à des facteurs conjoncturels : libéralisation du marché de l'énergie, sensibilisation à la protection de l'environnement, recherche d'un retour sur investissement rapide...

Ces centrales électrogènes sont vouées dans les 50 prochaines années à un essor important au plan mondial.

Le rendement d'une turbine à gaz en cycle ouvert est d'environ 35 %, c'est-à-dire qu'en prenant en compte 1 % de pertes thermiques à la turbine, les gaz d'échappement contiennent encore 64 % de l'énergie thermique d'entrée. L'installation d'une chaudière de récupération associée à une boucle eau-vapeur permet de convertir 20 % supplémentaires de l'énergie primaire en électricité. Au total, ceci conduit à un rendement net de 55 % (voir fig. 2.3).

b) Les turbines à gaz (TAG)

Dans une centrale à cycle combiné, nous venons de voir que la TAG fournit les deux tiers de la puissance totale (35/55).

Sa conception suppose le choix de deux paramètres essentiels : le taux de compression du compresseur d'air et la température d'entrée à la turbine de détente. Ces deux paramètres déterminent les performances de la machine.

On distingue deux technologies en usage dans l'industrie.

- Les turbines à combustion de type « aérien » combinent un ensemble compresseur/turbine d'entraînement, directement dérivé des moteurs d'avions, et une turbine libre positionnée en aval, qui entraîne l'alternateur. Ces machines à deux arbres découplés sont compactes et légères, comme l'imposent les contraintes de l'aéronautique. Utilisant les technologies les plus récentes, elles fonctionnent à des taux de compression d'air importants (environ 30) et des températures d'entrée turbine élevées (1425 °C). Il en résulte des performances élevées en termes de rendement (42 %). Leur fort taux de compression entraîne une température d'échappement relativement élevée, favorable

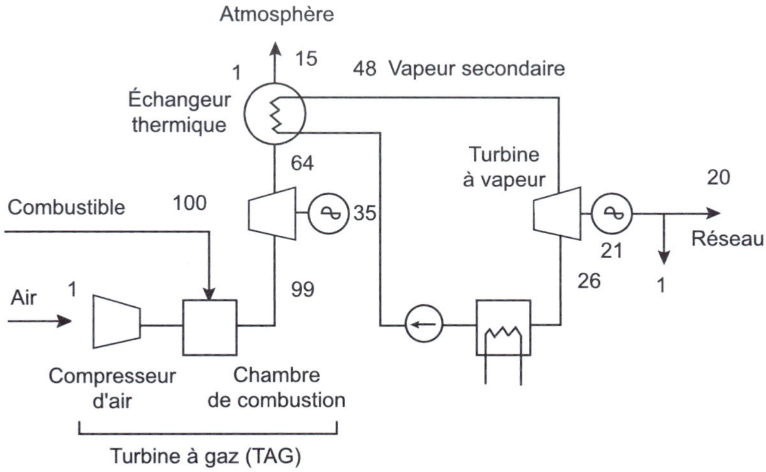

Nota : les chiffres indiquent les bilans thermiques en %

Figure 2.3. Schéma de principe d'un cycle combiné et bilan énergétique associé en %.

à une utilisation en cogénération (utilisation mixte électricité et chaleur, ou cycle combiné).

- Les turbines à combustion de type « terrestre » ne comportent qu'une seule ligne d'arbre. Les puissances obtenues peuvent dépasser 250 MWe.

c) Turbine à vapeur (TAV)

La TAV fournit un tiers (20/55) de la puissance totale d'une centrale à cycle combiné. En conséquence, elle est de petite taille, comparée aux turbines des centrales thermiques classiques qui produisent beaucoup plus de puissance.

33 % de la puissance thermique des gaz d'échappement de la TAG sont convertis en électricité par la TAV couplée à un alternateur.

2.1.2.2. Le charbon

Le 23 avril 2004, la France ferme sa dernière mine de charbon à la Houve, en Lorraine. Mais si l'aventure s'arrête pour la France, c'est loin d'être le cas partout dans le monde car le charbon demeure la deuxième énergie fossile après le pétrole et la première ressource pour la production d'électricité dans le monde (voir tableaux 6.1 et 6.2).

Les technologies ont beaucoup évolué depuis un siècle, notamment pour surmonter le problème de pollution lié à la combustion du charbon.

Les recherches en cours ont pour objet de mettre en évidence de nouvelles filières de production d'électricité à haut rendement susceptibles de respecter les réglementations les plus strictes en matière d'environnement. Ces filières sont dites à charbon « propre ».

a) Les chaudières à charbon pulvérisé avec traitement des fumées (CP)

Les techniques utilisées dans les centrales à charbon pulvérisé sont anciennes. Cependant, elles ont su évoluer en intégrant les exigences récentes de la réglementation en matière d'émissions polluantes, tout en assurant un rendement en constante progression. Les puissances des unités varient de 100 MWe à 600 voire 900 MWe.

La technique de combustion en charbon pulvérisé consiste à broyer le charbon en granules de 80 microns, qui sont ensuite séchés et entraînés dans un foyer par l'air primaire.

Les gaz de combustion passent dans les différentes sections de récupération de chaleur, puis dans des dépoussiéreurs électrostatiques ou des filtres à manches avant d'être rejetés à la cheminée à une température d'environ 130 °C.

La vapeur produite est détendue dans une turbine couplée à un alternateur, qui fournit la puissance électrique.

Les recherches en cours portent sur l'amélioration des brûleurs et la conception du foyer, afin de minimiser la formation d'oxydes d'azote, ainsi que sur le traitement aval des fumées concernant principalement la désulfuration, la dénitrification et le dépoussiérage. Ces recherches, ainsi que l'emploi de cycles vapeur supercritiques (cycles vapeurs situés au-delà du point critique de l'eau, qui correspond à une température de 374 °C et une pression de 221 bars), caractérisés par un haut rendement, devraient permettre à la filière traditionnelle de combustion du charbon de rester en compétition avec les autres filières de charbon propre pour la construction de futures centrales. De telles centrales, qui assurent un rendement de l'ordre de 45 %, sont actuellement en cours de réalisation au Japon, en Allemagne et au Danemark et plusieurs centaines de centrales supercritiques sont déjà opérationnelles dans le monde. À l'avenir, avec les matériaux métalliques en cours d'homologation, des températures de 620 à 630 °C seront possibles à moyen terme (5 à 10 ans), ce qui permettra encore d'augmenter le rendement. De plus, des études sont en cours pour évaluer les possibilités d'un passage à 700 °C, avec l'objectif de dépasser 50 % de rendement, mais la faisabilité technique et l'intérêt économique restent encore à démontrer.

b) Les chaudières à lit fluidisé circulant (LFC)

Un courant d'air maintient en suspension une masse importante de cendres dans un foyer, dit à lit fluidisé circulant. Des particules de charbon broyé et de calcaire en poudre sont alors injectées dans cette masse chaude en mouvement qui est entraînée vers l'extérieur du foyer puis recyclée après séparation des fumées dans un cyclone.

Cette recirculation dans le foyer permet une combustion satisfaisante du charbon, malgré la température relativement basse de 850 à 900 °C qui est maintenue dans le but de favoriser la captation du dioxyde de soufre par la chaux (provenant de la décarbonatation du calcaire) et de minimiser la formation des oxydes d'azote.

À l'origine, les LFC ont été développés pour valoriser les combustibles de médiocre qualité (lignite, tourbe, résidus de mines de charbon...).

Les résidus pétroliers, les schistes bitumineux, la biomasse et les déchets ménagers commencent également à être utilisés comme combustible.

On dénombre 240 tranches LFC en fonctionnement dans le monde représentant une puissance installée totale de 14 000 MWe. Si des unités de 250 MWe sont commercialisables aujourd'hui, l'extrapolation à 600 MWe est encore à l'étude.

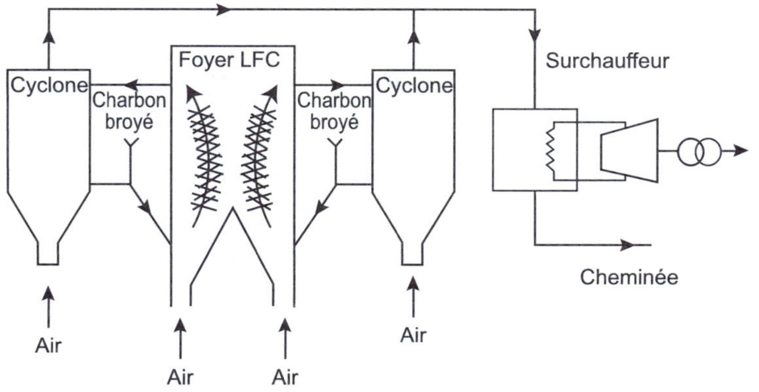

Figure 2.4. Schéma de principe d'une chaudière à lit fluidisé circulant (LFC).

c) La gazéification du charbon intégrée à un cycle combiné (IGCC)

Dans cette filière (voir fig. 2.5), un gaz, produit dans un gazogène par gazéification sous pression du charbon, est refroidi puis épuré afin de servir de combustible dans une turbine à gaz dont les fumées à haute température permettent de générer de la vapeur pour alimenter une turbine à vapeur classique.

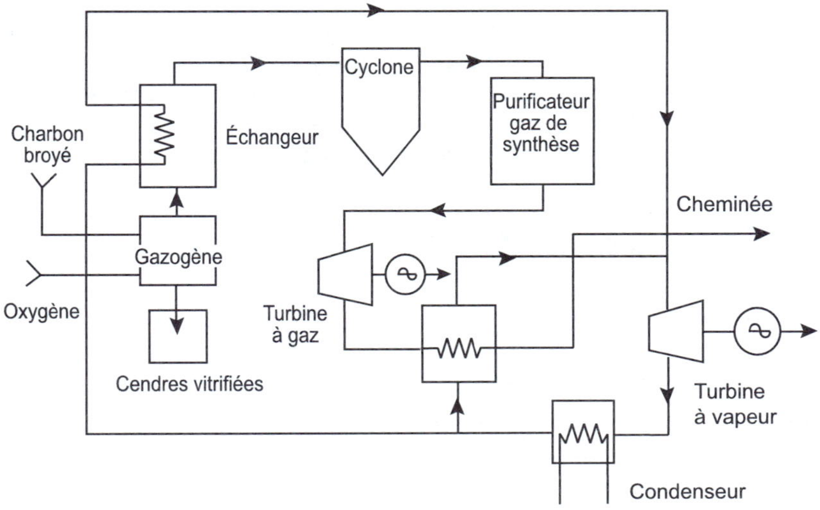

Figure 2.5. Schéma de principe d'une centrale IGCC.

Ce cycle combiné, alimenté par du gaz de synthèse, a la particularité d'utiliser au mieux la chaleur récupérée au cours du processus de gazéification et pendant le traitement du gaz. Tout ceci concourt au très bon rendement de l'ensemble, qui avoisine 45 % et qui pourrait encore évoluer en fonction des progrès attendus sur les turbines à combustion. Cette technique a aussi le grand avantage, malgré sa complexité, de réduire très fortement les émissions de polluants gazeux et de limiter la quantité de rejets solides (cendres fondues et soufre pur commercialisable), mais le coût de l'IGCC reste encore très élevé et sa durée de construction importante (48 mois) comparée au CP (30 mois). En outre, des incertitudes subsistent quant au montant des charges d'entretien, à la disponibilité en exploitation et aux possibilités de suivi de charge.

2.1.2.3. Perspectives d'avenir

Le choix entre les centrales alimentées au gaz naturel et les centrales au charbon « propre » sera dans le futur très étroitement lié à l'évolution du prix du gaz et au durcissement éventuel des normes d'émission de polluants. Les moyens de production d'électricité à base de gaz naturel sont actuellement plus performants que ceux à base de charbon principalement eu égard au coût d'investissement et de fonctionnement, au rendement et à l'émission de polluants solides (poussières) et gazeux (dioxyde d'azote et de soufre, gaz carbonique). Néanmoins le charbon demeure indispensable dans le bilan énergétique de nombreux pays, en particulier quand ceux-ci disposent de ressources locales bon marché. Aussi ce type de centrales devrait-il continuer d'être installé de façon soutenue dans le monde. À long terme, le coût du gaz est incertain et les risques géopolitiques sont élevés. Le charbon, dans la mesure où son utilisation respecte l'environnement, aura donc encore un rôle important à jouer dans l'avenir grâce à ses réserves très abondantes (voir tableau 6.3).

En conclusion, à court terme, le gaz naturel devrait s'imposer mais les centrales à charbon pulvérisé continueront d'être installées majoritairement dans les pays charbonniers. Le lit fluidisé circulant devrait trouver des débouchés permettant de valoriser les combustibles peu énergétiques, voire la biomasse. En revanche, les cycles combinés à gazéification intégrée (mis à part l'application à la valorisation des résidus pétroliers en raffinerie) devront sans doute attendre plusieurs décennies avant d'être utilisés de façon industrielle, à cause de leur coût élevé et de leur complexité qui s'apparente à celle d'une usine chimique.

2.2. L'énergie nucléaire

2.2.1. Généralités

2.2.1.1. La fission nucléaire

Nous avons vu au paragraphe 1.2.3.3 qu'il y avait équivalence entre la masse et l'énergie, et que la fission des noyaux lourds était très exothermique. C'est le principe du réacteur nucléaire, dont la fonction est de récupérer l'énergie dégagée par la fission nucléaire. Voyons plus concrètement comment s'effectue la fission nucléaire dans le cœur d'un réacteur nucléaire.

Le projectile utilisé est le neutron. Du fait de son absence de charge électrique, il interagit directement avec le noyau cible sans être dévié de sa trajectoire par le cortège électronique, chargé négativement, qui entoure le noyau, ou par le noyau cible lui-même (chargé positivement).

Dans la réaction de fission, l'interaction entre le neutron et le noyau cible est un processus complexe qui peut être résumé comme suit :

Le neutron est absorbé par le noyau cible qui s'excite, puis se casse en deux fragments (appelés produits de fission) de masses voisines avec émission de neutrons prompts (voir fig. 2.6).

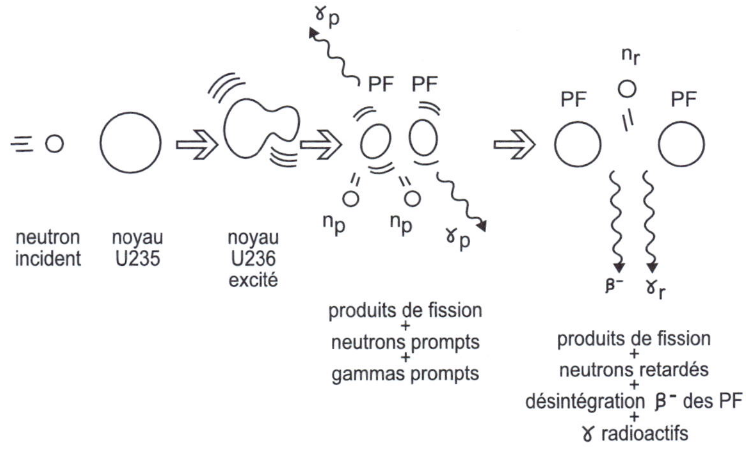

Figure 2.6. Principe de la fission nucléaire.

Les produits de fission fortement excités se désintègrent par rayonnement γ puis par désintégration β^- suivie, parfois, d'une émission de neutrons dits « retardés ».

On distingue donc deux catégories de neutrons émis lors de la fission :

- les neutrons prompts, émis instantanément au moment de la fission, à une vitesse moyenne de 20 000 km/s (2 MeV) ;
- les neutrons retardés, émis par les noyaux excités formés au cours de la désintégration β^- des produits de fission. L'émission de neutrons elle-même est instantanée, de sorte que le retard observé par rapport à l'émission des neutrons prompts correspond, *in fine*, à l'émission β^- antérieure (la vitesse moyenne d'émission d'un neutron retardé est de l'ordre de 10 000 km/s (500 keV).

La proportion de neutrons retardés par rapport aux neutrons prompts est très faible, moins de 1 %. Cependant, leur rôle est déterminant dans le contrôle du cœur d'un réacteur nucléaire.

L'énergie totale libérée par la fission se retrouve sous forme d'énergie cinétique dans les produits de fission, les neutrons, les rayonnements β et γ, et l'antineutrino. Le tableau 2.2 donne le détail de l'énergie moyenne libérée dans la fission de l'uranium 235.

Tableau 2.2. Énergie libérée dans la fission de l'uranium 235.

Fission de l'uranium 235	MeV
Énergie cinétique des produits de fission (ordre de grandeur)	165
Énergie cinétique des neutrons prompts et retardés (2 à 3 neutrons)	5
Rayonnement γ prompt	6
Rayonnement β^-	8
Antineutrino	12
Rayonnement γ radioactif	6
Énergie totale libérée	**202**

Cette énergie, instantanément convertie en chaleur, est évacuée à l'extérieur du cœur par le réfrigérant (ou fluide caloporteur).

Elle est égale à environ 200 MeV pour la fission d'un noyau d'uranium 235.

Remarque : *la fission complète d'un gramme d'uranium 235 (ou de plutonium 239) dégage une énergie d'environ 1 MWj (1 mégawatt × jour), soit l'équivalent de la chaleur dégagée par 10 000 ampoules électriques de 100 Watts fonctionnant pendant 24 heures. En d'autres termes, 1 gramme d'uranium 235 équivaut énergétiquement à une tonne de pétrole.*

La France a réussi, grâce à son programme nucléaire, à se doter d'un gisement virtuel qui fournirait annuellement environ 80 millions de tonnes d'un pétrole imaginaire à notre économie. Le passage au surgénérateur consommateur de plutonium rendrait ce gisement quasiment inépuisable.

La fission a un double effet sur l'environnement :

- elle dégage de la chaleur,
- elle produit des substances radioactives.

L'objet de la sûreté des installations nucléaires consiste à maîtriser en toutes circonstances ces deux effets, d'une part en assurant l'évacuation de la chaleur du cœur du réacteur, et d'autre part en garantissant le confinement des substances radioactives créées par la fission.

Certaines de ces substances ont une durée de vie très longue et continuent de produire de la chaleur après l'arrêt du réacteur. C'est la chaleur résiduelle.

Ainsi, un réacteur dégage-t-il de la puissance longtemps après son arrêt. À titre d'exemple, un réacteur de 900 MWe (3 000 MW thermiques) dégage 180 MWth après une minute d'arrêt, 15 MWth après un jour et encore 2 MWth après un an soit l'équivalent de la chaleur dégagée par 20 000 ampoules de 100 Watts.

Certains noyaux peuvent fissionner quelle que soit l'énergie du neutron incident. Ces noyaux sont dits « fissiles ». Citons pour exemples l'uranium 233, l'uranium 235 ou encore de plutonium 239. D'autres noyaux requièrent une énergie minimale du neutron incident pour fissionner. On parle alors de réaction de fission à seuil (d'énergie). C'est le cas de l'uranium 238 et du plutonium 240.

La figure 2.7 décrit de façon simplifiée le processus de fission.

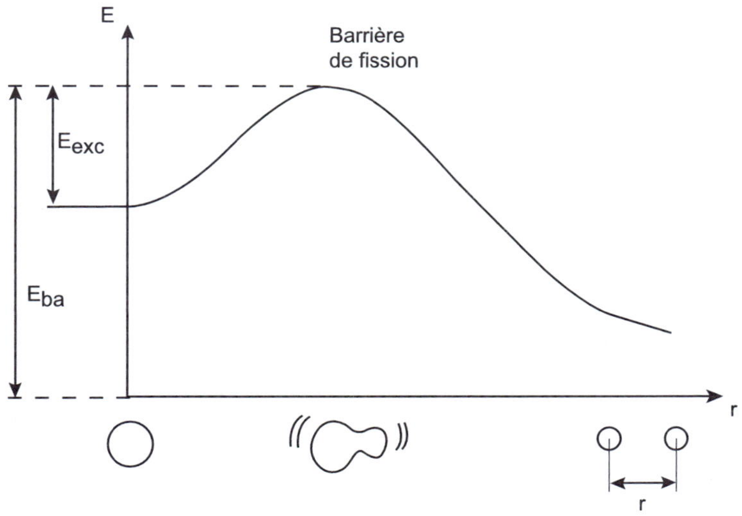

Figure 2.7. Barrière de fission.

Le noyau susceptible de fissionner est prisonnier dans un « puits » de potentiel et il lui faut un apport d'énergie minimum (énergie d'excitation E_{exc}) pour surmonter la « barrière » de fission (énergie E_{ba}).

Or, dans un noyau fissile comme l'uranium 235, l'énergie d'excitation (E_{exc} = 6 MeV) est fournie par l'énergie de liaison du neutron absorbé (7 MeV).

La fission peut donc se faire même avec des neutrons ayant de très faibles vitesses (neutrons dits « thermiques », par opposition aux neutrons animés de grandes vitesses, dits « rapides »).

En revanche, dans le cas d'un noyau comme l'uranium 238, seulement 5 MeV d'énergie sont fournis à l'absorption d'un neutron thermique. C'est plus faible de E_{exc}, aussi le noyau d'uranium 238 ne fissionne-t-il qu'avec des neutrons ayant une énergie supérieure à 1 MeV.

Ce sont les noyaux fissiles d'uranium 235 et de plutonium 239 qui sont le plus souvent utilisés comme combustibles dans les réacteurs nucléaires.

Dans l'uranium extrait du minerai, on trouve seulement 0,7 % d'uranium 235 et 99,3 % d'uranium 238. Pour cette raison, il est généralement nécessaire d'augmenter la teneur en uranium 235 de l'uranium naturel pour l'utiliser comme combustible. L'opération correspondante s'appelle enrichissement de l'uranium naturel en isotope 235.

Par exemple, l'uranium utilisé dans la majorité des centrales nucléaires françaises contient environ 3 % d'uranium 235 et 97 % d'uranium 238.

Si ces centrales fonctionnent grâce à l'uranium 235, l'uranium 238 a cependant un rôle important à jouer. En effet :

- il contribue à la production d'énergie parce qu'il fissionne avec des neutrons rapides et, surtout, parce qu'il est fertile, c'est-à-dire qu'il se transforme dans le réacteur en fonctionnement en plutonium 239 qui, lui, est fissile comme l'uranium 235. Dans un REP, le plutonium est responsable pour un tiers de la puissance dégagée ;

- il contribue fortement à la stabilité du cœur en capturant de façon stérile (c'est-à-dire en empêchant la fission) d'autant plus de neutrons que la température du cœur est élevée (effet Doppler) ;
- c'est grâce à l'uranium 238 que certains réacteurs dits « à neutrons rapides » peuvent être surgénérateurs, c'est-à-dire produire plus de matière fissile qu'ils n'en consomment (voir plus bas dans le texte).

Les noyaux fertiles les plus connus sont l'uranium 238 et le thorium 232. Ils génèrent dans le réacteur en fonctionnement, respectivement, les noyaux fissiles de plutonium 239 et d'uranium 233 par une capture radiative de neutrons suivie d'une double désintégration β^- selon les processus suivants :

$$^{238}_{92}U + ^{1}_{0}n \xrightarrow{(n,\gamma)} ^{239}_{92}U \xrightarrow[23{,}5\ mn]{\beta^-} ^{0}_{-1}e^- + ^{239}_{93}Np \xrightarrow[2{,}3\ j]{\beta^-} ^{0}_{-1}e^- + ^{239}_{94}Pu, \quad (1)$$

$$^{232}_{90}Th + ^{1}_{0}n \xrightarrow{(n,\gamma)} ^{233}_{90}Th \xrightarrow[23\ mn]{\beta^-} ^{0}_{-1}e^- + ^{233}_{91}Pa \xrightarrow[27{,}4\ j]{\beta^-} ^{0}_{-1}e^- + ^{233}_{92}U. \quad (2)$$

$^{238}_{92}U$: uranium 238 ; $^{1}_{0}n$: neutron ; $^{239}_{92}U$: uranium 239 ; $^{0}_{-1}e^-$: électron ;

$^{239}_{93}Np$: neptunium ; $^{232}_{90}Th$: thorium 232 ; $^{233}_{90}Th$: thorium 233 ;

$^{233}_{91}Pa$: protactinium ; $^{233}_{92}U$: uranium 233

2.2.1.2. La réaction en chaîne

La fission provoque l'émission de neutrons prompts et de neutrons retardés.

Au total, deux ou trois neutrons sont libérés au cours d'une fission qu'un seul neutron suffit à provoquer. Ces neutrons (plus précisément certains d'entre eux) provoquent à leur tour la fission d'autres noyaux et ainsi de suite. C'est la réaction en chaîne (voir fig. 2.8).

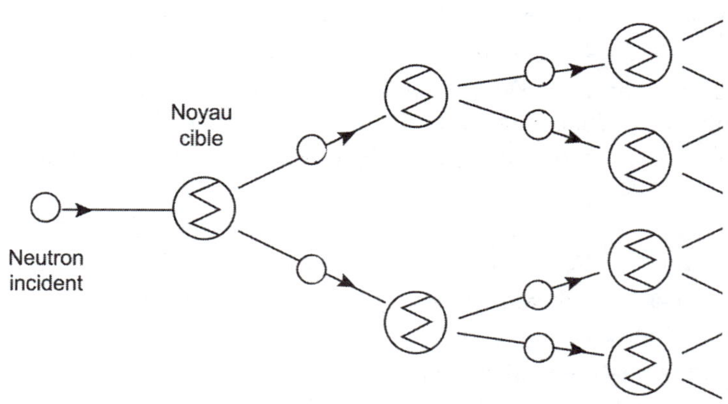

Figure 2.8. Réaction en chaîne.

2.2.1.3. Réactivité

Chaque neutron a son histoire propre et, pour connaître la puissance dégagée dans le cœur, seul importe le bilan statistique des interactions de la population de neutrons avec son environnement, c'est-à-dire l'histoire « moyenne » d'un neutron né d'une fission. Si, en moyenne, un neutron né d'une fission donne un seul neutron à la génération suivante, et ainsi de suite, alors on peut dire qu'un neutron qui disparaît donne naissance à un nouveau neutron : le bilan est équilibré et le nombre de neutrons (donc la puissance) est constant. On dit que le réacteur est critique, ou encore que sa réactivité ρ est nulle. Lorsque la réactivité est positive, le réacteur est surcritique et sa puissance croît. Lorsque la réactivité est négative, le réacteur est sous-critique et sa puissance décroît.

2.2.1.4. La surgénération

Le combustible d'un réacteur à neutrons rapides est principalement constitué de plutonium 239 (matière fissile) et d'uranium 238 (matière fertile). Lorsque le réacteur fonctionne, de la matière fissile est « consommée » par fission et capture neutronique et, dans le même temps, de la matière fissile est fabriquée par capture neutronique de l'uranium 238 qui donne du plutonium 239 selon la réaction (1) page précédente.

C'est le nombre moyen de neutrons émis à la suite d'une fission, pour un neutron absorbé, qui détermine la possibilité de fabriquer plus de matière fissile qu'on en a consommé, c'est-à-dire d'obtenir la surgénération. Ce nombre est égal à 2,4 pour le plutonium 239 en neutrons rapides (il n'est que de l'ordre de 2,1 pour l'uranium et pour le plutonium en neutrons thermiques, d'où la quasi-impossibilité de concevoir un réacteur à neutrons thermiques surgénérateur). Ainsi, en moyenne, un neutron émis pourra, entre autres interactions possibles avec l'environnement, être capturé par l'uranium 238 pour fabriquer du plutonium 239.

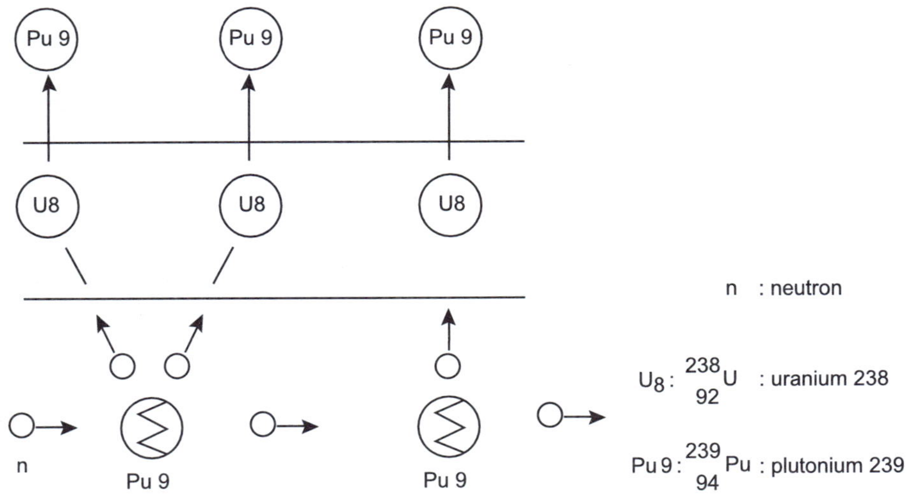

Figure 2.9. Principe de la surgénération.

Un rapprochement peut être fait avec une automobile fictive fonctionnant à l'essence qui, au cours d'un trajet, fabriquerait à partir d'un liquide X abondant sur le marché et peu onéreux, une quantité Q_2 d'essence supérieure à la quantité Q_1 qu'elle a consommé pour ses propres besoins, en se passant désormais d'un approvisionnement extérieur, la seule dépense consistant à se ravitailler en liquide X. En outre, le surplus d'essence fabriqué $Q_2 - Q_1$ pourrait servir à l'approvisionnement d'une autre voiture. Ainsi, une fois le processus amorcé, le liquide X remplacerait totalement l'essence qu'il ne serait plus nécessaire d'acheter. Dans cet exemple, l'essence joue le rôle du plutonium 239 et le liquide X, celui de l'uranium 238.

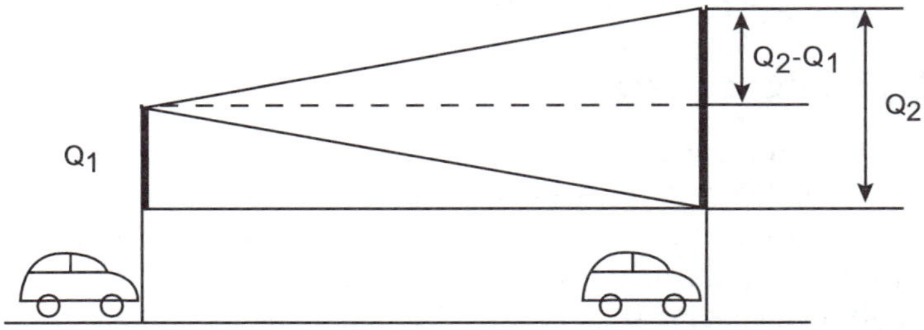

Figure 2.10. La voiture « surgénératrice ».

2.2.1.5. Notion de radioactivité

La plupart des noyaux atomiques que l'on rencontre dans la nature sont stables, c'est-à-dire qu'ils restent indéfiniment identiques à eux-mêmes. Cependant, certains d'entre eux, comme par exemple les noyaux de carbone 14 ou d'uranium 235, sont instables : après être restés un certain temps sans se transformer, ils se désintègrent subitement en émettant un rayonnement qui peut être soit un noyau d'hélium (radioactivité α), soit un électron ou un anti-électron (positon) (radioactivité β^- ou β^+), soit un photon (radioactivité γ). C'est le phénomène de radioactivité. La probabilité de se désintégrer est la même quel que soit l'âge du noyau, et la vitesse de désintégration dépend de la nature du noyau.

Le nombre de noyaux se désintégrant par seconde représente l'activité de l'échantillon. L'unité d'activité est le becquerel (Bq ; 1 Bq = une désintégration par seconde).

On définit la période (ou demi-vie) d'un élément radioactif constitutif de l'échantillon observé comme le temps au bout duquel la quantité de cet élément a diminué de moitié.

La période est inversement proportionnelle à l'activité. Plus la période est grande, plus l'activité est petite.

Ainsi le carbone 14 présent naturellement dans notre organisme a une période de 5 750 ans alors que l'uranium 235 a une période de 0,7 milliard d'années. En conséquence, un échantillon d'uranium est environ 100 000 fois moins radioactif qu'un échantillon de carbone 14.

De même, l'uranium 238 ayant une période de 4,5 milliards d'années, on calcule que l'enrichissement de l'uranium naturel, qui est aujourd'hui de 0,7 %, était de 3 % il y a 2 milliards d'année. C'est pour cette raison que des réacteurs nucléaires, dont on a retrouvé la trace à Oklo (Gabon), ont pu fonctionner naturellement à cette époque.

À titre de comparaison, si l'humanité répondait à la loi de désintégration radioactive, la probabilité de mourir serait la même quel que soit l'âge de l'individu, ce qui n'empêcherait pas certains groupes d'individus de posséder le gêne de la longévité et par conséquent de vivre plus longtemps que les autres groupes (demi-vie).

La radioactivité peut être soit naturelle (radon présent dans les habitations des régions granitiques, potassium 40 et carbone 14 présents dans l'organisme humain...), soit provoquée artificiellement (produits de fission créés dans un réacteur nucléaire, cobalt, iridium ou césium utilisés dans le traitement du cancer...).

La stabilité des noyaux dépend du rapport entre le nombre des protons (Z) et le nombre des neutrons (N) qu'ils contiennent. Les noyaux légers sont stables lorsqu'ils contiennent des protons et des neutrons en nombre à peu près égal. En revanche, la stabilité des noyaux lourds exige un excès de neutrons par rapport aux protons comme indiqué sur la figure 2.11.

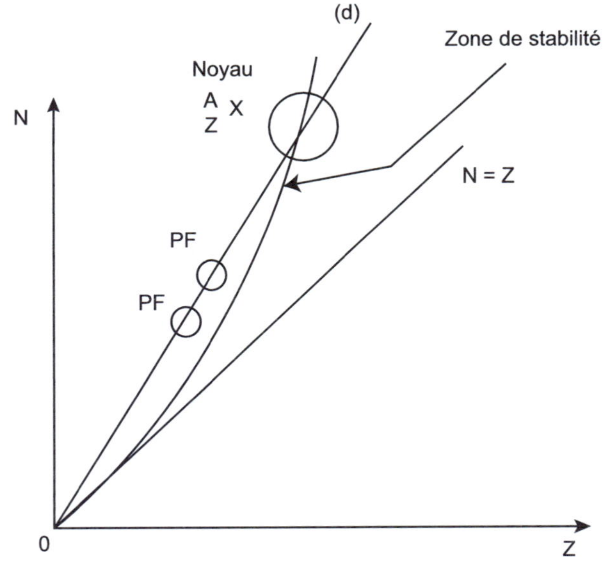

Figure 2.11. Zone de stabilité des noyaux atomiques.

Tout noyau se trouvant à l'extérieur de la zone de stabilité est instable, c'est-à-dire radioactif. C'est notamment le cas des produits de fission (issus de la fission d'un noyau X) qui sont localisés sur la droite (d) joignant ce noyau à l'origine (les produits de fission conservent quasiment le même rapport neutrons sur protons que le noyau qui leur a donné naissance en fissionnant) et donc extérieurs à la zone de stabilité.

Le combustible usé qui sort du cœur du réacteur nucléaire, lors des opérations de chargement/déchargement programmées pendant les arrêts de tranche, est très radioactif, à cause des nombreux produits de fission et des noyaux lourds appelés actinides qui ont été créés pendant le cycle de fonctionnement.

Les déchets radioactifs qui posent un problème environnemental sont ceux qui possèdent une vie longue et une haute activité. Ce sont les déchets de catégorie C. Il faut en effet les éliminer de façon définitive afin de s'assurer qu'ils ne nuiront pas à la santé des générations futures.

Ces déchets sont des produits de fission à vie longue (PFVL) (technétium 99, iode 129, césium 135) et des actinides mineurs (AM) (neptunium 237, américium 241, curium 244).

Cependant ils ne représentent qu'une quantité très faible de déchets égale à moins de 1 % du combustible usé qui sort du cœur du réacteur.

À titre d'exemple, l'ensemble des déchets industriels générés en France en une année représente un total de 2,5 tonnes par habitant.

Parmi ces 2,5 tonnes de déchets, il y a seulement 1 kg de déchets nucléaires et 10 grammes de déchets de haute activité (HA) (voir fig. 2.12).

La solution la mieux adaptée pour éliminer ces déchets consiste à les stocker dans des sites géologiques d'argile ou de granite.

En France, cette solution devrait être débattue au parlement en 2006 (voir § 2.2.4.1).

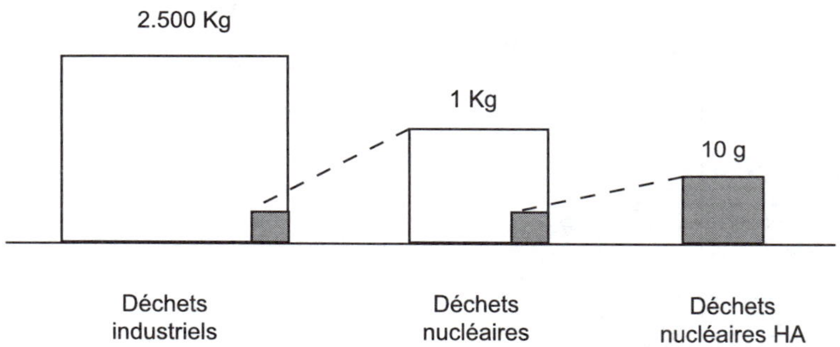

Figure 2.12. Part du nucléaire dans les déchets industriels en France (par habitant et par an).

2.2.2. La centrale électro-nucléaire

2.2.2.1. Principe

Dans une centrale nucléaire, tout comme dans une centrale thermique classique, l'énergie libérée sous forme de chaleur est transformée en énergie mécanique dans la turbine puis en énergie électrique dans l'alternateur.

Dans une centrale thermique classique, la chaleur provient de la combustion, avec l'oxygène de l'air, d'un combustible fossile (lignite, houille, fuel, gaz), alors que dans une centrale nucléaire, la chaleur est générée par la fission des noyaux d'uranium ou de plutonium dans le cœur du réacteur. Cette chaleur est évacuée du cœur par le passage, à l'intérieur du réseau de combustible nucléaire, d'un fluide (gaz carbonique, eau, sodium fondu...) appelé fluide caloporteur ou réfrigérant. La vapeur alimentant la turbine est produite soit directement dans le cœur (REB), soit par l'intermédiaire d'un échangeur (générateur de vapeur) (REP).

Cette vapeur, après détente dans la turbine, passe dans un condenseur où elle est refroidie au contact de tubes dans lesquels passe l'eau prélevée à la rivière ou la mer (source froide). Il existe donc au moins trois circuits d'eau successifs entre le combustible nucléaire et l'eau de la rivière ou de la mer.

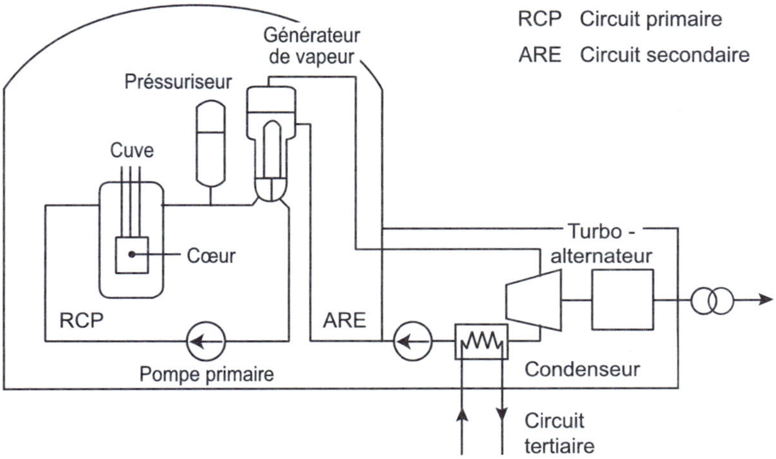

Figure 2.13. Schémas de principe d'une centrale nucléaire.

Hormis le mode de production de la vapeur, deux autres différences significatives doivent être mentionnées entre la centrale thermique classique et la centrale nucléaire.

- La pollution atmosphérique en fonctionnement :

  alors que la chaudière thermique dégage dans l'atmosphère les produits gazeux de la combustion de la matière première fossile (charbon, fuel, gaz), principalement des oxydes de carbone, d'azote et de soufre, qui sont des polluants atmosphériques (gaz à effet de serre et polluants toxiques), la chaudière nucléaire, elle, ne dégage dans l'atmosphère que de la vapeur d'eau. Aucune pollution atmosphérique n'est donc à redouter.

- Le rendement thermique :

  c'est le pourcentage de l'énergie thermique de la vapeur convertie en énergie mécanique dans la turbine.

Dans la chaudière thermique à vapeur, les flammes de combustion qui transmettent la chaleur au circuit primaire par rayonnement sont portées à 1500 °C. Il en résulte un vapeur d'entrée à la turbine de plus de 500 °C.

Dans la chaudière nucléaire à eau sous pression (REP, centrales du parc français), le combustible fissile, qui ne doit pas fondre, transmet la chaleur par conduction thermique à l'eau du circuit primaire qui ne peut dépasser 330 °C en sortie cœur. Il en résulte une température de la vapeur en entrée turbine inférieure à 300 °C.

Le rendement thermique maximum est égal à l'écart relatif des températures entre la source chaude et la source froide (principe de Carnot déduit du 2e principe de la thermodynamique (voir § 1.2.2)). Il est donc plus élevé dans la chaudière thermique à vapeur (45 %) que dans la chaudière nucléaire REP (33 %). Nous avons vu plus haut que le rendement d'une turbine à gaz à cycle combiné pouvait atteindre un rendement de 55 %, voire plus avec les techniques les plus récentes.

2.2.2.2. Composition d'un réacteur

Le réacteur est une machine dans laquelle les réactions de fission en chaîne sont auto-entretenues. Dans un milieu contenant la matière fissile (uranium, plutonium...), les neutrons peuvent soit provoquer de nouvelles fissions, soit être capturés par des absorbants, soit encore s'échapper du milieu. Dans le réacteur, il est essentiel d'équilibrer ces trois évènements afin que le nombre de fissions reste constant d'une génération à l'autre, c'est-à-dire que la puissance récupérée reste constante dans le temps ou encore que le réacteur reste critique.

Trois ingrédients sont nécessaires à la conception d'un réacteur nucléaire : le combustible, le modérateur et le fluide caloporteur.

a) Le combustible

Composition

Les combustibles nucléaires sont constitués de matière fissile (uranium 235, plutonium 239...).

L'uranium naturel contient deux isotopes dans les proportions suivantes : 99,3 % d'uranium 238 et 0,7 % d'uranium 235.

L'uranium 235 est fissile, c'est-à-dire qu'il peut fissionner sous l'impact d'un neutron de n'importe quelle énergie, alors que l'uranium 238 est fertile : il n'est pas fissile mais peut se transformer car capture neutronique en plutonium 239 qui, lui, est fissile.

Le plutonium n'existe pas dans la nature car sa période radioactive, c'est-à-dire le temps au bout duquel la moitié des atomes d'un échantillon donné a transmuté, n'est que de 24 000 ans. Créé il y a des milliards d'années, lors des explosions de Supernova (nucléosynthèse explosive) qui sont à l'origine de la création des systèmes, dont le nôtre, il a par conséquent depuis longtemps disparu. Cependant, il peut être fabriqué artificiellement, notamment dans un réacteur nucléaire à partir de l'uranium 238.

Selon le type de réacteur, l'uranium ou le plutonium utilisés sont plus ou moins enrichis en isotopes fissiles.

L'uranium peut être utilisé sous des formes physico-chimiques différentes : métal, oxyde, carbure, nitrure...

Dans certains types de réacteurs, on utilise dans le combustible des matériaux fertiles (uranium 238 ou thorium 232) qui produisent de la matière fissile (plutonium 239 ou uranium 233) en fonctionnement. Ces réacteurs peuvent être surgénérateurs, c'est-à-dire fabriquer plus de matières fissiles qu'ils n'en consomment (voir § 2.2.1.4).

Caractéristiques

Le combustible est caractérisé, en fonction du type de réacteur, par :

- la puissance spécifique, ou puissance thermique produite par unité de masse de combustible ;
- le taux de combustion (ou combustion massique ou burn-up), qui traduit l'usure du combustible. Il peut être exprimé en pourcentage de la matière initiale ayant disparu ou en quantité d'énergie produite par unité de masse (MWj/t). Par exemple, un MWj (un million de Watts pendant un jour, soit $8{,}64.10^{10}$ Joules) est l'énergie dégagée par $2{,}7.10^{21}$ fissions, soit environ la fission d'1 gramme d'uranium 235.

  Le taux de combustion varie considérablement avec le type de réacteur et le type de combustible. Plus un combustible est enrichi, plus le nombre de fissions susceptibles de se produire dans une quantité donnée de matière est grand, et donc plus le taux de combustion est élevé.

Une caractéristique spécifique du combustible nucléaire est sa transformation, par transmutation (capture radiative) ou incinération (fission) :

- la capture de neutrons par des noyaux du combustible donne naissance à des noyaux lourds nouveaux qui peuvent être soit des déchets, appelés actinides mineurs (neptunium, américium, curium), soit de la matière valorisable (plutonium) ;
- la fission des noyaux fissiles donne naissance à des produits de fission qui comprennent de nombreux éléments allant du zinc aux terres rares. Certains d'entre eux (xénon 135 et samarium 149) jouent un rôle important dans le processus de contrôle de la criticité du réacteur.

Dans un REP, le combustible se présente sous la forme de crayons dans lesquels sont empilées des pastilles d'oxyde d'uranium. Ces crayons sont regroupés en assemblages. Dans un réacteur de 1300 MWe, il y a 193 assemblages de 264 crayons chacun, soit au total plus de 50 000 crayons.

b) Le modérateur

Le modérateur ralentit les neutrons depuis leur vitesse d'émission lors d'une fission (20 000 km/s) jusqu'à la vitesse de thermalisation (2 km/s), vitesse résultant de l'agitation thermique due à la température ambiante.

Le ralentissement des neutrons s'effectue par chocs successifs sur les noyaux du modérateur comme sur le tapis d'un billard où les billes n'auraient pas toutes la même dimension ! Le ralentissement est d'autant plus efficace que les noyaux du modérateur sont légers et peu absorbants de neutrons.

Les noyaux généralement utilisés sont :

- l'hydrogène de l'eau légère,
- le deutérium de l'eau lourde,
- le carbone du graphite.

Le nombre moyen de chocs nécessaires pour amener par ralentissement le neutron de fission à l'énergie de thermalisation est de 19 pour l'eau, 35 pour l'eau lourde et 115 pour le graphite.

Cependant, parce qu'elle est moins absorbante que l'eau légère, l'eau lourde est le meilleur modérateur.

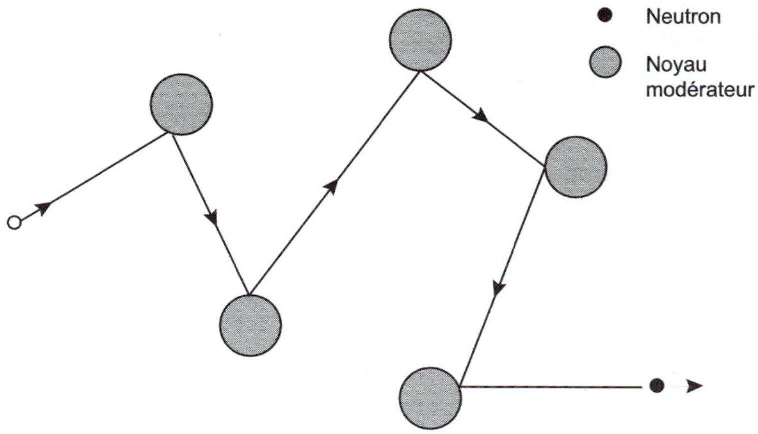

Figure 2.14. Processus de ralentissement des neutrons dans le modérateur.

c) Le fluide caloporteur

Il peut être un liquide ou un gaz. Du point de vue du transfert de chaleur, les liquides sont généralement plus efficaces que les gaz, même comprimés à de fortes pressions. En revanche, ces derniers permettent d'atteindre plus facilement de hautes températures et, par conséquent, de meilleurs rendements thermodynamiques.

Les liquides sont limités par la température d'ébullition qui peut, néanmoins, être rehaussée par augmentation de la pression. C'est, notamment, le cas des réacteurs de la filière REP où la pression du circuit de refroidissement primaire est maintenue, grâce à un pressuriseur, à une pression de 155 bars. Cela permet d'obtenir à la sortie du cœur une température d'eau de 325 °C. Notons également l'utilisation des métaux liquides, qui réunissent les qualités d'un excellent réfrigérant (conductibilité thermique exceptionnelle, large plage de température à l'état liquide sous la pression atmosphérique). Ils posent cependant des problèmes de sécurité car ils peuvent se combiner chimiquement avec leur environnement. C'est le cas du sodium à l'état liquide, qui réagit violemment en présence d'eau ou d'air. Finalement, les liquides sélectionnés sont, principalement, l'eau légère, l'eau lourde et le sodium liquide. Coté gaz, citons le dioxyde de carbone, l'hélium et la vapeur d'eau.

Cependant parmi les différents choix possibles de combustible, modérateur et réfrigérant (on dénombre en théorie plus de 200 000 combinaisons possibles), peu nombreuses sont les combinaisons qui ont été privilégiées par les industriels pour la conception des centrales électronucléaires.

2.2.2.3. Les principales filières

Beaucoup de concepts différents de réacteurs de puissance ont été proposés ou construits dans ces quatre dernières décennies mais seulement quelques-uns ont été retenus au plan industriel.

Ces principaux concepts, qui peuvent être classés conformément à l'usage en fonction du type de modérateur, sont :

- les réacteurs à eau sous pression et les réacteurs à eau bouillante qui utilisent l'eau légère,
- les réacteurs modérés à l'eau lourde, qui utilisent l'eau légère, l'eau lourde ou d'autres composants comme caloporteur,
- les réacteurs modérés au graphite, généralement refroidis à l'eau ou au gaz,
- les réacteurs à neutrons rapides refroidis au sodium ou plomb fondus, ou encore à l'hélium.

Le tableau suivant regroupe les principales filières nucléaires réalisées dans le monde.

Tableau 2.3. Les principales filières électronucléaires.

Filière	Modérateur	Caloporteur	Combustible	Appellation
Réacteur à neutrons thermiques	Graphite	CO_2 He H_2O liquide Et vapeur	U naturel UO_2 ou UC UO_2	UNGG HTR RBMK
	Eau lourde	D_2O CO_2	UO_2 UO_2	CANDU HWR
	Eau légère	H_2O pressurisée H_2O bouillante	UO_2/MOX UO_2	PWR/REP BWR
Réacteur à neutrons rapides	/	Na liquide	MOX	RNR

CO_2 : dioxyde de carbone ; He : hélium ; H_2O : eau légère ; D_2O : eau lourde ; Na : sodium ; U : uranium ; UO_2 : dioxyde d'uranium UC : carbure d'uranium MOX : oxyde mixte d'uranium et de plutonium

a) Filière modérée à eau légère (REP, REB)

La filière à eau ordinaire, dite à eau légère (par opposition à eau lourde), utilise l'eau à la fois comme modérateur et comme caloporteur. Son développement est issu du programme militaire naval américain (sous-marins nucléaires). Elle connaît aujourd'hui un succès considérable et constitue l'essentiel des réacteurs électronucléaires construits dans le monde.

L'avantage de ce type de réacteurs est la compacité de la chaudière nucléaire. En effet, du fait de l'utilisation d'un combustible enrichi (de 3 à 5 % en masse de ^{235}U) et du pouvoir ralentisseur de l'eau, le volume du modérateur est beaucoup plus petit que dans les réacteurs au graphite, ce qui donne une puissance par litre de cœur beaucoup plus importante.

Pour garder sa qualité de bon modérateur, l'eau doit rester sous forme liquide, au moins dans la plus grande partie du cœur.

Le problème d'extraction de la chaleur du combustible est résolu différemment dans les deux types de réacteurs de cette filière, les réacteurs à eau sous pression (REP) et les réacteurs à eau bouillante (REB).

À titre d'illustration nous donnons ci-dessous une description rapide du réacteur à eau sous pression qui équipe les centrales électro-nucléaires françaises.

b) Le réacteur à eau sous pression (REP)

Dans les REP, l'eau est soumise à une pression de l'ordre de 155 bars afin d'atteindre des températures de l'ordre de 325 °C en sortie cœur sans ébullition. Cette eau sous pression du circuit primaire circule en circuit fermé. Elle produit dans l'échangeur de chaleur la vapeur nécessaire à l'entraînement du groupe turbo-alternateur.

Le combustible utilisé est l'oxyde d'uranium enrichi à environ 3 % à 5 %. L'eau ordinaire sert à la fois de modérateur et de réfrigérant. Le bloc réacteur est constitué d'une cuve de 12 mètres de haut et de plus de 300 tonnes dans laquelle se trouve le cœur, d'une hauteur active de 4 mètres et d'un diamètre de 3 mètres.

Le cœur est constitué de dizaines de milliers de crayons d'oxyde d'uranium (UO_2) ou d'oxyde mixte d'uranium et de plutonium (MOX) répartis dans des assemblages.

Le renouvellement du combustible se fait à l'arrêt du réacteur par tiers ou par quart de cœur. Le taux de combustion moyen de décharge est de l'ordre de 30 000 MWj/t à 52 000 MWj/t selon le mode de gestion adopté par l'exploitant.

Les principaux circuits

Le circuit primaire comprend trois ou quatre boucles selon qu'il s'agit d'un réacteur de 900 ou 1300 MWe. Chaque boucle comprend un générateur de vapeur et une pompe (voir fig. 2.15).

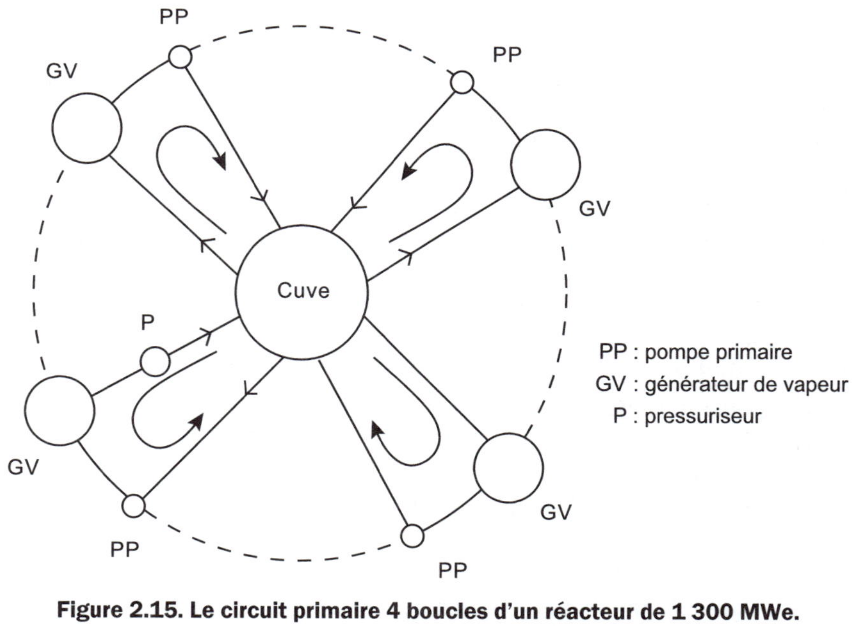

Figure 2.15. Le circuit primaire 4 boucles d'un réacteur de 1 300 MWe.

Une seule boucle est dotée d'un pressuriseur sur sa branche chaude, qui permet de maintenir la pression dans le circuit (155 bars).

Le circuit secondaire comprend principalement une turbine à vapeur, un condenseur, des pompes d'extraction qui acheminent l'eau secondaire vers les générateurs de vapeur pour y être vaporisée.

La figure 2.13 donne le schéma de principe de la centrale nucléaire REP avec le bâtiment réacteur et le bâtiment conventionnel des machines. Par souci de simplification, une seule boucle y est représentée au circuit primaire.

La montée en puissance du réacteur se fait en retirant progressivement les barres de commande initialement insérées dans le coeur, qui contiennent un absorbant de neutrons en alliage d'indium, argent et cadmium, jusqu'à l'équilibre de la réaction en chaîne. Un système de régulation agit sur les paramètres de fonctionnement (flux de neutrons, débit d'eau, température et pression) pour les maintenir à l'intérieur de leur plage de fonctionnement normal.

En cas d'incident ou d'accident, les paramètres de fonctionnement sortent de leur plage de fonctionnement normal. Il faut arrêter d'urgence le réacteur en étouffant la réaction en chaîne. L'arrêt rapide du réacteur est déclenché automatiquement par le système de protection de la chaudière qui commande la chute des barres de sécurité dans le cœur. L'arrêt automatique n'est généralement pas suffisant, en cas d'accident, pour assurer un retour à l'état sûr du réacteur. Par exemple, en cas de rupture d'une tuyauterie du circuit primaire, la cuve risque de se vider et le cœur, de se dénoyer puis de fondre, à cause de la puissance résiduelle due à la radioactivité qui continue de chauffer le cœur après son arrêt.

Pour éviter la fusion du cœur, un système d'injection d'eau dans le circuit primaire est sollicité. C'est un système de sauvegarde. Les systèmes de sauvegarde, qui n'interviennent qu'en cas d'accident, sont conçus avec un soin particulier et bénéficient, notamment, d'une redondance de leurs organes mécaniques et électriques.

Les principaux systèmes de sauvegarde sont :

- le circuit d'injection de sécurité (RIS) qui intervient en cas de brèche pour éviter le dénoyage du cœur ;
- le système d'aspersion de l'enceinte (EAS) qui, en cas de brèche du circuit primaire ou d'une tuyauterie vapeur, entre automatiquement en service et pulvérise uniformément de l'eau boriquée (absorbeur de neutrons) dans l'enceinte étanche afin d'en diminuer la pression ;
- le circuit d'eau d'alimentation de secours des générateurs de vapeur (ASG) qui permet de maintenir le niveau d'eau secondaire dans les générateurs de vapeur (GV) en toutes circonstances.

Les systèmes de régulation, de protection et de sauvegarde forment des défenses successives contre les accidents. C'est le principe de « défense en profondeur » qui est le fondement de la sûreté, dite déterministe, de nos réacteurs nucléaires.

En France, les réacteurs actuellement en fonctionnement sont de deuxième génération et succèdent à la première génération des réacteurs UNGG (uranium naturel graphite gaz) développés dans les années 60.

En outre, la communauté nucléaire internationale travaille au développement de nouveaux concepts de réacteurs, dits « révolutionnaires » car ils introduisent une rupture technologique par rapport à l'existant.

Cependant, ils ne seront pas opérationnels avant 2040, d'où la nécessité d'intercaler une troisième génération de type EPR (european pressurized water reactor) entre la génération actuelle et ces réacteurs dits de quatrième génération.

c) L'EPR

Le réacteur franco-allemand EPR est de conception « évolutionnaire », c'est-à-dire qu'il constitue une continuité par rapport à la génération actuelle, tout en apportant des améliorations significatives, notamment en matière de sûreté :

- réduction de la probabilité d'accidents graves,
- récupération du corium en cas de fusion du cœur,
- architecture à quatre trains de sauvegarde électriques et mécaniques indépendants (au lieu de deux seulement dans les réacteurs français actuels),
- gros cœur avec une puissance linéique modérée, apportant de la souplesse dans le choix du combustible,
- réduction du volume des déchets, grâce à des taux de combustion élevés (65 GWj/t),
- systèmes plus simples et plus transparents à l'erreur humaine,
- durée de vie de 60 ans (au lieu de 40/50 ans pour les REP actuels).

D'une puissance nominale de 1600 MWe, un EPR a d'ores et déjà été commandé par la Finlande et, en France, une tête de série sera installée sur le site de Flamanville, conformément au calendrier prévisionnel suivant :

2007 : premier béton de la tête de série à Flamanville,

2012 : première mise en service de la tête de série,

2012–2015 : acquisition du retour d'expérience d'exploitation,

2015 : début de construction d'une série d'EPR,

2020 : mise en service du premier EPR de la série.

d) Les réacteurs du futur

Les réacteurs révolutionnaires de quatrième génération qui font aujourd'hui l'objet d'études de recherche-développement répondront, à partir de procédés innovants, aux exigences du développement durable (voir § 5.1), afin de constituer des modes de production d'énergie pérennes et qui satisfassent à la fois le grand public, l'exploitant et les pouvoirs publics.

En pratique, cela revient à améliorer les performances des systèmes dans les domaines suivants :

- économie,
- sûreté nucléaire,
- gestion des déchets,
- environnement,
- résistance à la prolifération nucléaire.

Citons les six principaux concepts de quatrième génération en cours de développement :

VHTR Very High Temperature Reactor. Réacteur à gaz (hélium) très haute température. Spectre à neutrons thermiques. Température sortie cœur entre 900 et 1500 °C.

Concept du programme international GEN IV conduit par les États-Unis, dédié à la production d'hydrogène.

SFR Sodium Cooled Fast Reactor. Réacteur à neutrons rapides refroidi au sodium liquide (type Superphénix). Combustible MOX (Oxyde mixte uranium et plutonium). 1200–1500 MWe.

Concepteurs : instituts de recherche européens (AEA, CEA, SIEMENS).

LFR Lead alloy-cooled Fast Reactor. Réacteur à neutrons rapides refroidi au plomb fondu. 1200 MWe. Combustible UN + PuN (nitrure mixte d'uranium et plutonium).

Concepteur : institut de recherche russe (R&D IPE).

GCFR Gas Cooled Fast Reactor. Réacteur à neutrons rapides à gaz (hélium) haute température.

Température sortie cœur entre 450 et 850 °C.

Concepteur : CEA avec le support de GEN IV.

SCLWR Super Critical Light Water Reactor. Réacteur à eau supercritique (fluide à la fois liquide et gazeux (pression > 221 bars, température > 374 °C). Spectre à neutrons thermiques. Il existe une option à neutrons rapides.

Concepteur : Université de Tokyo.

MSR Molten Salt Reactor. Réacteur à sel fondu. Combustible/caloporteur : mélange de fluorures de lithium, béryllium, thorium 232, uranium 233. Modérateur en graphite. Unité de retraitement en ligne.

Concepteur : Laboratoire de recherche ORNL (Oak Ridge National Laboratory - EU).

La réalisation concrète des réacteurs de 4e génération dépend de la motivation des pays impliqués.

Les six concepts rencontrent un succès inégal auprès des décideurs, qui peut évoluer à la faveur d'une avancée technologique spécifique, de la survenue d'une exigence majeure (pénurie d'uranium par exemple) ou même d'un effet de mode, comme ce fut le cas de la surgénération et de la production de plutonium associée dans les années 70.

Actuellement, la tendance est la suivante :

- le concept SFR est le plus avancé car il profite d'un retour d'expérience important. Sa mise en service pourrait survenir à l'horizon 2040 ;
- les concepts à gaz (VHTR, GCFR) bénéficient d'efforts significatifs dans le sillage du réacteur à gaz « classique » HTR (voir tableau 2.3) étudié depuis de nombreuses années, notamment pour le dessalement de l'eau de mer ;
- le concept LFR, pendant du SFR avec un caloporteur au plomb, est surtout développé en Fédération de Russie ;

- les autres concepts (SCLWR et MSR) sont étudiés dans une perspective plus lointaine, bien que la supercriticité soit utilisée dans les centrales au charbon (voir § 2.1.2.2) depuis 50 ans, et que les réacteurs à sel fondu aient été largement étudiés aux États-Unis dans les années 70.

2.2.3. L'origine des premières applications de l'énergie nucléaire

L'énergie nucléaire est la seule énergie qui s'appuie directement sur des théories de physique fondamentale car elle est associée à la structure intime de la matière.

Elle restera pour les générations futures l'énergie phare du XXe siècle.

Quelques dates clés en témoignent :

1903	Henri Becquerel obtient le prix Nobel pour sa découverte de la radioactivité en 1896.
1905	Einstein établit la loi d'équivalence entre la masse et l'énergie dans sa théorie de la relativité restreinte.
1913	Bohr propose le premier modèle théorique de l'atome.
1932	Chadwick découvre l'existence du neutron.
1938	Hahn et Strassmann découvrent la fission des atomes lourds.
1939	Joliot-Curie démontre la possibilité d'entretenir une réaction en chaîne par la fission de l'uranium.
1942	Fermi fait diverger la première pile atomique à Chicago.
1945	15 juillet : explosion de la première bombe expérimentale à fission (bombe A au plutonium) à Almogordo (EU). 6 août : explosion de la première bombe A à uranium à Hiroshima (Japon).
1951	Première production d'électricité nucléaire (100 kWe) à Arco (EU).
1952	Explosion de la première bombe expérimentale à fusion (bombe H) à Bikini (EU).
1956	Mise en service de G1, la première centrale nucléaire française (5 MWe) à Marcoule.
1974	Mise en service de Phenix, premier surgénérateur français (250 MWe) à Marcoule.
1991	Premier dégagement de puissance (2 MW pendant 2 secondes) par fusion thermonucléaire contrôlée dans le Tokamak Jet (Culham, UK).
1997	Le Tokamak Jet dégage la puissance de fusion record de 16 MW pendant environ 1 seconde.

C'est le contexte de la deuxième guerre mondiale qui favorisa l'éclosion du premier réacteur nucléaire expérimental, la pile atomique de Chicago.

Après l'attaque japonaise surprise de la base aéronavale américaine de Pearl Harbor (Ile d'Oahu, Hawaï), le 7 décembre 1941, les États-Unis déclarèrent immédiatement la guerre au Japon.

Le programme nucléaire militaire américain se développa ensuite très rapidement dans le cadre du projet Manhattan qui aboutit le 6 août 1945 à l'explosion de la bombe atomique d'Hiroshima. Le Japon capitula quelques jours plus tard et la guerre prit fin.

Depuis, le spectre de la guerre atomique entretient une logique de paix par la terreur. Les pays qui possèdent l'arme atomique pratiquent la politique de la dissuasion et ont mis en place le Traité de non-prolifération (TNP) afin d'empêcher les pays qui ne possèdent pas l'arme atomique d'en devenir détenteurs.

2.2.3.1. Le projet Manhattan

En 1938, Otto Hahn, de l'Institut Kaiser Wilhelm, en Allemagne, provoqua la première fission du noyau d'uranium.

Cet événement inaugura l'ère atomique. En effet, il suffisait de rendre possible la répétition de cette fission sur un nombre considérable de noyaux d'uranium en une fraction de seconde, et créer une réaction en chaîne (voir § 2.2.1.2), pour transformer l'expérience de Hahn en arme redoutable.

La solution théorique fut apportée à Paris un an plus tard, au printemps 1939, par une équipe du Collège de France conduite par Frédéric Joliot-Curie, qui démontra sur le papier la possibilité de provoquer une réaction en chaîne.

En pratique, l'équipe du Collège de France déposa cinq brevets couvrant l'utilisation de l'énergie nucléaire, civile et militaire, le troisième brevet concernant plus particulièrement la construction d'une bombe à uranium.

Beaucoup de savants européens avaient fui les persécutions raciales des nazis dès le début des années 30 et s'étaient réfugiés aux États-Unis. Ils constituaient sur cette terre d'accueil une communauté de physiciens de tout premier plan.

Parmi ceux-ci, Léo Szilard, d'origine hongroise, comprit l'importance du processus de réaction en chaîne et chercha à en avertir les autorités gouvernementales.

À cette fin, il rechercha l'appui d'une personnalité reconnue, qu'il trouva en la personne d'Albert Einstein, figure emblématique de la physique moderne.

Convaincu par les arguments de Szilard, ce dernier écrivit trois lettres successives au président Roosevelt afin de l'informer de la possibilité de réaliser un arsenal atomique susceptible de détruire des villes entières et de la menace que représenterait l'Allemagne si elle se dotait d'une telle arme.

La troisième lettre d'Einstein, datée du 25 avril 1940, évoque la nécessité de mettre en chantier dans les meilleurs délais l'effort atomique américain.

Elle annonce la création du projet Manhattan en 1942. En effet, depuis cette dernière lettre, les autorités américaines étaient sensibilisées à la problématique du nucléaire.

L'élément déclencheur fut l'attaque japonaise soudaine de Pearl Harbor. Les Américains virent subitement leur flotte du Pacifique anéantie ; ils mettront quinze mois pour réparer ce désastre. Les évènements se précipitèrent alors. Les États-Unis déclarèrent aussitôt la guerre au Japon, puis à l'Allemagne et à l'Italie quelques jours plus tard (11 décembre 1941). Un nouveau département fédéral de génie atomique fut créé, dépendant directement de l'armée et le projet Manhattan naquit, avec l'objectif de développer le programme nucléaire militaire américain.

Le Général Leslie R. Grooves fut nommé à la tête du projet, ce qui ne manqua pas d'irriter nombre de les chercheurs qui se sentaient ainsi « militarisés ». Un directeur adjoint civil fut finalement nommé, le Professeur Robert Oppenheimer, responsable des laboratoires. Les travaux de recherche devaient se dérouler dans le plus grand secret et un endroit isolé du Nouveau Mexique fut choisi pour accueillir les laboratoires, avec une adresse postale laconique : P.O. BOX 1663, Santa Fe.

Les premiers chercheurs chargés d'étudier la conception de la bombe atomique arrivèrent à Los Alamos au début de l'année 1943.

L'effectif du centre grossit dès lors à une vitesse vertigineuse étant donné le gigantisme de la tâche à accomplir et le nombre incalculable de difficultés à surmonter. Début 1943, une centaine de personnes était initialement prévue. Fin 1943, 3 500 personnes travaillaient sur le site. Fin 1944, plus de 6 000 personnes !

La peur d'être précédés dans cette entreprise par l'Allemagne nazie hantait les pensées des chercheurs de Los Alamos qui travaillèrent d'arrache-pied dans des conditions de vie souvent précaires.

Les Allemands avaient en effet très certainement des connaissances théoriques poussées en physique nucléaire, et ils avaient en outre démontré qu'ils s'intéressaient à la matière fissile en bloquant l'exportation d'uranium en provenance des mines de Bohème (Tchécoslovaquie).

Par ailleurs, le prestigieux Institut allemand Kaiser Wilhem, spécialisé en physique atomique, avait été militarisé à la fin de l'année 1940 sous la direction du Professeur Werner Heisenberg (prix Nobel 1932).

Depuis 1940, les Allemands occupaient en Norvège la seule usine européenne susceptible de produire ce qui constituait un maillon essentiel dans la chaîne de fabrication de la bombe atomique : l'eau lourde.

L'intérêt de l'eau lourde était de ralentir efficacement les neutrons dans un réacteur nucléaire, ce qui permettait de s'accommoder d'un combustible à uranium naturel, c'est-à-dire d'un uranium non enrichi. Durant le fonctionnement d'un tel réacteur, il suffisait de retirer au bon moment des éléments combustibles choisis judicieusement afin d'en extraire le plutonium qui servirait ensuite de matière fissile dans la bombe atomique.

On se dispensait donc, grâce à l'eau lourde, du processus compliqué et onéreux d'enrichissement de l'uranium naturel en uranium 235. Cependant, les Allemands ignoraient l'existence d'une alternative à l'eau lourde.

En effet, l'autre manière de concevoir un réacteur nucléaire sans devoir enrichir l'uranium naturel consistait à utiliser le graphite comme modérateur de neutrons, à la place de l'eau lourde.

C'est précisément cette dernière solution qui fut choisie dans la conception du premier réacteur nucléaire jamais construit.

Vers la fin de l'année 1942, alors que l'on s'attelait à la construction des nouveaux laboratoires de Los Alamos, une équipe dirigée par Enrico Fermi mettait au point un réacteur nucléaire dans un local récupéré sous les gradins du stade Fives Court de Chicago.

L'objectif de ce réacteur était de démontrer expérimentalement la possibilité d'entretenir une réaction en chaîne contrôlée, conformément aux calculs théoriques effectués à Paris par Joliot-Curie et son équipe.

Le réacteur, de forme cubique, était constitué d'un empilement de briques de graphite pur (d'où le nom de « pile atomique »), à l'intérieur duquel étaient disposés quelques cylindres d'uranium naturel.

Le contrôle de la réaction en chaîne était assuré grâce à des barres d'un poison neutronique, le cadmium, que l'on enfonçait ou extrayait du cœur selon que l'on voulait étouffer ou amplifier la réaction en chaîne. La première divergence eut lieu le 2 décembre 1942.

L'homme avait prouvé qu'il était capable d'extraire l'énergie de la matière en agissant directement sur les noyaux des atomes.

Entre le moment où Frédéric Joliot-Curie avait démontré la possibilité d'entretenir une réaction en chaîne par la fission de l'uranium (avril 1939) et la première divergence du réacteur de Fermi (décembre 1942), il s'était écoulé seulement trois ans et demi !

À Los Alamos, les recherches se concentraient autour des méthodes de préparation des éléments radioactifs les plus adaptés pour constituer la matière fissile de la bombe atomique.

D'une part, on travaillait sur les méthodes d'enrichissement de l'uranium naturel en uranium 235, d'autre part on étudiait les moyens d'obtenir un élément fissile qui n'existe pas à l'état naturel, le plutonium 239, dont l'existence avait été découverte en 1940 par le chimiste américain Glenn Seaborg (prix Nobel 1951), lequel dirigeait le programme « plutonium » de Los Alamos.

Ainsi, on construisit un réacteur du même type que celui de Fermi à Chicago, dont l'objectif était de produire du plutonium 239.

L'eau lourde pouvait être utilisée à la place du graphite du réacteur de Enrico Fermi, dans un réacteur qui avait été imaginé théoriquement par Joliot-Curie à Paris et dont on craignait que les plans fussent tombés entre les mains des nazis.

Afin de mesurer la progression des chercheurs allemands sur la voie de la bombe atomique, le contre-espionnage américain mit sur pieds une mission appelée ALSOS.

En novembre 1944, à Strasbourg, où travaillait le physicien allemand Weizsäcker, des documents trouvés dans le cadre de la mission Alsos permirent de se rendre compte que les Allemands étaient très loin de pouvoir fabriquer une bombe atomique.

En fait il s'avérait, d'une part, qu'ils ignoraient l'existence du plutonium et, d'autre part, qu'ils avaient renoncé à l'enrichissement de l'uranium, jugeant l'entreprise trop compliquée.

Un réacteur à eau lourde et uranium naturel fut effectivement découvert quelques jours avant la capitulation allemande, le 23 avril 1945, dans une caverne naturelle au cœur de la Forêt Noire, près du village de Haigerloch. Il s'agissait de l'ébauche d'un réacteur nettement plus rudimentaire que celui construit par Fermi trois ans plus tôt à Chicago.

2.2.3.2. Le lancement de la première bombe atomique

Lorsqu'il apparut clairement que l'Allemagne était, vu l'état de ses connaissances, incapable de construire une bombe atomique, et que les forces ennemies étaient sur le point de capituler, certains chercheurs du projet Manhattan ne voyaient plus de justification à la poursuite des recherches sur la bombe atomique.

Ce fut encore Léo Szilard qui prit l'initiative d'un rapport, destiné au président Roosevelt et cosigné par d'autres personnalités du milieu nucléaire, dans lequel était développée l'idée que l'utilisation de la bombe atomique contre le Japon avait perdu son sens originel.

Mais le 12 avril 1945, Francklin D. Roosevelt mourut et le vice-président Harry Truman prit les commandes des affaires à la Maison Blanche.

Une fois l'Allemagne anéantie (armistice du 8 mai 1945), le Japon restait seul à vaincre.

Truman voulut aller vite. Le 1er juin 1945, il convoqua une commission consultative constituée des chercheurs vedettes du projet Manhattan : Oppenheimer, Fermi, Compton et Lawrence. La commission recommanda le lancement de la bombe atomique sur le Japon, le plus tôt possible et sans révéler la nature de l'arme.

Le gouvernement américain approuva cette recommandation, convaincu que la bombe atomique, en acculant le Japon à la reddition sans conditions, abrégerait la durée de la guerre et son cortège de souffrances...

Rapidement, trois bombes atomiques de conceptions différentes furent disponibles. L'une fonctionnant à l'uranium 235, les deux autres au plutonium 239.

2.2.3.3. La bombe à uranium (Hiroshima)

Deux masses fissiles sous-critiques (pas de réaction de fission, donc pas de réaction en chaîne) peuvent devenir surcritiques (réaction en chaîne explosive) lorsqu'on les projette l'une contre l'autre : C'est le principe de la bombe d'Hiroshima dont la matière fissile est l'uranium 235.

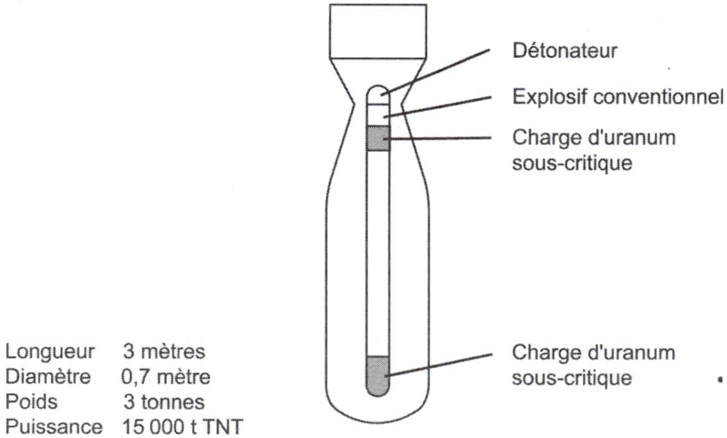

Figure 2.16. La bombe d'Hiroshima (Little Boy).

2.2.3.4. La bombe au plutonium (Nagasaki)

La bombe de Nagasaki, qui utilise le plutonium comme matière fissile, est fondée sur le principe de l'implosion : l'explosion de charges situées en périphérie provoque la compression de la masse de plutonium initialement sous-critique. L'augmentation de la densité du plutonium qui en résulte le rend surcritique.

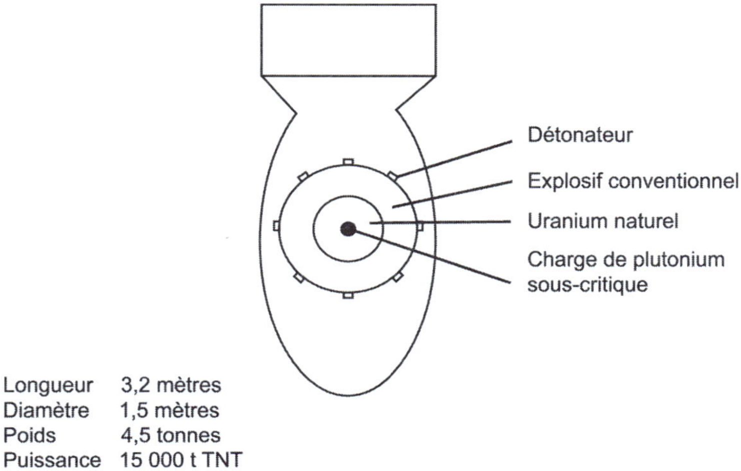

Figure 2.17. La bombe de Nagasaki (Fat Man).

Il fut décidé que seule la bombe au plutonium nécessitait un essai préliminaire.

L'expérience eut lieu à Alamogordo, dans le désert du Nouveau Mexique, le 15 juillet 1945 (test Trinity).

Les résultats numériques permirent de calculer que la bombe atomique avait atteint une puissance équivalente à 18 000 tonnes de TNT (trinitrotoluène).

Truman se trouvait alors à la conférence de Potsdam, à 20 km de Berlin, en compagnie de Churchill et Staline afin de mettre définitivement fin à la guerre et d'organiser la paix en Europe. Un ultimatum fut envoyé au Japon, sans aucune allusion à la nouvelle arme. Sous la pression des militaires, le Japon rejeta l'injonction qui lui avait été faite de se rendre (28 juillet 1945).

Le 6 août 1945 fut ordonné le lancement de la bombe atomique sur Hiroshima.

L'équipe spéciale assignée au largage de la bombe atomique avait été formée en 1944 sous le commandement du Colonel Tibbets. Le 6 août 1945 à 1h45, le bombardier B-29, baptisé Enola Gay, partit de la base de lancement de l'Ile de Tinian (située à 2 740 km au Sud Est de la ville d'Hiroshima) avec un équipage de 12 personnes.

Le bombardier approcha Hiroshima par le Nord Est.

À 8 h 15, la bombe fut larguée au-dessus d'Hiroshima, à une altitude de 9 600 m. Enola Gay opéra alors un changement de cap à 155° vers le Nord afin d'échapper à l'onde de choc. La bombe atomique explosa 43 secondes plus tard à 580 m d'altitude (voir fig. 2.18)...

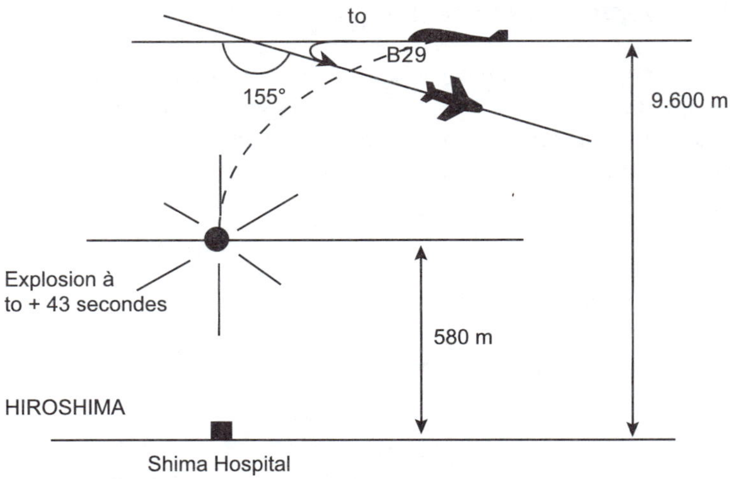

Figure 2.18. L'explosion de la bombe atomique au-dessus de la ville d'Hiroshima.

Contre toute attente, l'empereur Hirohito ne réagit pas spontanément à la destruction d'Hiroshima. Aussi, devant ses hésitations à reconnaître la défaite, une seconde bombe, au plutonium, fut lancée sur Nagasaki le 9 août 1945.

Cette fois, le Japon s'incline. L'empereur annonce à son peuple qu'il doit « supporter l'insupportable », c'est-à-dire la défaite.

Les destructions de Hiroshima et Nagasaki furent, selon Truman, une réponse à l'attaque japonaise de Pearl Harbor et un moyen de terminer la guerre en évitant l'invasion du Japon qui aurait coûté la vie à des dizaines de milliers de soldats américains.

2.2.3.5. Les effets immédiats de l'explosion atomique à Hiroshima

Un océan de ruines et de feu. Un ciel de fumée noire. Un froid hivernal en plein été. Ceux qui se trouvaient à Hiroshima en cette journée du 6 août 1945 crurent vivre la fin du monde.

Comme dans toute explosion nucléaire, trois effets furent mis en évidence dans l'explosion : le feu (énergie thermique), le souffle (énergie cinétique) et les radiations neutron et gamma (énergie rayonnante).

Une faible proportion de l'énergie libérée par la réaction en chaîne apparut sous forme d'un rayonnement « dur » (neutrons issus de la réaction de fission nucléaire et particules gamma émises par les produits de fission).

En revanche, la majorité de l'énergie libérée se manifesta sous forme de chaleur et porta rapidement la température au voisinage de la bombe à plusieurs millions de degrés, formant un plasma comparable à la matière stellaire.

Ce plasma se dilata jusqu'à former une boule de feu d'une centaine de mètres de diamètre qui brilla d'une lumière blanche intense en émettant un rayonnement susceptible de brûler la peau et d'allumer des incendies sur une distance de plusieurs kilomètres.

Puis, la boule de feu s'éleva dans le ciel comme un ballon relié au sol par une colonne de fumée et de poussière. Atteignant des couches d'air plus froides situées à une dizaine de kilomètres d'altitude, le ballon s'aplatit à son sommet, l'ensemble prenant l'apparence caractéristique d'un gigantesque champignon.

Simultanément, l'explosion créa à son épicentre une surpression de plusieurs centaines d'atmosphères. L'onde de choc qui en résulta s'éloigna de la boule de feu à une vitesse supersonique. À mesure qu'elle s'étendait, son intensité diminuait pour finalement disparaître dans un grondement de tonnerre.

La destruction instantanée des édifices de la ville fut ainsi causée par l'effet de souffle de l'onde de choc. Les innombrables incendies que l'on observait à perte de vue furent le résultat de l'intense lumière rayonnée par la boule de feu.

Enfin, une pluie noire très radioactive retomba sur la ville environ 30 minutes après l'explosion, provoquant localement un froid et une obscurité cataclysmiques.

Le bilan humain fut sans appel : plus de 140 000 décès à fin décembre 1945 sur les 350 000 habitants que comptait la ville d'Hiroshima.

Les dégâts matériels s'étalèrent jusqu'à une distance d'environ 3 km de l'épicentre.

Dans un rayon de 1 km, la mort fut provoquée instantanément tant par le souffle (le corps humain est écrasé par la surpression), que par le feu et les radiations.

On observa également, sur nombre de cadavres, qu'après le passage de l'onde de choc initiale, la pression de l'air était descendue momentanément à un niveau tel que le globe oculaire et les organes internes de ces malheureux avaient littéralement explosé.

Entre 1 et 3 km, ce sont surtout les radiations qui furent responsables des décès, soit à court terme (syndrome d'irradiation aiguë, jusqu'à 2 km), soit à long terme (cancer et leucémie, entre 2 et 3 km).

Au-delà de 3 km, les radiations avaient pratiquement disparu. Les effets de souffle et de feu également.

2.2.4. Nucléaire et environnement

Le réacteur nucléaire est le siège d'une production de chaleur et de substances radioactives.

C'est le rôle de la sûreté nucléaire que de garantir en toutes circonstances l'évacuation de la chaleur et le confinement de la radioactivité.

1. Évacuation de la chaleur.

En fonctionnement normal, la chaleur est utilisée pour produire de l'électricité (voir § 2.2.2). Cependant, le rendement étant de 33 %, on en déduit que 67 % de la chaleur produite dans le cœur, soit environ 2600 MW thermiques pour un REP 1300 MWe, vont être perdus à la source froide. Pour un site en bord de mer, l'eau chaude du circuit tertiaire ainsi rejetée n'a qu'un impact négligeable sur l'environnement. Il en est de même pour les sites en bord de rivière car la réglementation impose une augmentation de la température locale de l'eau de rivière limitée à 1 degré.

2. Confinement de la radioactivité.

Le réacteur nucléaire produit des déchets nucléaires radioactifs qu'il faut éliminer.

Le confinement des déchets nucléaires pose certainement le problème environnemental le plus délicat de l'industrie nucléaire, car il doit être garanti, non seulement pour la période actuelle, mais également dans une perspective de plusieurs centaines de milliers d'années pendant lesquelles les substances radioactives que nous léguerons aux générations futures devront être stockées de façon sûre.

Aussi est-il nécessaire de s'attarder un instant sur la problématique des déchets nucléaires.

2.2.4.1. Les déchets nucléaires

On appelle déchet nucléaire toute matière dont la radioactivité ne permet pas un rejet direct dans l'environnement et dont il n'est pas prévu d'utilisation ultérieure.

La production électronucléaire est la principale source de déchets nucléaires (95 %). Les secteurs de la santé, de l'industrie agroalimentaire et de la recherche en produisent à hauteur de 5 %.

Les déchets provenant de l'industrie nucléaire sont principalement générés par la production de chaleur en réacteur et lors des opérations de retraitement du combustible irradié. Ils se présentent sous la forme liquide, solide ou gazeuse.

Nous savons (voir § 2.2.1.5) qu'en France, la part des déchets nucléaires dans l'ensemble des déchets industriels (2,5 tonnes par habitant et par an) est très faible puisqu'elle ne représente qu'un kilogramme par habitant et par an dont seulement 10 grammes par habitant et par an seront vitrifiés avant d'être stockés très probablement dans des formations géologiques à l'horizon 2020 (voir plus loin les déchets de forte activité et à vie longue).

Classement des déchets nucléaires

En pratique, on classe les déchets nucléaires en fonction de leur durée de vie (plus exactement leur demi-vie ou période radioactive) et de leur activité.

On distingue les déchets de très faible activité (TFA), les déchets de faible et moyenne activité (FMA) et les déchets de haute activité (HA). Un déchet est dit à vie courte (VC) ou à vie longue (VL) selon que sa période radioactive est inférieure ou supérieure à 30 ans.

Tableau 2.4. Volume des déchets en m^3 équivalent conditionné (Andra, inventaire 2004).

	2002	2020 prévisionnel
HA Haute activité	1639	3 621
MA-VL Moyenne activité à vie longue	45 359	54 509
FA-VL Faible activité à vie longue	44 559	87 431
FMA-VC Faible et moyenne activité à vie courte	778 332	1 196 880
TFA Très faible activité	108 219	515 991
TOTAL	**978 098**	**1 858 432**

Les déchets HA (soit moins de 1 % du total des déchets nucléaires) font l'objet d'un débat car ils sont de haute activité et possèdent, pour certains d'entre eux, une durée de vie très longue. Ils représentent à l'heure actuelle un total cumulé de 1639 m^3 (soit le volume d'un cube de moins de 12 m de côté) et sont composés de produits de fission et d'actinides mineurs vitrifiés, c'est-à-dire inclus dans une pâte vitreuse solidifiée. Ils sont entreposés sous surveillance dans des installations de surface à la Hague, Marcoule et Cadarache, en attendant un traitement définitif à partir de 2020-2025, une fois qu'ils auront été suffisamment refroidis. À ce moment-là, le volume des déchets HA atteindra 3621 m^3 (soit un cube d'environ 15 m de côté) (voir tableau 2.4).

Quelles seront les solutions adoptées pour l'élimination de ces déchets ?

Du fait de leurs durées de vie parfois très longues, qui peuvent dépasser cent mille ans, ils posent un problème de société sur lequel le législateur s'est penché. Il en a résulté la loi du 30 décembre 1991, dite loi « Bataille », du nom du député Christian Bataille, auteur de la proposition de loi.

Il y est prévu que des recherches soient menées suivant trois axes :

1. étude de la réduction de la durée de nocivité des déchets (séparation des éléments à très longue vie, suivie d'une opération de transmutation) ;

2. étude des formations géologiques profondes grâce à la réalisation de laboratoires souterrains d'études géologiques, en vue d'un éventuel stockage ;

3. étude des procédés de conditionnement des déchets et des techniques d'entreposage de longue durée en surface ou subsurface.

Ces trois axes doivent être considérés comme des voies complémentaires et non alternatives pour l'élimination des déchets mais seul l'axe 2 de stockage géologique est incontournable.

Un laboratoire souterrain d'étude du stockage des déchets HA est en construction à Bure (Meuse) dans une formation argileuse. Les expériences déjà réalisées ont montré que ce site possède des caractéristiques favorables à un stockage souterrain : homogénéité de la couche d'argile, aptitude au creusement et faible perméabilité de l'argile. L'environnement géologique de la couche est en outre stable, le risque de séisme étant très faible.

D'autres expériences suivront dans le but de démontrer *in fine* la faisabilité du stockage géologique en milieu argileux, avant d'entreprendre, le cas échéant, la construction d'un site de stockage proprement dit.

La loi prévoit que les choix pour l'élimination à long terme des déchets seront effectués en fonction des conclusions d'un rapport global d'évaluation présenté par le Parlement en 2006 à partir des travaux d'experts.

L'Andra, qui a la responsabilité technique de l'axe 2 de la loi Bataille, fournira au Parlement ses résultats d'études alors que les expériences de Bure seront en cours de finalisation. Cependant, il n'y a pas d'urgence puisque, comme il a été dit, les déchets HA ne seront pas stockés avant 2020-2025.

Tout laisse à penser que le stockage géologique (à une profondeur d'environ 500 m) représente la voie la plus naturelle et la plus écologique.

En effet, le sous-sol est naturellement radioactif (voir § 3.5.1). En outre, l'observation de formations géologiques naturelles et anciennes (site d'Oklo au Gabon où des réacteurs nucléaires naturels ont fonctionné il y a 2 milliards d'années en confinant les déchets radioactifs générés par les fissions nucléaires à leur endroit de production, nappes de pétrole stables depuis plusieurs millions d'années, stratification étonnamment rectiligne et régulière du Grand Canyon (États-Unis) dont la couche la plus profonde (schiste Vishnou), qui remonte à quelque 2 milliards d'années, a été mise à nu par le creusement du fleuve Colorado, ...) semble indiquer (sinon démonter) que des sites de stockage profond bien choisis peuvent rester stables sur des durées géologiques.

2.2.4.2. Les accidents nucléaires

Le risque d'accident nucléaire fut longtemps un objet d'inquiétude, voire d'angoisse, pour le public mal informé, par la faute des professionnels du nucléaire qui cultivèrent maladroitement le secret là où s'imposait la transparence. Dans l'ignorance, on s'imaginait, marqué par les stigmates d'Hiroshima, qu'un réacteur nucléaire pouvait exploser comme une bombe atomique. En outre, l'accident de Tchernobyl altéra durablement l'image du nucléaire et il fallut une forte dose de communication pour finalement convaincre que le RBMK (réacteur du type Tchernobyl) n'était en rien comparable à nos REP occidentaux.

En France, depuis la mise en service du premier réacteur nucléaire de type REP à Fessenheim en 1978, aucun accident (au sens de l'échelle internationale de gravité INES de l'AIEA) n'a été constaté sur le parc national, qui comptabilise à ce jour plus de 1000 années-réacteurs (c'est-à-dire l'équivalent d'un réacteur unique que l'on aurait démarré à l'époque des premiers Capétiens et qui aurait fonctionné sans jamais connaître d'accident !).

Il est clair qu'il ne faut pas pour autant céder au triomphalisme et baisser la garde. Aussi continue-t-on de travailler à une amélioration permanente de la sûreté déjà excellente, car des progrès sont toujours possibles, ne serait-ce qu'en raison du retour d'expérience, de l'évolution de la technologie et de la réglementation.

Les statistiques montrent que l'industrie nucléaire est l'industrie la plus sûre. Cependant, quelle que soit l'activité humaine, le risque zéro n'existe pas et des accidents nucléaires sont toujours possibles, bien que leurs probabilités d'occurrence soient très faibles.

Étant donné la multiplication attendue des centrales nucléaires dans le monde, des accidents nucléaires surviendront forcément à l'avenir, dans 20, 50 ou 100 ans, mais la qualité de la conception de nos réacteurs et le niveau de qualification des opérateurs devraient nous assurer que leurs conséquences sanitaires et environnementales resteront très limitées.

Le réacteur de Tchernobyl était par conception un réacteur dangereux qui n'aurait jamais été validé par une autorité de sûreté occidentale.

En particulier, il ne possédait pas de troisième barrière de confinement. C'est pour cette raison que des substances radioactives ont pu s'échapper massivement du réacteur, les particules lourdes se déposant dans l'environnement proche de la centrale, les particules légères (principalement l'iode 131 et le césium 137) étant entraînées dans un nuage qui survola toute l'Europe.

En conséquence, un accident hypothétique sur un réacteur occidental en activité pourra difficilement provoquer des dégâts sanitaires et environnementaux comparables à ceux de l'accident de Tchernobyl.

Résumé du chapitre 2

Les énergies fossiles sont des corps chimiques composés principalement de carbone et d'hydrogène dont les proportions varient du charbon (pas d'hydrogène) au méthane (forte proportion d'hydrogène).

L'énergie nucléaire utilise les combustibles fissiles uranium, plutonium et thorium.

Une centrale électrique fournit de la vapeur dont l'énergie thermique va être transformée en énergie mécanique dans une turbine à vapeur, puis en énergie électrique dans un alternateur.

Elle peut utiliser comme combustible un hydrocarbure (gaz ou pétrole) ou le charbon. C'est alors une centrale thermique.

La centrale nucléaire, quant à elle, utilise principalement l'uranium.

La turbine à gaz est constituée d'un compresseur d'air suivi d'une chambre de combustion où le combustible fossile (gaz naturel ou charbon gazéifié) est brûlé avec l'air. Il en résulte un gaz qui va se détendre dans la turbine à gaz avant de s'échapper à l'atmosphère.

La puissance électrique fournie est de l'ordre de 250 MWe et le rendement, de 35 %. Par conséquent, une grande partie de l'énergie thermique d'entrée à la turbine est perdue dans les gaz d'échappement. Dans un cycle combiné, cette énergie est récupérée par un circuit secondaire et la vapeur créée va se détendre dans une turbine à vapeur. Le rendement total est alors porté à 55 %.

La chaudière à lit fluidisé circulant (LFC) utilise des particules de charbon broyé qui sont injectées dans un foyer de cendres constituant le lit fluidisé circulant. Le charbon peut alors brûler correctement.

Le réacteur nucléaire exploite la réaction en chaîne contrôlée. Il est classiquement constitué de trois ingrédients : le combustible, le modérateur et le fluide caloporteur.

On peut théoriquement imaginer près de 200 000 concepts différents de réacteurs nucléaires mais seules quelques dizaines passent la barrière de la faisabilité technique et de la validation économique.

Le surgénérateur, grâce à une meilleure utilisation de l'uranium, fabrique plus de matière fissile qu'il n'en consomme.

Le parc nucléaire français actuel constitue la 2e génération de réacteurs nucléaires, après la 1ère génération des UNGG actuellement en cours de démantèlement.

L'EPR, dont le site de Flamanville a été choisi pour accueillir la tête de série, appartient à la 3e génération. Il devrait être mis en service en 2012.

Enfin, la 4e génération est actuellement en cours d'étude. Elle regroupe des réacteurs dits « révolutionnaires » qui opèrent une rupture technologique avec l'existant et sont conçus pour respecter les préceptes du développement durable. Ces réacteurs ne sont pas attendus avant 2040.

Chapitre 3

Les énergies renouvelables

Les énergies renouvelables (ER) couvrent un large spectre de technologies et de marchés. On peut les classer en deux catégories distinctes : les ER conventionnelles et les ER nouvelles.

- ER conventionnelles

Les principales composantes des ER conventionnelles sont la grande hydraulique (unités de plus de 10 MWe) et le bois de chauffage. L'hydraulique joue un rôle non négligeable au plan mondial car son poids dans la production électrique est voisin de celui de l'électronucléaire (17 %) (voir tableau 6.2).

En Europe, les ER conventionnelles ont pour le public une connotation positive pour la qualité de la vie : les lacs de barrage évoquent le loisir, et les cheminées domestiques au bois, la détente.

Concernant les pays en développement, la situation est différente puisque le bois sert pour la cuisson et demeure la cause d'une énorme pollution qu'il s'agira de réduire par des systèmes appropriés. Quant aux grands barrages, bien que leurs bienfaits soient évidents eu égard à la production d'électricité et à la régulation du débit des fleuves qui évite souvent de graves inondations ou encore les conséquences catastrophiques d'une sécheresse extrême, ils sont en revanche à l'origine de l'expulsion de millions de personnes riveraines (près d'un million et demi pour le seul barrage chinois des Trois Gorges) ou de problèmes sanitaires et environnementaux (développement d'agents pathogènes tels que bactéries, virus ou parasites notamment en Afrique sub-saharienne, dégradation des ressources environnementales...).

• ER nouvelles

Les ER nouvelles ont connu un développement soutenu ces dernières années.

C'est notamment le cas de l'éolien. L'Allemagne est le marché le plus important alors que le Danemark domine l'industrie mondiale du secteur.

La taille des machines a grandi avec les marchés : on rencontre aujourd'hui couramment des éoliennes développant une puissance de 2,5 MWe avec des mâts de 100 m de haut et des pales de 40 m de long.

L'énergie électrique d'origine éolienne représente en 2003 3 % de l'énergie produite en Allemagne (elle atteint 20 % dans le Schleswig Holstein et 11 % au Danemark.

Globalement, la promotion des ER, notamment l'éolien, l'hydraulique et le photovoltaïque, s'explique par leur contribution à :

- l'aménagement du territoire (création de richesses et d'emplois),
- la lutte contre le réchauffement climatique (voir § 5.2),
- la recherche de systèmes de production électrique décentralisés dans les pays en développement,
- la recherche de solutions innovantes dans le cadre du développement durable.

Les principales énergies renouvelables sont : l'éolien, le solaire, l'hydraulique, la géothermie et la biomasse. Le tableau 3.1 donne pour la France, leur production en 2000.

Elles sont déclinées dans les paragraphes suivants.

Tableau 3.1. Production en 2000 des énergies renouvelables en France (source : *Observatoire de l'énergie, 2003*).

Année 2000	Électricité GWh	Thermique Ktep (*)
Hydraulique	73 432	-
Éolien	92	-
Solaire	11	25
Géothermique	21	110
Biomasse - Déchets urbains solides - Bois et déchets de bois - Résidus de récolte hors gabasse - Biogaz - Biocarburant	 2 041 1355 370 321 -	 645 8 552 191 57 329
TOTAL	77 643	10 152
TOTAL (en Ktep)	Électricité + thermique =	16 830

(*) 1 GWh = 0,086 Ktep.

3.1. L'hydraulique

L'hydro-électricité est l'électricité produite par l'énergie hydraulique d'un cours d'eau ou d'un réservoir en exploitant l'énergie potentielle de gravité emmagasinée dans l'eau.

Cette forme d'énergie est renouvelable et assure donc au pays qui en est doté une garantie d'approvisionnement à long terme, tout en restant cependant limitée par d'éventuelles périodes de sécheresse.

En 2001, l'hydro-électricité représentait 16,6 % de la production d'électricité mondiale (voir tableau 6.2), soit plus de 2 500 TWhe (térawatts heures électriques).

C'est de loin l'énergie renouvelable la plus utilisée dans le monde pour la production électrique puisque l'ensemble des autres énergies renouvelables ne dépasse pas 2 % de la production mondiale.

La plupart des pays développés utilisent déjà une grande partie de leur potentiel hydro-électrique alors que des ressources non exploitées sont encore abondantes dans nombre de pays en développement.

En France, les grands travaux de construction de barrages hydro-électriques datent des années 50. L'hydo-électricité produite était en 1950 de 16 TWhe pour une production nationale d'électricité de 33 TWhe. Elle était de 72 TWhe en 2000, représentant 13 % de la production nationale (voir tableau 6.14).

Il existe quatre types d'aménagement hydro-électrique :

- la centrale au fil de l'eau,
- la centrale de lac,
- la STEP (station de transfert d'énergie par pompage),
- la centrale d'éclusée.

– L'aménagement au fil de l'eau fonctionne au gré des conditions hydrauliques naturelles du site et n'a pratiquement pas de capacité de stockage. Ces centrales fonctionnent 24h/24 et fournissent donc de l'électricité en base. Elles sont adaptées aux fleuves à faible pente et fort débit (ex. : la centrale de Beauharnois sur le fleuve Saint-Laurent au Québec. Puissance installée 1673 MWe. Hauteur de chute 24 m).

– L'aménagement de lac permet quant à lui une gestion annuelle des réserves hydrauliques. L'eau est captée en altitude et acheminée par une série d'ouvrages dans une réserve, où elle est stockée derrière un barrage.

Un aménagement avec gestion annuelle possède un réservoir d'une capacité de stockage suffisante (supérieure à 400 heures) pour permettre le stockage d'eau en cas de fortes crues, provoquées par exemple par la fonte des neiges, afin de la turbiner en période sèche dans une usine hydro-électrique située en contrebas.

Il est à noter que le réservoir peut être construit en tête d'un bassin hydrographique afin d'assurer la régulation des eaux pour plusieurs usines disposées en cascade le long du cours d'eau.

– La STEP remonte par pompage l'eau d'un bassin aval (ou inférieur) vers un bassin amont (ou supérieur) à l'aide d'une machine réversible turbine-pompe. Cette opération s'effectue aux heures creuses afin d'utiliser une électricité excédentaire bon marché.

L'énergie ainsi stockée est restituée aux heures de pointe au réseau électrique par turbinage de l'eau du bassin amont vers le bassin aval, en produisant une électricité à tarif élevé (ex. : la station de Grand-Maison dans la région Rhone-Alpes d'une puissance installée de 1800 MWe).

– La centrale d'éclusée est installée dans des régions de moyenne montagne (ex. : Vouglans dans le Jura ou Grangent dans le Massif Central) où la hauteur de chute est intermédiaire entre la centrale au fil de l'eau et la centrale de lac, mais où le débit d'eau est important. La réserve d'eau s'effectue au moyen d'une barrière sur des périodes courtes (capacité de stockage entre 200 et 400 heures). L'eau est stockée aux heures creuses (par exemple la nuit) et turbinée aux heures pleines, contribuant ainsi à la régulation quotidienne ou hebdomadaire de la production d'électricité.

Tableau 3.2. Production hydro-électrique en France en 2001.

	Puissance (GWe)	Production (TWhe)	%
Fil de l'eau	7,5	38,8	48,9
Éclusée	4,3	14,7	18,5
Lac	9,3	20,6	26
Pompage (STEP)	4,3	5,2	6,6
TOTAL	**25,4**	**79,3**	**100**

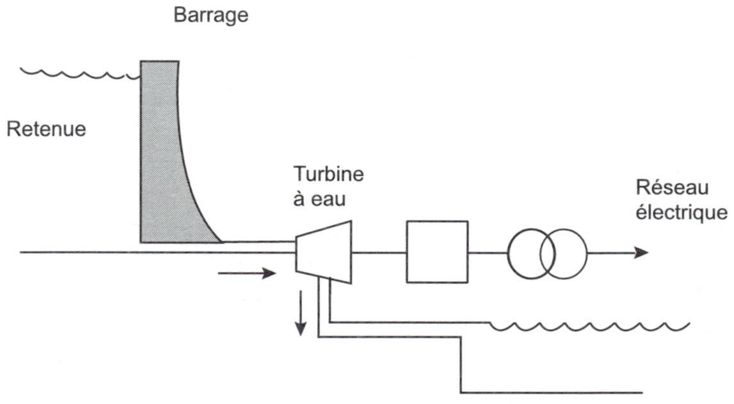

Figure 3.1. Schéma de principe d'une centrale hydro-électrique de lac.

Les aménagements hydro-électriques peuvent également être classés en fonction de la puissance électrique disponible.

- Micro-hydro-électricité : puissance inférieure à 100 kWe.
- Mini-hydro-électricité : puissance comprise entre 100 kWe et 2 MWe.
- Petite hydro-électricité : puissance comprise entre 2 MWe et 10 MWe.
- Grande hydro-électricité : puissance supérieure à 10 MWe.

Remarque 1 : *la micro-hydro-électricité (MHE) peut contribuer à l'alimentation d'un réseau interconnecté à d'autres centrales, mais sera beaucoup plus utilisée en réseau isolé pour fournir l'électricité nécessaire à un village, une petite ville ou un complexe industriel local éloignés des lignes d'interconnexion du réseau électrique.*

Il s'agit, dans la plupart des cas, de centrales au fil de l'eau, avec ou sans petit réservoir régulateur.

Les microcentrales sont souvent installées par des particuliers désireux de récupérer l'électricité des chutes d'eau. Elles sont notamment utilisées dans les alpages pour fournir l'énergie nécessaire à la traite ou à la fabrication du fromage.

Remarque 2 : *en France, on qualifie de « grand barrage » un barrage d'une hauteur supérieure à 20 mètres (hauteur mesurée au-dessus du point le plus bas du terrain naturel et prenant en compte la profondeur du lit mineur éventuel). Depuis 1966, les projets de tels barrages doivent être soumis au Comité Technique Permanent des Barrages.*

3.1.1. Description des principaux composants d'une centrale de lac

Réservoir

Le réservoir (ou retenue) constitue une provision en eau dont les principaux objectifs sont de :

- maximiser l'énergie annuelle produite,
- contrôler les crues.

Barrage

Le barrage est un ouvrage construit en travers d'une vallée, dont le but est de contenir l'eau pour créer une réserve, et de réguler ou détourner les eaux d 'un cours d'eau.

Les barrages se classent en deux grandes familles selon les matériaux utilisés.

a) Les barrages en matériaux rigides (béton ou maçonnerie)

On distingue les barrages-poids et les barrages voûtes.

- Les barrages-poids sont rectilignes et de section trapézoïdale. Ils sont adaptés aux larges vallées. Citons en France le barrage de Chambon (136 m de haut et 1294 m de long).

Une variante est le barrage-poids évidé, qui est creusé à intervalles réguliers depuis la fondation afin d'alléger la structure. Citons le barrage d'Itaipu sur le fleuve Parana, près des chutes d'Iguaçu, à la frontière entre le Brésil et le Paraguay (196 m de haut et 7 900 m de long).

Le chantier démarra en 1975 et se termina à la mise en service du premier tronçon 8 années plus tard. Il employa jusqu'à 30 000 hommes aux périodes de forte activité !

Les terres inondées en amont s'étendent sur 170 km de longueur.

L'énergie électrique annuelle produite est de 75 TWh, ce qui équivaut à une dizaine de centrales nucléaires. C'est actuellement l'usine la plus puissante du monde.

– Les barrages-voûtes sont convexes, le centre de courbure étant situé à l'extérieur de la retenue. Ils sont adaptés aux vallées étroites. On en dénombre plus de 1500 en service dans le monde. Citons en France le barrage de Tignes (180 m de haut et 375 m de long).

Citons également l'un de ses plus anciens et prestigieux ancêtres, le Hoover Dam sur le Colorado, aux limites de l'Arizona et du Nevada, à moins de 50 km de Las Vegas (barrage combiné poids-voûte).

Décidé en 1933 par Franklin Roosevelt, la politique du New Deal fit des grands travaux un passage obligé dans la lutte contre la grande dépression et le chômage. C'est ainsi que le Hoover Dam devait fournir une puissance moyenne de 2 000 MWe, soit l'équivalent de deux centrales nucléaires, propice à accélérer l'industrialisation de l'immense Californie et la mise en valeur de vastes régions encore vierges. Haut de 220 mètres, il pèse 6,6 millions de tonnes, soit un million de tonnes de plus que la pyramide de Chéops à Gizeh en Égypte ! Il bat à l'époque tous les records de gigantisme.

Une main-d'œuvre hautement qualifiée forte de plus de 3 500 hommes creuse d'abord dans le roc quatre larges tunnels de dérivation, avec des dispositifs retenant les déchets de la construction que charrie le Colorado, procédé largement utilisé par la suite, puis édifie le barrage par tranches de 30 mètres. On le couronne enfin symboliquement en faisant passer sur sa crête une route permettant de relier en ligne droite les villes de Phoenix (Arizona) et Las Vegas (Nevada).

En France, sur les 117 grands barrages d'EDF, 40 sont des barrages-poids en béton et 51 des barrages-voûtes.

b) Les barrages en matériaux meubles (roche et terre)

Ce sont les plus anciens barrages. L'étanchéité est généralement assurée par un revêtement en béton du côté de la retenue.

À l'instar des barrages-poids, c'est le poids des matériaux qui s'oppose aux forces exercées par l'eau de retenue. Citons en France le barrage de Serre-Ponçon, haut de 125 mètres. Il forme la plus grande retenue artificielle d'Europe avec près de 3 000 hectares sur la Durance.

On dénombre 26 barrages de ce type en France.

Centrales hydro-électriques

La centrale hydro-électrique est constituée d'un bâtiment qui abrite les équipements de production d'énergie (turbine, alternateur et transformateur) et les différents services de maintenance.

L'alimentation en eau de la centrale est assurée par le système d'adduction et le retour de l'eau vers le cours d'eau se fait par le système de restitution.

Structures d'évacuation

Les structures d'évacuation font partie des ouvrages de retenue et servent à l'évacuation des surplus d'eau ou des débits de crue qui ne peuvent être emmagasinés dans le réservoir ou qui ne peuvent être turbinés dans le cas des aménagements au fil de l'eau. Leur fonction est très importante car plusieurs barrages ont cédé à cause d'une insuffisance des capacités d'évacuation. En effet, les barrages en enrochement n'ont pas la résistance nécessaire contre l'érosion lorsque des déversements importants s'effectuent par leur crête (ex. : en 1889, le barrage en terre de Johnstown aux États-Unis, emporté par une crue, fit 2 000 victimes).

Les deux principaux types d'organes d'évacuation sont le déversoir et l'ouverture à la base des ouvrages de retenue appelée vidange de fond.

3.1.2. L'aménagement du barrage chinois des Trois-Gorges sur le Yang Tsé Kiang

Les travaux de réalisation sur le Yang Tsé Kiang de la plus grande usine hydroélectrique de la planète ont démarré en 1994 pour une prévision de fin de chantier en 2009.

D'une puissance de 18 720 MWe (soit la puissance d'une vingtaine de tranches nucléaires de 900 MWe) fournie par 26 turbo-alternateurs de 720 MWe chacun, l'installation fournira à la Chine l'équivalent de 10 % de la production nationale d'électricité pour l'année 2000.

Le barrage de 185 m de hauteur et 2,3 km de longueur disposera d'un déversoir de 483 mètres en son milieu et au niveau du lit naturel du fleuve.

Sa réalisation permettra d'atteindre trois objectifs auxquels les gouvernements chinois successifs sont restés attachés depuis Sun Yat-sen, fondateur de la République chinoise (1921) :

- maîtriser le débit du Yang Tsé Kiang, sujet à des crues dévastatrices régulières,
- produire de l'énergie pour accompagner le développement industriel de la Chine,
- améliorer les capacités de navigation du fleuve.

En contrepartie, l'installation provoquera l'inondation de 600 km en amont du fleuve et le déplacement de près de 1,5 million de riverains.

3.2. Le solaire

3.2.1. Soleil et énergie

Le Soleil est notre plus grande source d'énergie. Il constitue un gigantesque réacteur thermonucléaire dans lequel, chaque seconde, 600 millions de tonnes d'hydrogène sont transformées en hélium lors de réactions de fusion qui se traduisent, d'une part par une perte de masse du Soleil d'environ 4 millions de tonnes par seconde, et d'autre part par l'émission d'un rayonnement électromagnétique d'une puissance totale de $3{,}9.10^{26}$ W (environ 60 MW/m^2).

La puissance reçue dans l'espace au-dessus de l'atmosphère terrestre n'est plus que le 2,2 milliardième environ de la puissance totale émise, soit $1{,}76.10^{17}$ W ou encore 340 W/m^2.

Enfin, une partie seulement de ce rayonnement parvient à la surface de la Terre (voir fig. 3.2), en effet :

- 30 % de la puissance (102 W/m^2) sont réfléchis par l'atmosphère et la Terre, et renvoyés dans l'espace ;
- 20 % (68 W/m^2) sont utilisés principalement pour assurer les mouvements de l'eau (évaporation et pluie - 17 %), de l'air (énergie cinétique des vents - 2 %), la photosynthèse (0,06 %)...
- 50 % (170 W/m^2) assurent l'équilibre thermique du sol (absorption, conversion en chaleur et renvoi partiel dans l'espace d'un rayonnement infrarouge). Une part importante de ce rayonnement infrarouge est absorbée dans l'atmosphère, ce qui a pour conséquence de maintenir à la surface de la Terre une température compatible avec la vie. C'est l'effet de serre, qui existe naturellement du fait de la présence de l'atmosphère. Sans lui, la température moyenne à la surface de la Terre ne serait que de −18 °C au lieu des +15 °C dont nous disposons, ce qui rendrait la vie sur Terre pratiquement impossible.

  Cependant, cet effet peut être amplifié par addition d'un effet de serre anthropique, c'est-à-dire provoqué par l'activité humaine. Les gaz qui en sont responsables sont principalement le gaz carbonique (CO_2), le méthane ou gaz naturel (CH_4), l'oxyde nitreux (N_2O) et les dérivés fluorés (CFC).

  La composante du rayonnement infrarouge qui traverse l'atmosphère peut alors être réduite à quelques % du rayonnement infrarouge émis par la Terre. Il en résulte un réchauffement excessif de la planète dont les conséquences sur le climat peuvent être désastreuses (voir § 5.2.3).

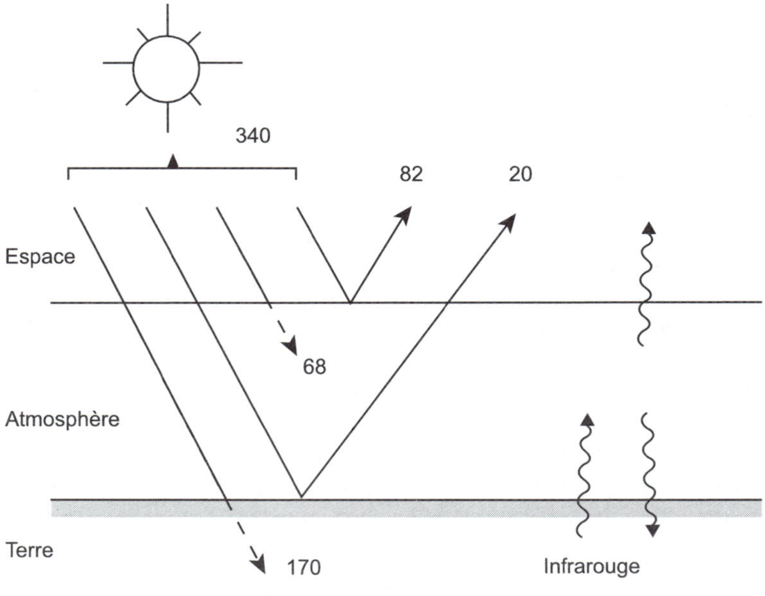

Figure 3.2. Bilan radiatif de la Terre (W/m^2).

Au niveau de la mer, le rayonnement solaire se répartit, sur le spectre des longueurs d'onde, de la façon suivante :

- ultraviolet (longueur d'onde comprise entre 0,3 et 0,4 micron) : 3 %,
- lumière visible (longueur d'onde comprise entre 0,4 et 0,7 micron) : 42 %,
- infrarouge (longueur d'onde comprise entre 0,7 et 2,5 microns) : 55 %.

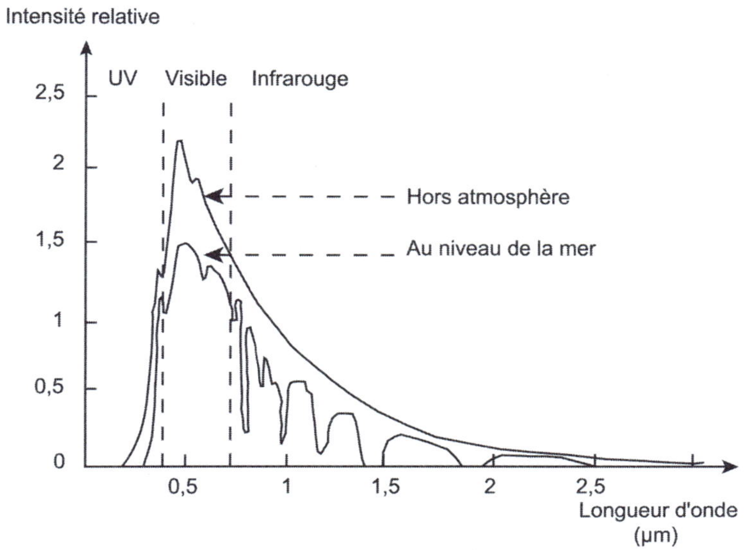

Figure 3.3. Distribution spectrale de l'énergie solaire.

Remarque : *le rayonnement ultraviolet se décompose en 3 zones spectrales,*

- *UV-A (0,380 - 0,318 µm),*
- *UV-B (0,318 - 0,280 µm),*
- *UV-C (0,280 - 0,010 µm).*

Du fait de son absorption dans la couche d'ozone stratosphérique, le rayonnement ultraviolet qui atteint la terre est essentiellement l'UV-A (99 %) et il n'y a pas d'UV-C.

Ainsi, si l'énergie moyenne annuelle fournie par le Soleil au-dessus de l'atmosphère est de $1,55.10^{18}$ kWh, elle ne représente plus que 8.10^{17} kWh en ordre de grandeur à la surface de la Terre, soit 8 000 fois la consommation mondiale annuelle d'énergie primaire en 2000 (10^{14} kWh). Cela correspond en moyenne à 1 500 kWh/m^2/an, soit une puissance de 170 W/m^2 en moyenne sur la Terre, mais pouvant dépasser 1 kW/m^2 dans les déserts tropicaux.

Si l'énergie fournie par le Soleil à la Terre est considérable, il existe cependant des inconvénients à son utilisation industrielle :

- l'énergie solaire est très diluée ;
- elle est intermittente et aléatoire. Il en résulte notamment un faible facteur de charge (pourcentage d'heures d'enSoleillement dans l'année). Ainsi, Odeillo

(Pyrénées Orientales) est l'endroit le plus ensoleillé de France (3 000 heures d'ensoleillement dans l'année), mais son facteur de charge n'est que de 34 % ;

- elle est difficilement stockable.

En France, région au climat tempéré, l'énergie annuelle varie, selon le lieu, de 1200 à 1900 kWh/m^2/an pour une moyenne générale de 1500 kWh/m^2/an (voir fig. 3.4).

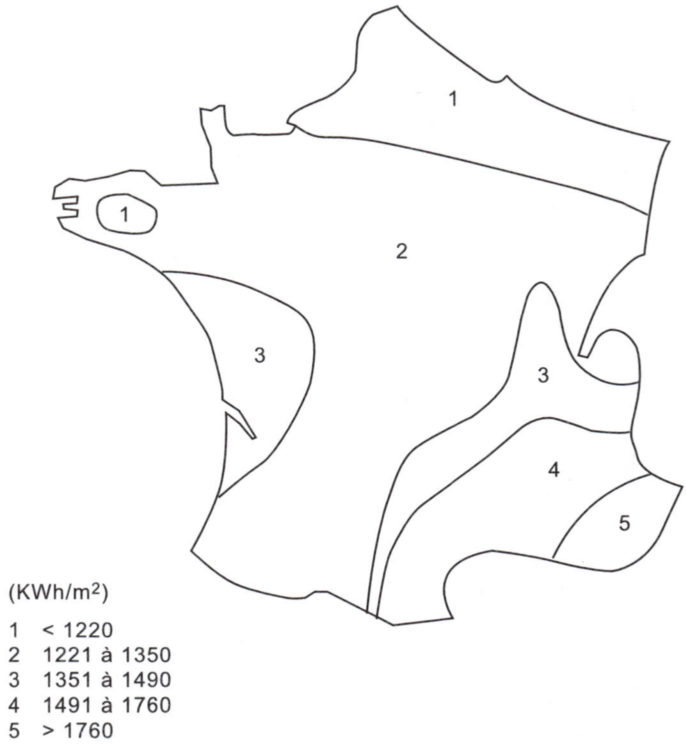

Figure 3.4. Gisement solaire en France (énergie annuelle au sol en KWh/m^2).

Pour fixer les idées, faisons la comparaison suivante.

Nous savons que le rendement d'une centrale nucléaire du parc français est de 33 % et que par conséquent, 67 % sont perdus en chaleur à la source froide, ce qui constitue au demeurant la seule pollution en fonctionnement de ce type d'installation.

Pour une centrale de 900 MWe, on obtient donc 2 000 MW qui sont dissipés en chaleur. Le calcul montre que cela correspond à la chaleur déposée par le Soleil-sur un carré d'un peu plus de 3 km de côté. En d'autres termes, la pollution thermique générée par un réacteur nucléaire est du même ordre de grandeur que le rayonnement solaire reçu par le site de ce réacteur.

Quelques ordres de grandeur sur le soleil

Âge : 4,6 milliards d'années

Distance à la terre : 150 millions de km

Rayon : 7.10^5 km

Masse : 2.10^{27} tonnes

Composition : 71 % d'hydrogène, 27 % d'hélium et des traces de carbone, azote, oxygène, fer et éléments lourds...

Température au centre : 15 millions °C

Température au niveau de la surface visible (photosphère) : 5 800 °C

Unités photométriques usuelles

Grandeur	Unités énergétiques	Unités visuelles
Flux lumineux Φ	Watt (W)	lumen (lm)
Éclairement E	W/m^2	lm/m^2 = lux (lx)
Intensité I	W/sr	candela (cd)
Luminance L	$W/m^2/sr$	cd/m^2 = nit (nt)

Sr : Stéradian (unité d'angle solide).

Ordres de grandeur

Soleil hors atmosphère :	luminance 2.10^7 $W/m^2/sr$ = 2.10^9 nits
Soleil au zénith, ciel bleu, niveau mer :	luminance $1{,}3.10^7$ $W/m^2/sr$ = $1{,}3.10^9$ nits
Sur un plan frontal au sol :	éclairement 10^3 W/m^2 = 10^5 lx
Pleine lune au zénith, atm. claire :	luminance $2{,}5.10^3$ nits
Sur un plan frontal au sol :	éclairement 0,2 lx
Ciel nocturne, sans lune :	luminance 10^{-4} nits

3.2.2. L'électricité solaire

L'énergie solaire peut être convertie en électricité, soit directement par effet photovoltaïque, soit indirectement après conversion en chaleur puis en énergie mécanique dans les centrales thermiques solaires (voir fig. 3.5).

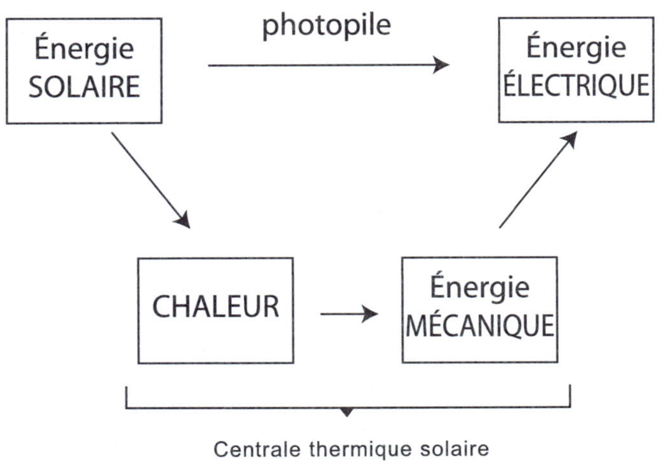

Figure 3.5. Conversion du rayonnement solaire en énergie électrique.

3.2.2.1. L'électricité solaire photovoltaïque

a) Principe de la photopile

L'effet photovoltaïque fut découvert par Antoine Becquerel (grand-père de Henri, découvreur de la radioactivité naturelle) en 1839 et permet la conversion directe du rayonnement solaire en électricité.

Comme toute onde électromagnétique, la lumière du Soleil transporte de l'énergie sous forme d'un flux de photons qui, s'il est suffisamment important, peut arracher et déplacer les électrons d'un matériau exposé. La lumière est donc capable de mettre en mouvement des électrons, c'est-à-dire de créer un courant électrique.

Cela est généralement réalisé dans des semi-conducteurs structurés en réseau cristallin où les électrons sont localisés dans des états énergétiques qui les lient aux atomes du réseau. Sous l'effet du flux de photons, ces électrons peuvent se libérer de l'attraction du réseau et participer à la conduction électrique.

b) Fonctionnement de la photopile

Le matériau le plus communément utilisé dans la conception d'une photopile est le silicium monocristallin. C'est normalement un isolant car son atome possède quatre électrons sur sa couche externe, qui sont tous utilisés pour la liaison avec les autres atomes. Il n'y a donc pas d'électron libre dont le déplacement pourrait créer un courant électrique.

Cependant, une préparation spécifique consistant à introduire des impuretés, qui sont en fait des atomes étrangers, dans le réseau de silicium (on parle alors de dopage du silicium) peut le transformer en un semi-conducteur.

Les impuretés sont de deux types :

- soit des atomes de phosphore dont la couche périphérique comporte cinq électrons. L'insertion de tels atomes dans le réseau cristallin va libérer un électron qui devient disponible pour le transport du courant. Le silicium est alors un semi-conducteur de type *N* (il y a abondance d'électrons libres) ;
- soit des atomes de bore dont la couche périphérique comporte trois électrons. Leur insertion va créer un trou positif dans la structure cristalline. Le silicium est alors un semi-conducteur de type *P* (il y a abondance de trous libres, ou encore déficit d'électrons libres).

En créant une jonction entre les deux types de silicium *P* et *N*, on obtient :

- du côté *P*, des charges négatives avec des atomes de bore ayant un électron excédentaire ;
- du côté *N*, des charges positives avec des atomes de phosphore ayant un électron en moins.

Lorsqu'un photon du rayonnement lumineux vient frapper la zone de transition entre les siliciums de type *P* et *N*, il arrache à l'atome de silicium *P* un électron. Le trou ainsi créé va alors se déplacer du côté *P* et l'électron du côté *N*, créant ainsi un courant électrique (voir fig. 3.6).

Les cellules photovoltaïques peuvent être faites de silicium monocristallin ou multicristallin.

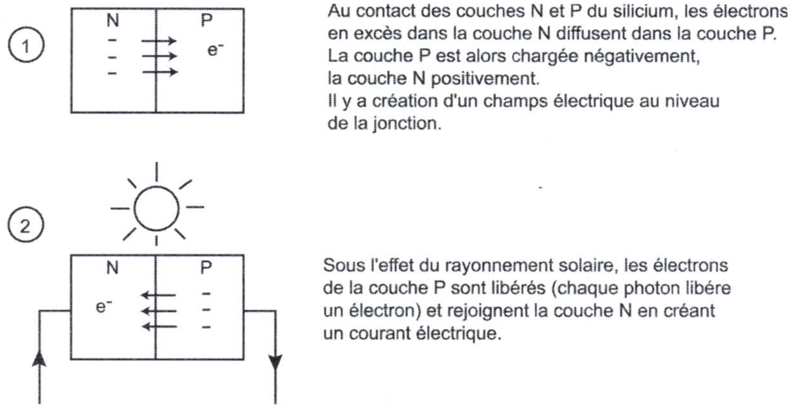

Figure 3.6. Principe de fonctionnement d'une photopile.

Le premier requiert un refroidissement lent du silicium fondu (plusieurs heures) et on obtient un cristal qui peut atteindre 1 mètre de long. Ce cristal est ensuite découpé à la scie diamantée en fines tranches de 300 à 400 microns. Le rendement (rapport entre l'énergie électrique créée et l'énergie solaire reçue) peut atteindre 15 %.

Le silicium multicristallin, quant à lui, est refroidi plus rapidement. Les cristaux sont plus petits et le rendement moins élevé du fait de l'hétérogénéité de la cellule (13 %), mais sa fabrication est moins consommatrice d'énergie, donc moins onéreuse.

Enfin il existe, à moindre échelle, des cellules constituées de silicium non cristallin (dit amorphe). Ce matériau est bon marché. En outre, il absorbe mieux la lumière que le silicium cristallin et une couche mince de 1 micron suffit. Cependant, les photopiles obtenues ont un rendement faible (6 %) et instable dans le temps. Elles se sont rapidement imposées sur le marché des calculettes, peu sensibles au rendement et aux instabilités des photopiles, mais ces défauts deviennent rédhibitoires sur le marché de l'énergie.

c) Réalisation de la production électrique par un équipement photovoltaïque

Une convention internationale a défini la puissance-crête (unité : le Watt-crête – Wc) comme étant la puissance optimale que peut fournir une photopile dans les conditions de référence suivantes : éclairement solaire de 1000 W/m^2 (rappelons que la puissance solaire moyenne sur la Terre est de 170 W/m^2) à une température de 25 °C (voir § 3.2.1).

Une seule cellule circulaire de silicium monocristallin de 10 cm de diamètre produit une puissance-crête de 1,3 Wc. Cette puissance correspond à une intensité de courant de 2,7 Ampères sous 0,5 Volt, ce qui est insuffisant pour une quelconque utilisation industrielle. Aussi les cellules sont-elles connectées en série-parallèle (afin d'augmenter à la fois l'intensité et la tension du courant de sortie) et encapsulées dans un verre ou un plastique pour former un module. Par exemple, un module de 1 m^2, constitué d'une centaine de cellules de silicium monocristallin de 10 cm de diamètre, atteindra une puissance-crête d'une centaine de Watts. Sous un éclairement solaire moyen de 200 W/m^2, correspondant à un ensoleillement de 5 kWh/m^2/jour, ce module produira dans une journée une énergie électrique maximum de 0,5 kWh. Les modules peuvent être assemblés en panneaux pouvant eux-mêmes être interconnectés pour former un champ de modules.

Les panneaux photovoltaïques convertissent donc directement l'énergie solaire en énergie électrique. Celle-ci est stockée dans une batterie d'accumulateurs au plomb qui la restitue à la demande. Un régulateur protège la batterie contre des surcharges qui peuvent survenir.

Ainsi le jour, les panneaux chargent les batteries et la nuit, l'électricité est fournie par les batteries.

En 1995, la capacité mondiale en puissance photovoltaïque installée était de 400 MWc, qui pouvaient se décliner de la façon suivante :

- 20 MWc (5 %), petits appareils (montres, calculettes, gadgets...) alimentés par des cellules de faible puissance (inférieure au watt).
- 60 MWc (15 %), production d'électricité raccordée au réseau électrique - toits et murs photovoltaïques, centrales électriques photovoltaïques.

  L'intérêt du raccordement au réseau est de se dispenser du coûteux stockage d'électricité dans les batteries. Un onduleur permet d'injecter directement l'électricité produite dans le réseau électrique de la maison. Si la consommation locale est supérieure à la production de la centrale, l'appoint est fourni par le réseau. Dans le cas contraire, le surplus de courant produit est fourni au réseau pour alimenter d'autres consommateurs.

  Ces opérations ne peuvent se faire qu'avec l'aide des pouvoirs publics (subventions ou rachat de l'électricité produite à un tarif préférentiel) car l'électricité photovoltaïque est de 5 à 10 fois plus chère que l'électricité traditionnelle.
- 320 MWc (80 %), alimentation en électricité d'habitations, d'équipements publics isolés (alimentation d'abris mobiles, panneaux publicitaires, télécommunication).

d) Quelques exemples de centrales photovoltaïques

Delphos (Italie, 3 MW), Korbern Gondorf (Allemagne, 340 kW), Lugo (États-Unis, 1 MW), Mont-Soleil (Suisse, 500 kW), Tolède (Espagne, 1 MW), Saijo (Japon, 1 MW).

e) Quelques exemples d'applications locales

Éclairage d'abribus

Puissance-crête des modules : 49 Wc

Charge de stockage : 105 Ah

Puissance des équipements : 35 W

Tension : 12 V

Bouée de signalisation

Puissance-crête des modules : de 40 à 225 Wc

Charge de stockage : de 60 à 360 Ah

Puissance des équipements d'éclairage : 10 W

Tension : 12 V

Relais de télécommunication

Puissance-crête des modules : 7 560 Wc

Charge de stockage : 6 500 Ah

Puissance des équipements : 1 kW

Tension : 48 V

3.2.2.2. Les centrales thermiques solaires

Une fois l'énergie solaire convertie en chaleur, le principe de fonctionnement est le même que celui d'une centrale thermique classique : la chaleur emmagasinée est transmise à un circuit dont l'eau est vaporisée. Ensuite, la vapeur fournit de l'énergie mécanique en se détendant dans une turbine et un alternateur associé convertit cette énergie mécanique en énergie électrique.

Le rendement thermique d'une turbine se définit comme étant le pourcentage de l'énergie thermique de la vapeur qui est transformée en énergie mécanique dans la turbine.

Nous savons qu'il est égal au plus à l'écart relatif de température entre la source chaude et la source froide (principe de Carnot). En conséquence, il faut disposer d'une chaleur à très haute température (plusieurs centaines de degrés) pour garantir un rendement suffisant, ce qui ne peut être obtenu qu'en focalisant les rayons solaires sur une cible.

a) Les différentes conceptions de centrales solaires (fig. 3.7)

On distingue quatre types de centrales solaires, qui se différencient par la façon de focaliser les rayons du soleil.

- **Les collecteurs cylindro-paraboliques à focalisation linéaire**. Ce sont des miroirs cylindriques de plusieurs dizaines de mètres de longueur qui suivent la trajectoire apparente du Soleil en tournant autour d'un axe horizontal. Les rayons se concentrent le long d'un tube situé sur la ligne focale du cylindre.

  Les collecteurs cylindro-paraboliques ont été testés à l'échelle industrielle, puisque neuf centrales solaires de ce type, opérationnelles, ont été implantées entre 1984 et 1991 en Californie par la société israëlo-américaine Luz. Les dernières centrales implantées atteignent la puissance de 80 MWe. Au total, avec 354 MW électriques, les centrales californiennes Luz représentaient, en 1995, 90 % de la puissance des centrales électriques solaires installées dans le monde. Ce concept bénéficie donc, aujourd'hui, d'un retour d'expérience significatif.

- **La centrale à tour**. Elle est constituée d'un absorbeur (ou chaudière) unique installé au sommet d'une tour. Ce dernier reçoit le rayonnement solaire réfléchi par de nombreux héliostats dotés d'un miroir plan ou légèrement focalisant à orientation automatique en fonction de la course du soleil. L'absorbeur contient un liquide caloporteur qui est réchauffé puis converti en vapeur afin

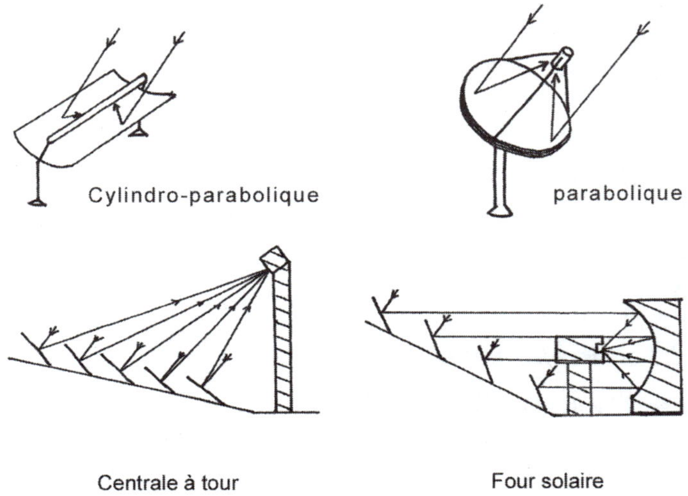

Figure 3.7. Différents procédés de centrales solaires.

d'actionner le turbo-alternateur qui produira l'électricité. On obtient une puissance électrique d'environ 10 MWe (au moyen de 1500 héliostats de 50 m^2 chacun).

Les centrales à tour n'ont pas dépassé le stade expérimental. L'une d'entre elles est française : Themis, 2,5 MW, Targassonne (Pyrénées Orientales). Démarrée en 1983, elle est arrêtée depuis 1986. La plus grande centrale à tour est l'installation Solar 1, en Californie, exploitée de 1982 à 1988. Elle n'a pas dépassé 10 MWe. Solar 2, de même puissance, a redémarré en 1996.

- **La centrale à collecteurs paraboliques.** Elle est constituée d'un ou plusieurs éléments comprenant chacun le collecteur de rayonnement concentré et sa chaudière. Elle est optimisée pour des puissances de quelques centaines de kilowatts. Un élément utilise un miroir parabolique qui concentre les rayons solaires vers le point focal de la parabole. La chaleur emmagasinée est ensuite utilisée pour chauffer le fluide caloporteur contenu dans la chaudière à 300 °C, qui est transporté par canalisation à la station thermique centrale.

  Les collecteurs paraboliques n'ont été, eux aussi, qu'expérimentaux et le plus grand (Solarplant, en Californie) n'a pas dépassé 5 MW. Mais il est vrai que les collecteurs paraboliques, capables d'avoir chacun une mini-centrale en leur foyer, seront sans doute plus orientés vers des petites productions locales d'énergie de quelques dizaines ou centaines de kilowatts et pas forcément raccordés au réseau électrique. Le gigantisme n'est pas en l'espèce nécessairement souhaitable.
- **Le four solaire.** Le four solaire est une installation à double réflexion. Les rayons du Soleil sont dirigés par des héliostats plans sur un grand réflecteur parabolique fixe puis convergent sur un foyer équipé d'une zone de travail où se font les expériences.

Le four d'Odeillo (Pyrénées Orientales), mis en service en 1970, est conçu sur ce principe. Le rayonnement solaire, réfléchi par 63 miroirs plans orientables de 45 m^2 chacun, est concentré sur le four (foyer) grâce à un réflecteur parabolique constitué de 9 500 miroirs de 45 cm de côté.

Le four d'Odeillo n'est pas conçu pour produire de l'électricité mais pour fournir une activité de recherche. On y a notamment testé le revêtement externe (bouclier thermique) des navettes spatiales qui subissent à leur retour sur terre un choc thermique considérable lors de leur pénétration dans l'atmosphère.

Le four solaire d'Odeillo peut capter jusqu'à 1000 kW de rayonnement (Soleil au zénith) qu'il concentre sur un foyer de 30 cm de diamètre. Cela revient à un éclairement de 15 000 kW/m^2. Or, l'éclairement maximum du Soleil au zénith à cet endroit est de 1 kW/m^2.

En conséquence, le four d'Odeillo amplifie 15 000 fois le rayonnement solaire.

Le coût de l'électricité d'une centrale solaire située dans une région où le rayonnement est suffisant est d'environ 150 euros le MWhe.

On considère que les centrales ne sont concevables que dans les régions du globe où le rayonnement direct du Soleil dépasse 1900 kWh/m^2/an.

La figure 3.4 indique que ces conditions peuvent être satisfaites dans le Sud de la France, à des latitudes inférieures à 44°.

Par ailleurs, il faut disposer de grandes surfaces de terrain (on considère qu'il faut environ 10 ha par MWe) et les plus plates possible (pour économiser les dépenses de pompage). Il faut néanmoins que ces surfaces disponibles ne soient pas trop éloignées du réseau électrique existant ou des zones de consommation.

L'énergie électrique solaire sera d'autant plus rentable que les pics de production correspondront aux pics de consommation électrique. C'est ce qui a fait le succès (au demeurant relatif) des centrales de Californie, où les très forts besoins en climatisation coïncident précisément avec les pics d'ensoleillement.

Après la Californie, pionnière des centrales solaires de taille importante (80 MWe), l'attention se porte actuellement sur le pourtour de la Méditerranée. Des études détaillées ont été menées récemment sur des implantations éventuelles de centrales solaires de grande puissance en Tunisie, Espagne, Maroc et Grèce.

3.3. L'éolien

3.3.1. L'origine du vent

Le vent est le mouvement d'une masse d'air atmosphérique qui se déplace suivant une direction déterminée.

Le Soleil chauffe la Terre de façon inégale, notamment selon la latitude et l'altitude du point observé. Plus on s'approche des pôles, plus les rayons solaires sont obliques, donc moins ils chauffent. En outre, dans la couche basse de l'atmosphère appelée troposphère se trouvent les neuf dixièmes de la masse atmosphérique et pratiquement toute la vapeur d'eau, donc tous les nuages. La température y décroît avec l'altitude d'environ 1 °C tous les 150 mètres.

La troposphère atteint une épaisseur de 15 km au-dessus des tropiques, mais s'amincit vers les régions polaires jusqu'à une épaisseur moitié de 7,5 km.

Ceci est le résultat de la compression de l'air lorsque la température s'abaisse. Cette pression exercée par l'air sur la Terre s'appelle la pression atmosphérique. Au-dessus de l'équateur, l'air chaud, donc léger, monte et s'écoule vers les régions situées au pôle où il se refroidit, donc s'alourdit et redescend. L'équateur est donc une zone de basse pression atmosphérique et les pôles, des zones de haute pression atmosphérique.

En réalité, il se crée, à cause de l'inclinaison de l'axe des pôles, des zones intermédiaires de haute pression aux tropiques et de basse pression sur les cercles pôlaires, d'où le système circulatoire décrit à la figure 3.8.

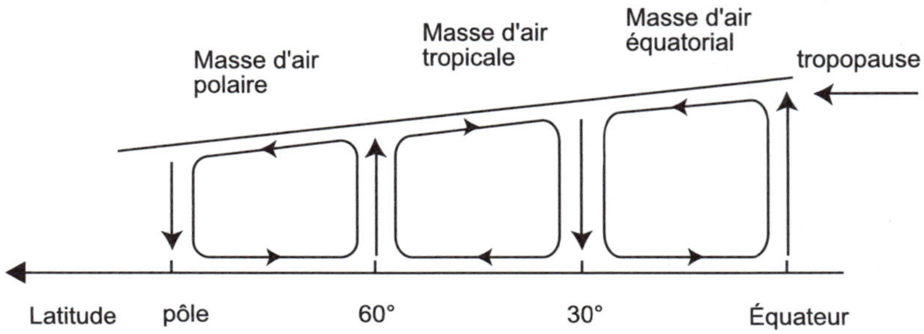

Figure 3.8. Circulation verticale des masses d'air entre le pôle et l'équateur.

Si la terre ne tournait pas autour de l'axe des pôles, on obtiendrait le système de circulation des masses d'air à basse altitude indiqué sur la figure 3.9-a.

La rotation de la terre introduit une force supplémentaire, appelée force de Coriolis, qui dévie les masses d'air, vers la droite dans l'hémisphère Nord et vers la gauche dans l'hémisphère Sud.

Finalement, la circulation générale de l'atmosphère à basse altitude prend l'allure décrite sur la figure 3.9-b.

La circulation atmosphérique décrite ci-dessus correspond aux vents dominants autour de la planète, par exemple les alizés ou encore les vents d'Ouest aux moyennes latitudes de l'hémisphère Sud (les fameux « quarantièmes rugissants »).

En réalité, les irrégularités thermiques locales à la surface de la Terre influent également sur les courants atmosphériques. Citons deux exemples :

- la terre s'échauffe plus vite dans la journée que l'eau des océans, et *a contrario* se refroidit plus vite la nuit. En conséquence, le jour, le vent souffle de la mer vers la terre : c'est la brise de mer. La nuit, en revanche, le vent souffle de la terre vers la mer : c'est la brise de terre ;
- en Inde, le phénomène de mousson a une explication (simplifiée) similaire. Pendant l'été, l'intérieur du continent asiatique est constamment plus chaud que l'océan indien et les vents soufflent de la mer vers la terre. C'est la mousson d'été humide. Pendant l'hiver, le sens du vent est inversé. C'est la mousson d'hiver sèche.

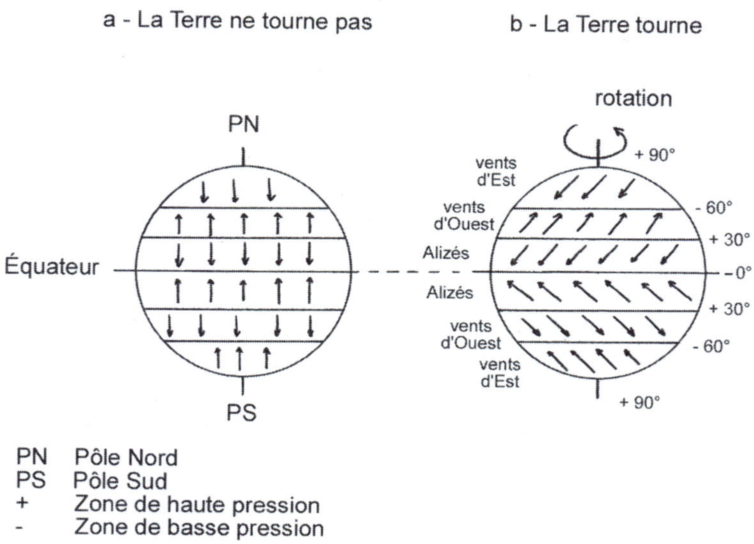

Figure 3.9. Circulation de l'atmosphère à basse altitude.

Dans la région de France Atlantique, le système météorologique, de type océanique, est déterminé principalement par deux phénomènes singuliers :

- la présence de l'anticyclone des Açores et la dépression d'Islande, qui constituent des zones respectivement anticycloniques (haute pression) et dépressionnaire (basse pression) permanentes ;
- l'existence du front polaire entre les latitudes 50 ° et 60 ° Nord, qui sépare la masse d'air froid polaire de la masse d'air chaud tropical. La masse d'air chaud, qui se dirige vers le Nord Est, tend à repousser la masse d'air froid qui vient en sens inverse, tout en s'élevant au-dessus d'elle car elle est plus légère. Une pointe d'air chaud s'avance ainsi au-dessus de l'air froid et son côté Est constitue l'amorce d'un front chaud. De son côté, l'air froid s'enfonce sous la masse d'air chaud en formant l'amorce d'un front froid. Une dépression se crée alors au point de contact entre le front chaud et le front froid (voir fig. 3.10).

Ces dépressions, qui se déplacent d'Ouest en Est, apportent sur nos côtes des phénomènes atmosphériques caractéristiques mêlant vent, nuages et précipitations. Ce sont les perturbations.

Outre les anticyclones et dépressions remarquables cités ci-dessus, il peut à l'évidence se créer localement des zones anticycloniques ou dépressionnaires particulières.

D'une manière générale, le vent souffle d'un anticyclone vers une dépression, avec une intensité d'autant plus grande que le gradient de pression est important.

En l'absence de la rotation de la Terre, la trajectoire du vent serait rectiligne.

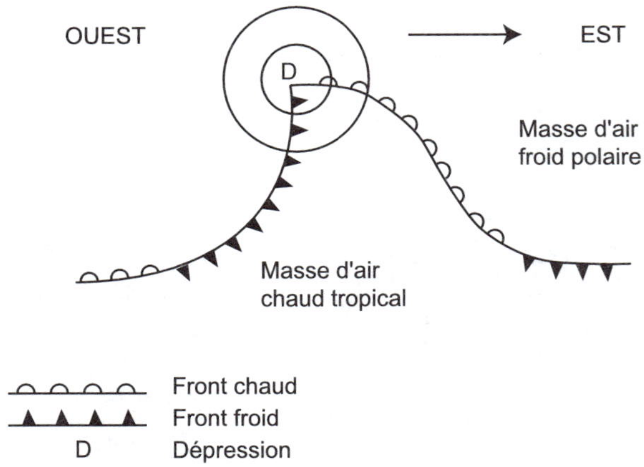

Figure 3.10. Formation d'une dépression sur la ligne de front polaire.

Nous savons qu'en réalité, cette trajectoire est déviée vers la droite dans l'hémisphère Nord et vers la gauche dans l'hémisphère Sud, conférant au vent une trajectoire spiraloïde divergente autour de l'anticyclone et convergente autour de la dépression. La circulation se fait donc dans le sens des aiguilles d'une montre dans l'hémisphère Sud, et dans le sens inverse dans l'hémisphère Nord (voir fig. 3.11).

Aux latitudes intertropicales, un système dépressionnaire isolé peut se transformer en cyclone, encore appelé ouragan en Atlantique et typhon dans le Pacifique Ouest.

Il se forme au-dessus de l'océan lorsque sa température de surface est supérieure à 26 °C jusqu'à une profondeur d'au moins 50 mètres et dans des conditions atmosphériques particulières.

Un cyclone tropical est constitué d'un centre d'une trentaine de kilomètres de diamètre, l'« œil du cyclone », où règnent un calme apparent et un ciel dégagé, et d'une périphérie d'un diamètre de plusieurs centaines de kilomètres où les nuages, typiquement des cumulo-nimbus, entre lesquels sont intercalés des nuages stables, s'enroulent en bandes tourbillonnaires. Le contour de l'œil, appelé « mur de l'œil », est le siège de vents dévastateurs pouvant dépasser 250 km/h.

Le cyclone tropical est un régulateur thermique qui transporte le « trop-plein » d'énergie d'origine solaire des tropiques vers les pôles. Il puise son énergie dans la condensation en pluie de la vapeur d'eau prélevée de l'océan surchauffé, se déplace à une faible vitesse de l'ordre de 20 km/h et finit sa course à l'intérieur des terres en provoquant souvent des ravages par l'action combinée du vent, des précipitations et des vagues (ex. : le cyclone Katrina, septembre 2005, États-Unis. Vents supérieurs à 250 km/h, diamètre supérieur à 500 km).

3.3.2. Principe de fonctionnement d'une éolienne

Une éolienne est une machine qui utilise la force motrice du vent pour fabriquer de l'énergie mécanique ou électrique. Elle est généralement constituée d'un mât (ou tour) en haut duquel se meuvent des pales (voir fig. 3.13) : le vent fait tourner

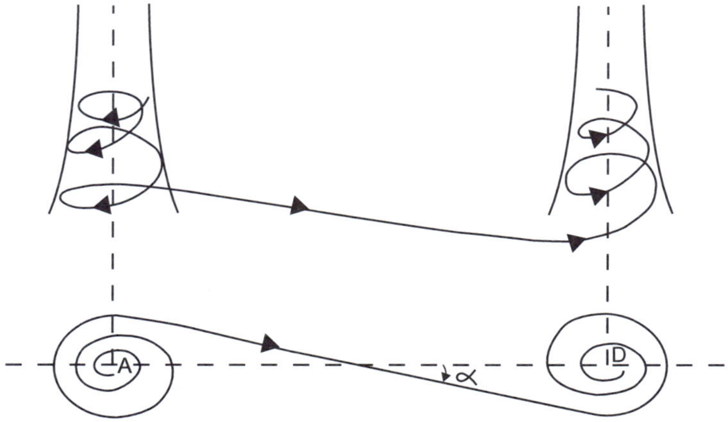

α Déviation à droite dans l'émisphère Nord
A Anticyclone
D Dépression

Figure 3.11. Trajectoire du vent dans l'hémisphère Nord.

les pales qui entraînent un générateur électrique. Le courant alternatif produit est transformé en un courant continu qui est stocké dans des batteries d'accumulateurs. Ce courant peut ensuite être à nouveau transformé en courant alternatif par un onduleur pour être distribué au consommateur par le réseau électrique.

La figure 3.12 décrit le mécanisme associé à l'axe horizontal de l'éolienne (nacelle).

Une petite girouette/anémomètre (1) située au sommet de l'éolienne détermine la direction du vent et envoie à un moteur d'orientation (2) les informations nécessaires à l'orientation automatique de la nacelle. Lorsque le vent est suffisant (3 à 5 m/s), celle-ci s'oriente automatiquement face au vent.

Le vent entraîne alors les pales, celles-ci font tourner l'arbre lent (3), le multiplicateur (4), l'arbre rapide (5) et finalement la génératrice (6) qui produit le courant électrique. Le multiplicateur, comparable à une boîte de vitesses, assure la transmission du mouvement de rotation entre l'arbre lent (30 à 40 tours/mn) et l'arbre rapide de la génératrice (1500 tours/mn). Un groupe hydraulique, placé devant l'essieu principal de la pale, est utilisé comme amortisseur du système d'orientation, pour le système automatique d'arrêt d'urgence et pour le calage des pales.

La transformation de l'énergie mécanique de rotation en énergie électrique est assurée par le générateur grâce au principe d'induction magnétique selon lequel tout déplacement d'un conducteur dans un champ magnétique induit dans ce conducteur un courant électrique.

Ici, c'est le champ magnétique qui est variable et le conducteur qui est fixe. Il y a donc un rotor, de forme cylindrique, qui produit un champ magnétique variable, et un stator qui génère le courant électrique.

On définit le rendement (ou coefficient de puissance) d'une éolienne comme le rapport entre l'énergie mécanique récupérée et l'énergie du vent qui traverse la surface balayée par les pales.

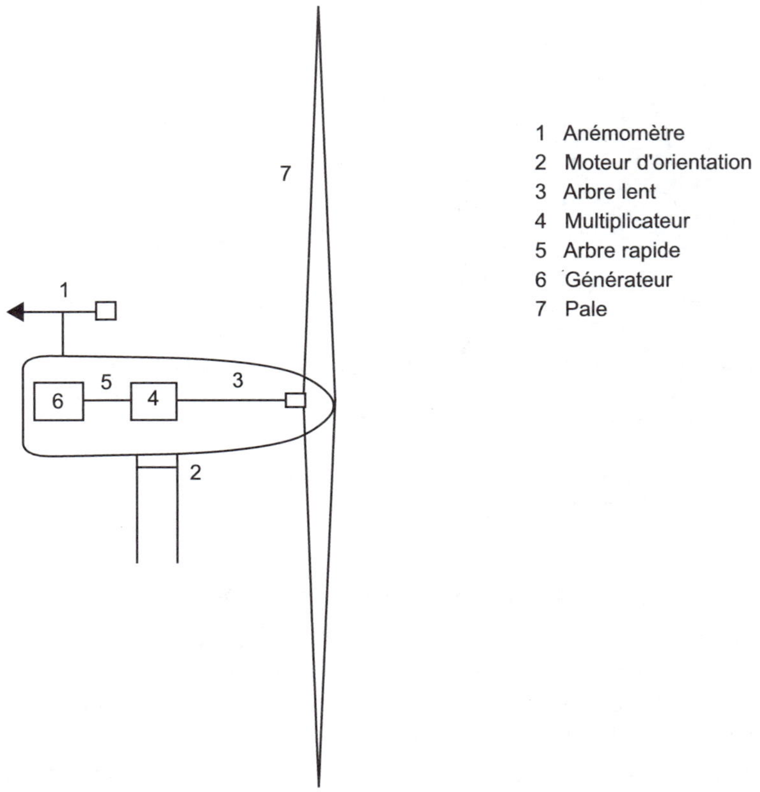

Figure 3.12. Schéma de principe d'une nacelle d'éolienne.

La puissance théorique d'une éolienne est proportionnelle à la surface balayée par les pales (donc au carré du diamètre d'une pale) et au cube de la vitesse du vent.

Cependant, en pratique, on ne récupère que 60 % de l'énergie reçue (loi de Betz) car l'éolienne laisse forcément passer une partie du vent.

D'autres facteurs interviennent pour diminuer le rendement d'une éolienne. Citons les turbulences à l'arrière de l'éolienne et les irrégularités du vent en vitesse et en direction (les éoliennes doivent être en permanence face au vent pour produire l'énergie maximum).

Finalement, la puissance d'une éolienne varie aujourd'hui entre quelques dizaines de watts et quelques mégawatts selon l'usage envisagé, qui peut être la production d'énergie mécanique ou électrique.

L'éolienne ne doit pas s'emballer lorsque le vent devient trop fort. Aussi peut-on envisager un système de régulation de la vitesse d'une éolienne consistant à diminuer la surface offerte au vent par les pales : lorsque les pales deviennent parallèles au vent, il n'y a plus alors de portance et les pales se mettent en drapeau. Ce système est utilisé sur les éoliennes à pales orientables.

On peut également envisager d'autres systèmes de freinage : freinage électrique, aérofreins ou freins à disque.

L'évolution de la technologie au cours des trente dernières années a abouti à l'émergence de deux types de machines, les éoliennes à axe vertical et celles à axe horizontal (voir fig. 3.13).

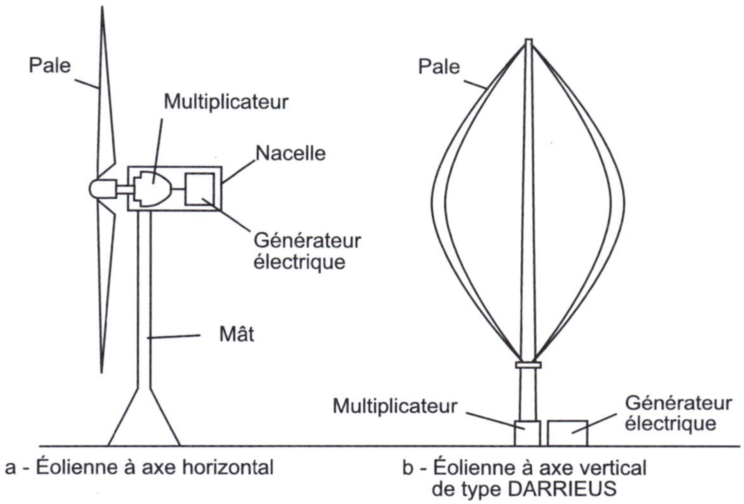

Figure 3.13. Schéma de principe d'une éolienne.

- Les éoliennes à axe vertical, également appelées « panémones », sont adaptées à tous les vents et ne nécessitent pas de dispositif d'orientation. On distingue principalement les concepts de Savonius et de Darrieus.

  La machine de Savonius (Finlande, 1924) est intéressante pour les pays en développement car elle est facile à fabriquer et démarre avec des vents faibles de l'ordre de 2 m/s. Ses dimensions sont modestes (hauteur 3 à 4 m, diamètre 2 m).

  La machine de Darrieus (France, 1925) comporte un rotor dont la forme rappelle celle d'un fouet de cuisine. Bien adaptée à la fourniture d'électricité, son rendement est de l'ordre de 35 % pour les petites machines et 41 % pour les grandes éoliennes. Contrairement au concept Savonius, l'éolienne Darrieus doit être lancée. Elle peut offrir de fortes puissances (Aéole 4 MW, installée au Canada en 1987) mais elle est peu commercialisée, à cause d'une fragilité mécanique encore mal maîtrisée.
- Les éoliennes à axe horizontal sont les plus utilisées aujourd'hui pour la fourniture d'électricité. Elles peuvent être dotées d'une seule pale, équilibrée par un contrepoids, mais plus fréquemment de deux ou trois pales (la puissance est à peu près la même dans les deux cas, puisqu'elle ne dépend que de la surface balayée). Les machines les plus puissantes (Vestas, Tjaereborg) atteignent 2 MW pour une hauteur de mât de 60 m et une longueur de pale de 30 m.

Remarque : *Des éoliennes encore plus puissantes, les méga-éoliennes, voient le jour en fermes offshore. Elles atteignent 4,5 MW, voire 5 MW (ex : 5M Repower – hauteur de mât 90 m, longueur de pale 61,5 m).*

Les éoliennes peuvent être installées individuellement (Europe du Nord), par exemple pour alimenter une maison ou un village. Cependant, on les regroupe souvent par centaines voire par milliers (ex. : près de Palm Strings, Californie) dans un endroit bien exposé au vent, près du réseau électrique. On parle alors d'une ferme éolienne ou encore d'un parc éolien.

La sécurité et la fiabilité sont une nécessité fondamentale pour les acquéreurs d'éoliennes. Malgré les améliorations technologiques, l'éolienne reste une machine très exposée aux intempéries (glace, foudre, pluie, tempête) et aux risques de bris. La durée de vie doit atteindre 20 ans pour que l'installation soit rentable.

Afin de pallier aux irrégularités du vent, on prévoit souvent de combiner une éolienne avec une autre source d'énergie. Cette source peut être une génératrice à essence ou diesel (ou encore un panneau solaire) qui sera sollicitée en dehors des périodes de vent. On peut également installer un système permettant de détecter automatiquement le moment optimal pour basculer d'un dispositif à l'autre.

3.3.3. La carte des vents et le potentiel éolien

Un vent régulier et suffisamment puissant est nécessaire au bon fonctionnement de l'éolienne. Les sites les plus favorables sont ceux où le vent rencontre peu d'obstacles tels que forêts, bâtiments, pylônes... En conséquence, une éolienne est installée de préférence dans un endroit surélevé et dégagé. Les zones côtières, les plateaux, les montagnes et les couloirs des grands fleuves constituent ainsi des zones privilégiées.

La carte des vents renseigne globalement sur les régions les plus favorables. La figure 3.14 représente la carte des vents pour l'Europe telle qu'établie en 1989 par le Riso National Laboratory du Danemark.

Il faut également tenir compte des spécificités géographiques locales qui peuvent rendre l 'énergie éolienne particulièrement intéressante. Ainsi, à l'intérieur des terres, la présence d'une colline à pente douce et progressive peut faire doubler la vitesse du vent. C'est l'effet de colline.

Un quart de la surface de la Terre ($1{,}25.10^8$ km^2) est exposé à un vent dont la vitesse annuelle moyenne est supérieure à 5 m/s (vitesse d'amorçage d'une éolienne, voir tableau ci-dessous). On considère que 4 % seulement de cette surface peuvent être utilisés en pratique et par conséquent constituer de bons sites éoliens.

Le tableau suivant donne les vitesses du vent caractéristiques de l'exploitation d'un site éolien.

Tableau 3.3. Vitesse du vent d'un site éolien.

16 km/h	Bien que cela varie en fonction du type d'éolienne, il faut un minimum de vent pour assurer le fonctionnement. C'est la vitesse d'amorçage.
22 km/h	Vitesse moyenne minimale permettant l'exploitation rentable d'une éolienne.
29 à 54 km/h	Plage de vitesse recommandée pour l'exploitation d'une éolienne.
90 km/h	Les petites éoliennes doivent être arrêtées.
108 km/h	Toutes les éoliennes doivent être arrêtées (mise en drapeau). Risque de dommages importants (perte de pales, rupture de mât...).

Remarque : *les vents ne se comportent pas de façon régulière. Les bourrasques sont fréquentes et posent souvent problème.*

	Terrains protégés		Rase campagne		Littoral		Crêtes et collines	
	m/s	W/m^2	m/s	W/m^2	m/s	W/m^2	m/s	W/m^2
5	> 6	> 250	> 7,5	> 500	> 8,5	> 700	> 11,5	> 1800
4	5-6	150-250	6,5-7,5	300-500	7-8,5	400-700	10-11,5	1200-1800
3	4,5-5	100-150	5,5-6,5	200-300	6-7	250-400	8,5-10	700-1200
2	3,5-4,5	50-100	4,5-5,5	100-200	5-6	150-250	7-8,5	400-700
1	< 3,5	< 50	< 4,5	< 100	< 5	< 150	< 7	< 400

Figure 3.14. Carte des vents en Europe Occidentale à 50 m au-dessus du sol, en fonction de la topographie.

3.3.4. Éolien et environnement

À la suite de la conférence de Kyoto en décembre 1997, la majorité des pays développés ont décidé de réduire leurs émissions de gaz à l'effet de serre (GES). Cette décision devrait aboutir à une diminution de la consommation en énergie fossile (pétrole, gaz naturel, charbon) au profit des énergies non polluantes, à savoir principalement l'énergie nucléaire et les énergies renouvelables dont l'éolien.

Cependant, ce dernier comporte des inconvénients, évalués dans le cadre d'études d'impact sur l'environnement rendues obligatoires en Europe par la directive n° 97/11/CE du 3 mars 1997.

3.3.4.1. Impact sur le milieu biologique

Les pales et les mâts en treillis sont dangereux pour les oiseaux, notamment les oiseaux de proie qui peuvent manquer de vigilance et percuter une pale en mouvement au cours d'une chasse.

Par prudence, il y a lieu de s'assurer que l'emplacement prévu pour l'implantation d'éoliennes ne se situe ni dans un couloir de migration d'oiseaux, ni à proximité d'un site de reproduction.

À ce titre, citons deux emplacements particulièrement dangereux :

- Altamont, Californie du Nord (6 800 éoliennes) - ce site comporte des falaises bien adaptées à l'implantation d'éoliennes du fait des vents qui soufflent sur leurs parois, mais aussi à la fréquentation des rapaces qui bénéficient des courants ascendants pour prendre leur envol. Les estimations donnent en moyenne 1 rapace tué par année pour 25 éoliennes.
- Tarifa, Espagne du sud (350 éoliennes sur 6 sites différents) - cet emplacement est un lieu de passage migratoire de l'Europe vers l'Afrique pour les grands oiseaux qui ne peuvent effectuer d'une seule traite des distances trop importantes au-dessus de la mer. Les estimations donnent en moyenne 1 oiseau tué par an pour 3 éoliennes.

3.3.4.2. Impact sur le milieu humain

- *Risque d'accidents*. Les travailleurs de l'industrie éolienne sont exposés à des accidents du fait de la présence de lourds composants en mouvement et de la proximité d'électricité de moyenne tension.

  Actuellement, le taux de décès du personnel d'installation et de maintenance d'éoliennes, à production d'énergie équivalente, est égal à celui du charbon. Il est plus élevé que pour toutes les autres formes de production d'énergie.

  En ce qui concerne les populations riveraines, le risque est faible et limité à la destruction et la projection de pales, du fait de la foudre.

  À titre d'exemple, selon la WindStats Newletter, le taux d'accident sur le parc danois (2 100 éoliennes) est d'une destruction de pale par éolienne tous les 300 ans.
- *Nuisances sonores*. Les éoliennes génèrent un bruit dont l'origine est double : origine mécanique liée à la présence des machines tournantes (génératrice électrique, boîte de vitesses), et origine aérodynamique liée à la rotation des pales.

  Le bruit aérodynamique est d'autant plus fort que la vitesse du vent augmente. C'est la source de bruit dominante pour les éoliennes dont les pales ont un diamètre supérieur à 20 mètres.

  L'ordre de grandeur du niveau sonore d'une éolienne moderne est de 45 dB (niveau sonore d'une rue paisible) à 150 m de distance.

  Les petites éoliennes sont les plus bruyantes du fait de leur plus grande vitesse.

  C'est en Europe, où la densité de population est la plus forte, que la nuisance est la plus ressentie. Cependant, on adopte maintenant des normes imposant l'installation des éoliennes loin des habitations.

3.3.5. Les éoliennes dans le monde (année 2000)

Il y a des milliers d'éoliennes dans le monde et on ignore combien de petites éoliennes fonctionnent car certaines sont réalisées de façon artisanale.

Plus de 35 000 grandes éoliennes sont réparties à travers le monde et développent une puissance supérieure à 9 000 MWe. Le marché mondial est en forte croissance (20 % par an).

L'industrie mondiale de l'énergie éolienne s'est fixée comme objectif l'installation d'une capacité totale de 40 000 MW d'ici 2010, ce qui fournirait de l'électricité à près de 50 millions de personnes. C'est l'Europe qui connaît la plus forte croissance.

3.3.5.1. Aperçu général

France. Presque absentes il y a 10 ans, les éoliennes se multiplient surtout dans les régions les plus exposées au vent (Languedoc-Roussillon, Corse, Finistère).

Le Ministère de l'Industrie a lancé en 1996 le programme Eole 2005 (système à appel d'offres remplacé en 2001 par un système à tarif d'achat incitatif) visant à installer en France une puissance de 250 à 500 MW éoliens à l'horizon 2005, ce qui correspond à plusieurs centaines d'éoliennes. Fin 2003, Les éoliennes françaises en service totalisaient une puissance installée de 242 MWe (territoires d'outre-mer compris) pour 481 éoliennes du parc national.

Europe. Forte croissance en 2003, notamment :

- en Allemagne (12 000 MW installés, + 37 %/an),
- au Danemark (2 900 MW installés, + 20 %/an),
- en Espagne (4 100 MW installés, + 28 %/an).

États-Unis. La plus grande population d'éoliennes s'y trouve à ce jour, avec une forte concentration en Californie, mais la progression est maintenant ralentie pour des raisons de rentabilité.

Canada. Le parc éolien du Nordais, situé à la fois en Gaspésie et dans le Bas Saint-Laurent (sites de Cap-Chat et Matane) est, avec ses 133 éoliennes et sa puissance installée de 83 MWe, l'un des plus importants du monde. En outre, un petit parc fonctionne en Alberta.

Amérique du Sud. Plusieurs champs ont été installés il y a une vingtaine d'années, notamment en Argentine. Le parc est aujourd'hui très faible. Toutefois, en raison des besoins considérables d'électrification rurale, mais aussi à cause de la privatisation croissante des grandes entreprises d'Etat, on prévoit un développement important du parc éolien.

Afrique. Le Maroc connaît actuellement un essor avec la contribution d'EDF dans le grand parc de Tétouan (Koudia Al Baïda). Les 84 éoliennes du parc, totalisant une puissance de 50 MW et une production de 226 GWh/an, ont été mises en service fin 2000.

Chine et reste de l'Asie. C'est le plus gros marché, mais le décollage est lent, à cause notamment des typhons et des risques de tremblement de terre qui limitent le potentiel éolien dans certains pays.

Inde. C'est un grand marché. Deux usines de fabrication sous licence sont en production.

3.4. La biomasse

La biomasse provient de l'énergie solaire convertie par photosynthèse. Deux sources principales peuvent être utilisées pour produire de l'énergie :

- les végétaux cultivés à dessein,
- les déchets organiques provenant de la consommation domestique, de l'industrie ou de l'agriculture, résidus d'huile d'olive, sciures de bois, paille, bagasses, bouses, fiente et lisiers de l'élevage...

Il peut s'agir soit de biocarburants pour les véhicules, soit de biocombustibles qu'on brûle dans les chaudières ou dans des appareils de cuisson. Seuls nous intéressent ici les biocombustibles utilisables pour la production d'électricité, les biocarburants étant traités au paragraphe 4.1.1.3.

Les déchets doivent être collectés et stockés, ce qui implique des processus coûteux de sélection et de tri, en raison de leur volume important et de leur nature complexe.

Si les techniques des cultures vivrières et fourragères sont arrivées à maturité, les techniques de culture des plantes énergétiques sont encore à l'état embryonnaire (graminées, herbes à croissance rapide, essences forestières à rotation courte...).

Étant donné son fort taux d'humidité, la biomasse doit être séchée et compactée avant son utilisation, généralement sous forme de combustible liquide ou gazeux.

À l'exception du bois, la biomasse est insuffisante pour alimenter en permanence une unité de production d'électricité. Aussi la mélange-t-on généralement à un combustible fossile (ex. : le fuel).

Les émissions de polluants sont les mêmes que celles des centrales au charbon ou au fuel et on doit recourir aux mêmes systèmes de dépollution.

On peut inclure dans la biomasse les déchets (ordures ménagères, eaux usées, résidus végétaux, déjections animales, déchets de l'industrie papetière ou agroalimentaire). C'est par extension qu'on peut classer l'énergie de ces déchets parmi les énergies renouvelables, dès lors que l'activité humaine, agricole et industrielle est supposée pérenne.

Nous traiterons l'énergie des déchets au paragraphe 3.4.2.

3.4.1. Les végétaux

Les végétaux se développent grâce au processus de photosynthèse. Les trois ingrédients en présence sont le gaz carbonique, l'eau et la lumière. La réaction est la suivante :

$$\underset{\text{gaz carbonique}}{6\,CO_2} + \underset{\text{eau}}{6\,H_2O} \xrightarrow{\text{Lumière}} \underset{\text{glucose (matière végétale)}}{C_6H_{12}O_6} + \underset{\text{oxygène}}{6\,O_2}.$$

Ainsi, en présence du rayonnement solaire, le processus de photosynthèse permet d'absorber le gaz carbonique de l'air, de consommer de l'eau, de fabriquer de la matière végétale et de fournir de l'oxygène à l'atmosphère. En conséquence, il s'agit d'une utilisation de l'énergie solaire, au même titre que les piles photovoltaïques ou les miroirs solaires, sans leurs inconvénients principaux qui proviennent du fait que :

- l'énergie solaire est très diluée à la surface de la Terre et elle est par conséquent difficile à collecter (dans le cas présent, les collecteurs d'énergie solaire sont les feuilles des plantes) ;
- l'énergie solaire est difficile à stocker (dans le cas présent, elle est stockée dans la masse végétale).

Cependant, la transformation de l'énergie solaire en biomasse a un rendement très faible. En effet :

- lors de la photosynthèse, les plantes n'utilisent qu'une partie des rayons solaires du spectre visible (moins de 50 % de l'énergie solaire reçue). Rappelons pour mémoire que les feuilles sont vertes car elles absorbent les rayonnements rouge et bleu et réfléchissent (donc rejettent) le rayonnement vert et son énergie associée ;
- environ 5 % de l'énergie solaire efficace est convertie en masse végétale.

Au bilan, on estime que 1 % seulement de l'énergie solaire reçue à la surface de la Terre est convertie en énergie végétale sous les climats tempérés, et de 2 à 3 % sous les climats tropicaux. À titre indicatif, on peut obtenir un rendement de 15 % avec les piles photovoltaïques (voir § 3.2.2.1).

En conséquence, la biomasse est une énergie très consommatrice d'eau et d'espace.

Hormis certains déchets (voir § 3.4.2), le bois est le seul biocombustible végétal.

Lorsqu'il est chauffé, il se décompose et les produits de cette décomposition brûlent en produisant de la chaleur.

La combustion du bois s'effectue en trois étapes successives.

1 - **Le séchage**. Cette opération permet d'extraire l'humidité contenue dans le bois.

2 - **Le dégazage**. À partir de 200 °C, des gaz s'échappent massivement du bois et s'enflamment en présence d'air. La température atteint 800 °C.

3 - **La combustion des braises**. Le bois, libéré de ses gaz, se transforme en charbon de bois utilisable comme combustible et forme en présence d'air de la braise incandescente.

Le pouvoir calorifique du bois est de 14 MJ/kg (contre 36 MJ/kg pour la houille, 45 MJ/kg pour le fuel domestique et 86 millions de MJ/kg pour l'uranium 235).

En ce qui concerne la pollution, le bois ne contient pratiquement pas de soufre. En revanche, il émet des hydrocarbures et des composés organiques qui se condensent sous forme de goudrons.

Les principaux gaz de combustion du bois sont les monoxydes de carbone (CO et CO_2), l'oxyde d'azote (NO_2) et le méthane (CH_4), qui sont tous des gaz à effet de serre ou toxiques (voir § 5.2.4).

3.4.1.1. La production d'électricité

On peut produire de l'électricité à partir du bois de deux façons.

1 - Par combustion du bois, on produit de la vapeur d'eau qui entraîne une turbine à vapeur couplée à un alternateur.

2 - Par dégazéification du bois, on produit un gaz qui est envoyé directement vers un moteur à pistons ou une turbine à gaz.

3.4.2. Les déchets organiques

3.4.2.1. La fermentation des déchets

La fermentation concerne notamment les déchets d'élevage, les effluents agro-alimentaires et les ordures ménagères.

C'est un processus biologique par lequel les bactéries décomposent la matière organique. La fermentation est aérobie ou anaérobie selon que l'air est présent ou non dans le processus. Elle conduit à la formation d'un biogaz, composé d'un mélange de dioxyde de carbone et de méthane.

Les proportions respectives de méthane et de dioxyde de carbone dépendent de la nature des matières fermentées :

- 70 % de méthane pour les lisiers de porc et les fientes de volailles,
- 60 % pour le fumier pailleux des bovins,
- 50 % pour les ordures ménagères.

3.4.2.2. Différents types de déchets fermentescibles

Les déchets d'élevage. Il s'agit notamment des lisiers de porc (mélange d'urines et d'excréments), des déjections bovines (bouse et fumier) et des fientes de volailles.

Les effluents industriels. Les secteurs concernés sont les industries agro-alimentaires (brasseries, sucreries, distilleries d'alcool, laiteries) et les papeteries.

Les ordures ménagères. Les déchets ménagers contiennent environ 45 % de matière organique. Malgré le développement de nouvelles techniques d'élimination (tri, récupération, recyclage, incinération, compostage), la mise en décharge de ces déchets est encore fréquente.

La fermentation des matières organiques contenues dans les décharges d'ordures ménagères produit du biogaz constitué principalement de méthane. Une voie en émergence consiste à l'utiliser pour la production d'électricité.

3.4.2.3. L'électricité par le biogaz

La pauvreté en méthane du biogaz est telle qu'il n'est pas rentable de le transporter loin et qu'il convient donc de trouver une utilisation de proximité.

Cependant, la consommation d'électricité étant assez bien répartie dans l'année, le biogaz peut être utilisé de façon régulière.

Les groupes électrogènes fonctionnant au biogaz sont constitués d'un moteur traditionnel à pistons entraînant un générateur électrique et sont quasiment identiques aux groupes diesel fonctionnant au fuel.

C'est une solution peu onéreuse, étant donné les coûts d'investissement et de maintenance faibles des groupes électrogènes.

Cependant, le biogaz, contrairement au fuel, n'explose pas dans les cylindres du moteur par compression. Il faut donc recourir à des bougies d'allumage, comme dans le moteur à essence, ou le mélanger au fuel.

En outre, il peut être avantageux de produire à la fois de l'électricité et de la chaleur par cogénération, en utilisant la chaleur des gaz brûlés, notamment pour assurer le processus de fermentation.

Le coût de l'électricité obtenue peut être compétitif pour une installation d'une puissance supérieure à 1 MW.

3.4.2.4. L'incinération des déchets

En brûlant des déchets ménagers, industriels ou agricoles, on peut récupérer de l'énergie sous forme d'électricité, de chaleur ou les deux à la fois (cogénération). Cela permet en outre l'élimination de ces déchets.

1 - Incinération des déchets ménagers.

En Europe, chaque habitant produit en moyenne 500 kg d'ordures ménagères par an (contre 750 kg par habitant et par an aux États-Unis).

Ces ordures ménagères sont constituées de papiers cartons, déchets putrescibles de cuisine et de jardin, plastiques, textiles, verres et métaux. Hormis les verres et les métaux, tous ces déchets sont combustibles. Ils constituent environ 70 % de l'ensemble des déchets. Peu de pays utilisent l'incinération : l'Italie, l'Angleterre, l'Allemagne, le Canada et les États-Unis pratiquent principalement la décharge. Seuls le Japon et la Suisse pratiquent majoritairement l'incinération à ce jour.

La France, quant à elle, incinérait, en 1990, 41 % de ses ordures, mais ce pourcentage augmente rapidement, du fait de la loi du 12 juillet 1992 stipulant que seuls les déchets ultimes peuvent être mis en décharge à compter de juillet 2002.

Une usine d'incinération est constituée d'un four et d'une chambre de post-combustion. Dans le four, les déchets sont décomposés par pyrolyse et dégagement de gaz. Dans la chambre de post-combustion, les gaz brûlent à environ 800 °C.

Le pouvoir calorifique des déchets ménagers est d'environ 7 MJ/kg. Autrement dit, 1 tonne de déchets ménagers équivaut énergétiquement à environ 156 kg de fuel domestique.

On récupère l'énergie dans les fumées de sortie du four qui cèdent leur énergie, via un échangeur, à une eau secondaire qui se vaporise.

Pour produire de l'électricité à bon rendement, il faut une vapeur à haute température, qui est ensuite dirigée vers un turboalternateur.

Ce rendement, qui peut atteindre 25 %, permet la fourniture de 486 kWhe par tonne d'ordures ménagères.

La valorisation thermique par cogénération permet d'accroître le rendement à plus de 50 %.

2 - Incinération des déchets industriels.

L'industrie fournit chaque année des millions de tonnes de déchets industriels organiques (hydrocarbures, goudrons, solvants usagés, boues de peintures) qui peuvent être incinérés. La chaleur produite par incinération peut être utilisée classiquement pour produire de l'électricité.

3 - Incinération des déchets agricoles ou agro-industriels.

Il s'agit ici des déchets autres que le bois. On distingue les pailles issues de la culture de céréales, les déchets de cannes à sucre (bagasse), les coques de noix, les liqueurs noires des usines de pâte à papier...

À titre indicatif, on peut extraire 1 kWhe de 2 kg de bagasse.

3.4.2.5. L'éco-site

Le respect des critères du développement durable (voir chap. 5.1) suppose « un développement qui réponde aux besoins du présent sans compromettre la capacité des générations futures à répondre aux leurs » (voir § 5.1.2).

Dans ce contexte, trois priorités s'imposent :

- réduire la pollution due à l'activité humaine, en particulier la pollution générée par les déchets ménagers et industriels ;
- économiser l'énergie, notamment en exploitant le contenu énergétique des déchets ;
- optimiser la gestion des ressources disponibles. Une des voies possibles consiste à recycler les déchets valorisables.

L'éco-site, centre intégré de traitement et de valorisation des déchets ménagers et des déchets industriels banals (c'est-à-dire non toxiques) (DIB), s'intègre parfaitement dans la démarche de développement durable.

Citons un exemple d'éco-site moderne : le centre de Vert-le-Grand (Essonne). Ouvert en 1999, il gère les ordures d'une population de 700 000 habitants réparties sur 110 communes.

Il comprend, sur un espace de 100 hectares, les installations suivantes :

- la décharge d'ordures ménagères et de DIB de Braseux, réhabilitée et revégétalisée,
- un centre de traitement des lixiviats de la décharge de Braseux, qui fournit une eau de qualité industrielle par le procédé d'osmose inverse,
- une station de valorisation du biogaz de la décharge de Braseux. Ce biogaz est utilisé comme combustible pour produire 1,1 MW électrique,
- une plate-forme de compostage de déchets verts (broyage et fermentation finale pour un usage essentiellement agricole). Les déchets verts, auparavant incinérés avec les ordures ménagères, sont maintenant valorisés,
- une déchetterie,

- un centre intégré de traitement de déchets (CITD) comprenant :

    un incinérateur d'ordures non valorisables, qui constitue la chaudière d'une centrale thermique à vapeur fournissant 16 MW électriques. Les fumées sortant des deux fours de la chaudière sont débarrassées des poussières et gaz toxiques avant rejet à l'atmosphère par la cheminée. Les mâchefers (scories) peuvent être utilisés, une fois mélangés au bitume, pour stabiliser les sols ;

    un centre manuel de tri séquentiel séparant les déchets qui seront ensuite envoyés dans les différents centres de valorisation en fonction de leur filière d'appartenance (verre, papier-carton, plastiques[1], emballages métal, briques alimentaires).

À titre d'illustration, on fabrique un pull-over en fibre polaire à partir de 27 bouteilles de plastique PET (type Evian).

En 2000, l'éco-site de Vert-le-Grand a traité 400 000 tonnes de déchets et son incinérateur en a brûlé 160 000 tonnes.

3.4.3. En conclusion

3.4.3.1. Les atouts de la production d'électricité par la biomasse

L'utilisation de résidus de culture pour produire de l'électricité permet de mieux valoriser les récoltes productrices de ces déchets.

Par exemple, les installations alimentées au bois incitent à une exploitation rationnelle de la forêt ; la culture de plantes énergétiques permet, quant à elle, l'exploitation de terres qui seraient autrement laissées en friche.

Enfin, tous les systèmes de production d'électricité par la biomasse sont adaptés à la cogénération, donc capables de répondre également aux besoins de chaleur.

3.4.3.2. Avenir de la production d'électricité par la biomasse

Les rendements énergétiques des combustibles issus de la biomasse sont sensiblement plus faibles que ceux des énergies fossiles. Les puissances installées sont faibles : en moyenne 20 MWe avec un rendement de l'ordre de 20 %.

En outre, les processus de conditionnement imposent des coûts de production élevés et comme tout système à flamme, les centrales alimentées par la biomasse rejettent à l'atmosphère des gaz polluants. Bien qu'onéreux et encombrants, des procédés de filtration des fumées existent (élimination des métaux lourds, dioxines et furanes, poussières, oxydes de carbone, de soufre et d'azote).

---

1. On distingue trois types de plastiques valorisables.
   - Le plastique PVC (chlorure de polyvinyle) : bouteille, flacon, tuyau...
   - Le plastique PET (téréphtalate de polyéthylène) : bouteille, fibre textile...
   - Le plastique PE (polyéthylène) : revêtement de sol, gants de soin, bidon...

3.5. La géothermie

3.5.1. Origine de la chaleur terrestre

La Terre reçoit du Soleil une chaleur de $1{,}76.10^{17}$ W au-dessus de l'atmosphère, mais produit également une chaleur interne de 40 TW, soit 4 000 fois moins.

Elle est constituée de trois zones concentriques : le noyau, entouré du manteau puis de la croûte (ou écorce) terrestre.

Tableau 3.4. Température de la Terre en fonction de la profondeur.
(Source : Dewaele et Sanloup, l'intérieur de la Terre et des planètes, Belin, 2005.)

N°	Localisation	Profondeur (km)	Température (°K)
1	Base de la croûte continentale	30	1000
2	Base de la lithosphère	100	1600 ± 50
3	Limite manteau inf/sup (base de l'asthénosphère)	670	1900 ± 100
4	Limite du manteau inf/noyau ext	2 900	3 500 à 4 800
5	Limite du noyau int/noyau ext	5 150	4 800 ± 1000
6	Centre de la Terre	6 380	4 500 à 6 000

Le noyau de la Terre, constitué de fer, se compose d'une zone interne solide (la graine) entourée d'une zone externe liquide.

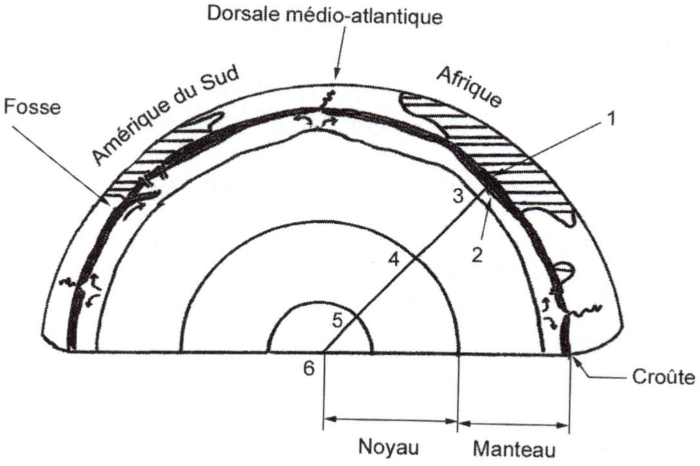

Figure 3.15. Coupe radiale de la Terre.

Le noyau interne a une température de près de 6 000 °K.

Il se refroidit lentement par conduction thermique depuis la formation de la Terre il y a 4,6 milliards d'années, ce qui se traduit par une dissipation de chaleur à la surface de la terre.

Cependant, la source principale de chaleur interne dissipée en surface n'est pas due au refroidissement du noyau mais à la radioactivité des roches contenues dans le manteau et la croûte terrestre (contribution totale supérieure à 90 %). Les éléments chimiques radioactifs responsables sont l'uranium, le thorium et le potassium.

Le manteau supérieur se décompose en une partie externe « rigide » qui, avec la croûte, forment la lithosphère et d'une partie intérieure « plastique », appelée asthénosphère, sur laquelle « flotte » la lithosphère.

Le manteau inférieur, d'une épaisseur d'environ 2 200 km, est solide.

On distingue la croûte continentale (continents plus plates-formes continentales) d'une épaisseur de 30 km, formée de roches granitiques et sédimentaires, et la croûte océanique, d'une épaisseur de 10 km, formée de basalte.

La lithosphère est structurée en une mosaïque de plaques tectoniques qui bougent les unes par rapport aux autres (de quelques cm par an) à cause des courants de convection (montée des roches chaudes et descente des roches froides) qui animent l'asthénosphère au cours du transfert de la chaleur d'origine radioactive vers la surface de la terre. Il en résulte les phénomènes géologiques bien connus qui jalonnent l'évolution de notre planète : séismes, éruptions volcaniques, poussées de massifs montagneux...

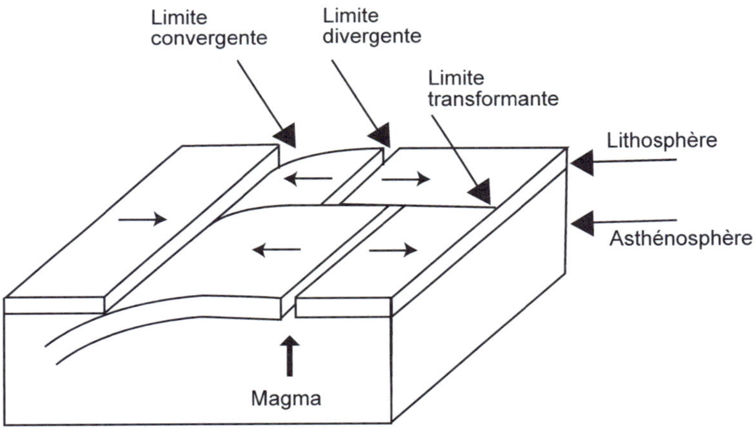

Figure 3.16. Schéma de principe de la tectonique des plaques.

La tectonique des plaques est la théorie des mouvements de la lithosphère et, par extension, désigne ces mouvements eux-mêmes.

Elle amène à un découpage de la lithosphère en 12 plaques tectoniques (Pacifique, Eurasie, Afrique, Antarctique, Inde-Australie, Amérique du Nord, Amérique du Sud, Nazca, Philippine, Arabie, Cocos, Caraïbe) et définit trois types de frontières entre deux plaques contiguës.

- **Frontière divergente** : les plaques s'éloignent l'une de l'autre, créant des fissures dans lesquelles s'infiltre le magma provenant de l'asthénosphère. Il y a apparition d'un fossé d'effondrement (rift) et de manifestations volcaniques. Exemple : la dorsale medio-atlantique, entre les plaques Amérique du Nord et Eurasie, et entre les plaques Amérique du Sud et Afrique, qui traverse ainsi l'Atlantique de l'Arctique à l'Antarctique (voir fig. 3.17).

- **Frontière convergente** : les plaques entrent en collision. Lorsque les deux plaques sont océaniques, une plaque s'enfonce dans l'asthénosphère sous l'autre plaque en formant une fosse. Le magma résultant de la fusion partielle du morceau de plaque englouti remonte à la surface et provoque l'apparition d'îlots volcaniques. Exemple : la fosse de Porto Rico, entre les plaques Caraïbe et Amérique du Sud, qui donne naissance à l'arc insulaire volcanique des petites Antilles (voir fig. 3.17).

  C'est la collision de la plaque Eurasie avec la plaque Inde-Australie qui a déclenché, le 26 décembre 2004, un séisme sous-marin d'une violence extrême (niveau 9 sur l'échelle des magnitudes de Richter qui en comporte 9) au large de l'île de Sumatra. Il en a résulté la formation d'un tsunami (raz-de-marée dû à un choc tellurique sous-marin) dont la vague a déferlé sur les côtes d'Asie du Sud en provoquant la mort de plus de 200 000 personnes (davantage qu'à Hiroshima).

  Lorsque les deux plaques sont continentales, on observe la formation d'une chaîne de montagnes par dislocation de la croûte terrestre. Exemple : la formation de l'Himalaya lors de la soudure de l'Inde au continent asiatique.

- **Frontière transformante** : les plaques glissent latéralement l'une contre l'autre. Exemple : la faille de San Andreas en Californie sur laquelle se situe San Francisco, entre plaques Amérique du Nord et Pacifique. La presqu'île de Californie, au Sud de San Diego, s'est écartée du continent américain lorsque la portion à l'Ouest de la faille de San Andreas a coulissé vers le Nord-Ouest.

En règle générale, il y a fabrication de la plaque lithosphérique à la frontière divergente, destruction à la frontière convergente et conservation à la frontière transformante.

La déformation résultant de la lithosphère, de ce triple processus de production-disparition-glissement, donne lieu à la dérive des continents.

La chaleur émise par la terre, très faible, n'est pas perceptible par l'Homme.

Elle peut cependant être exploitée lorsqu'elle s'est accumulée, stockée dans certaines parties du sous-sol – en général dans des nappes d'eau souterraines contenues dans des sédiments ou des roches poreuses – constituant ainsi des réservoirs naturels d'énergie thermique.

Le flux de chaleur est plus important dans certaines régions où règne une activité géothermique particulièrement intense.

Ces régions figurent sur les pourtours des plaques tectoniques.

Citons l'exemple de l'Islande. Ce pays est localisé sur la dorsale medio-atlantique. Il constitue, en tant que terre émergée, une singularité étonnante car les autres sommets de cette dorsale se trouvent généralement à quelques milliers de mètres au-dessous du niveau de la mer.

L'île est entièrement volcanique. On y observe tous les phénomènes caractéristiques d'une activité géothermique intense : sources chaudes, geysers, solfatares, fumerolles, épandage de soufre, étendues de boues en ébullition...

Une éruption volcanique survient en moyenne tous les 4 ans.

La géothermie y est exploitée industriellement, tant pour la production électrique que pour le chauffage.

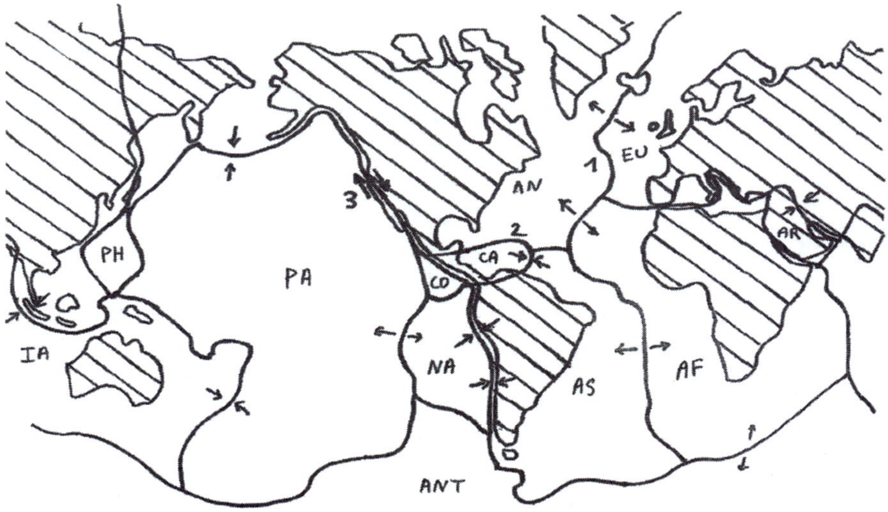

1 Dorsale médio-atlantique
2 Fosse de Porto Rico
3 Faille de San Andreas

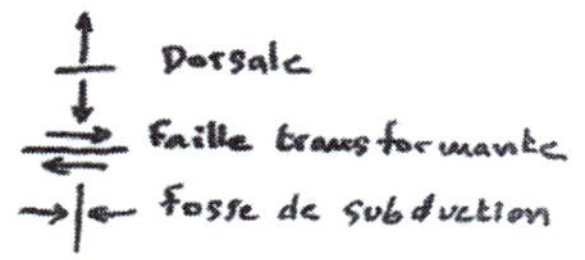

Plaques tectoniques

Pacifique	PA	Amérique du Sud	AS
Eurasie	EU	Nazca	NA
Afrique	AF	Philippine	PH
Antarctique	ANT	Arabie	AR
Inde-Australie	IA	Cocos	CO
Amérique du Nord	AN	Caraïbe	CA

Figure 3.17. Les plaques tectoniques en mouvement, autour du globe terrestre.

Ainsi, si le flux géothermique moyen à la surface de la terre est de 60 mW/m^2, il peut atteindre, dans certaines régions particulièrement actives, la valeur de 1 W/m^2. On peut alors y trouver plusieurs centaines de degrés à 1 000 m de profondeur. C'est le cas de certaines régions d'Islande, de Nouvelle-Zélande, d'Italie, d'Indonésie, du Japon, des États-Unis ou du Mexique.

Les fortes valeurs du flux géothermique s'expliquent par la présence, à de faibles profondeurs, de poches magmatiques liées à des manifestations volcaniques ou encore à une remontée locale de l'asthénosphère.

En dehors de ces zones à forte activité géothermique, l'augmentation normale de la température sous terre (le gradient géothermique), linéaire jusqu'à une profondeur de 10 km, est de 3,3 °C tous les 100 mètres. À moins de 2 000 m de profondeur, la température est alors trop faible pour la production électrique. Elle peut cependant être utilisée pour le chauffage.

En France, le flux géothermique varie entre 50 et 160 mW/m^2 (voir fig. 3.18).

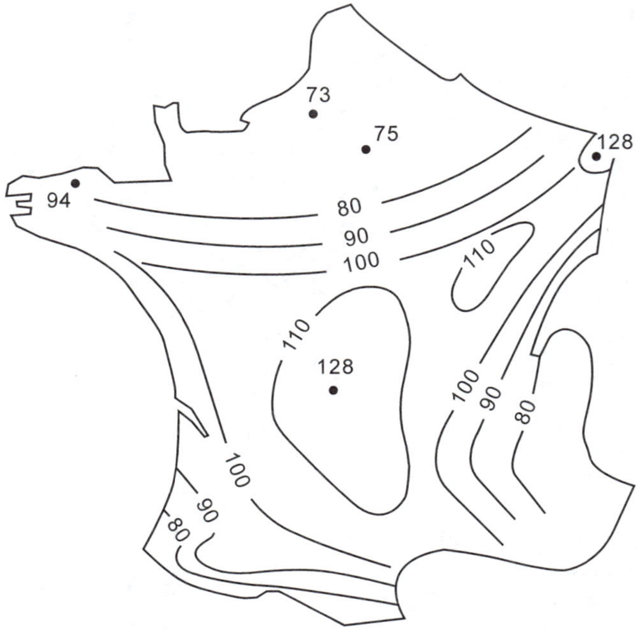

Figure 3.18. Le flux géothermique en France (mW/m²).

3.5.2. La production d'électricité par la géothermie

La géothermie est une source importante d'électricité dans le monde : 46 TWhe en 2001. En effet, des efforts importants sont effectués pour développer ce mode de production d'énergie renouvelable.

C'est le cas des États-Unis qui disposent de près de 200 unités de production, et de certains autres pays qui bénéficient d'une activité géothermique importante : l'Islande, le Japon, la Nouvelle-Zélande...

La France, quant à elle, s'appuie principalement sur ses îles d'outre-mer nées de formation volcanique. Citons la Guadeloupe qui dispose à Bouillante d'une installation de petite puissance (5 MWe) produisant un mélange eau-vapeur à 160 °C grâce à la technologie du double flash (voir fig. 3.19-a).

3.5.2.1. Les sites géothermiques

Grâce à l'expérience acquise durant plus d'un siècle dans la prospection pétrolière, on a pu développer un savoir-faire dans la recherche de sites géothermiques.

Les critères d'appréciation d'un site géothermique sont d'une part la température du sous-sol et, d'autre part, la perméabilité de la roche, qui rend possible la circulation de l'eau chaude et donc son extraction par un puits foré à cet effet.

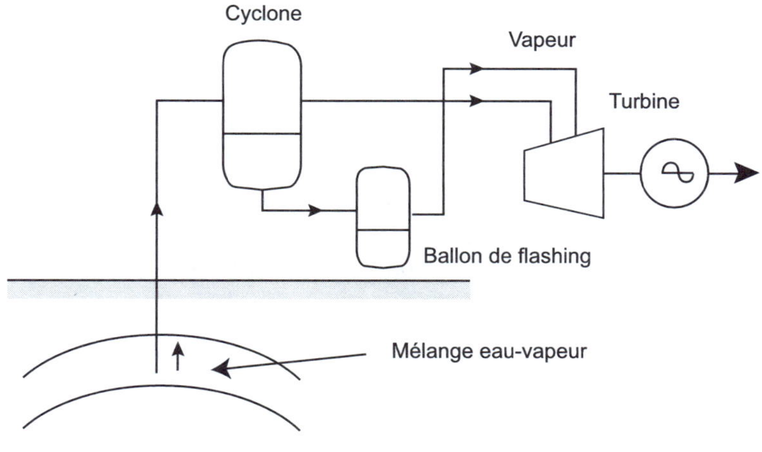

a - Système " double flash "

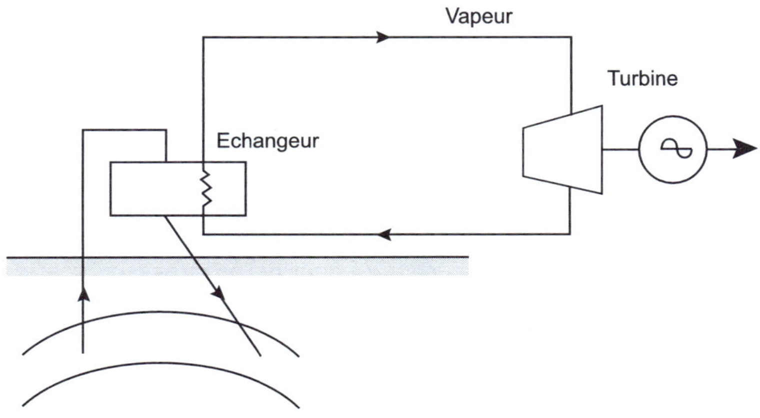

b - Système " double puits "

Figure 3.19. Schémas de principe de deux modes de production d'électricité d'origine géothermique.

Si la roche chaude n'est pas poreuse mais sèche, on peut néanmoins en extraire la chaleur en injectant une eau sous pression le long d'une faille de la formation géologique. C'est notamment le cas en France où plusieurs sites à roche sèche connaissent un gradient géothermique important : à Soultz (Alsace), un projet européen envisage un forage à près de 4 000 m de profondeur, où l'on atteint la température de 200 °C.

Sur ce site, on exploite la fissuration du granite pour canaliser l'eau injectée.

L'objectif consiste à réaliser une installation pilote de 6 MWe, puis un prototype de 25 MWe à partir de trois puits d'injection.

Pour produire de l'électricité, il faut disposer d'une température d'eau supérieure à 150 °C – une température plus basse permettant seulement de produire de la chaleur, pour le chauffage urbain ou d'autres applications spécifiques.

Par exemple, à Reykjavik (Islande), plus de 80 % des habitations sont chauffées par voie géothermique. En outre, l'eau chaude circule l'hiver sous les trottoirs de la ville, empêchant ainsi l'accumulation de neige et de glace.

Cette énergie est utilisée également dans de nombreuses industries, par exemple au Nord de l'île, à Myvatn, où l'usine de séchage de la diatomite (roche formée de diatomées et utilisée comme abrasif) produit 50 tonnes de vapeur par heure pour traiter les boues draguées du lac voisin.

Tous les sites produisant à ce jour une électricité d'origine géothermique utilisent un réservoir « humide », c'est-à-dire constitué d'une roche chaude poreuse imprégnée d'eau.

Une installation standard de production d'électricité géothermique utilise le procédé « double flash » (voir fig. 3.19-a).

Une partie de l'eau emprisonnée dans le réservoir souterrain est vaporisée lors de sa remontée par le puits d'extraction. La vapeur est dans un premier temps séparée de l'eau par centrifugation dans un cyclone. Si elle est encore suffisamment chaude, l'eau récupérée est à nouveau vaporisée dans un ballon. Finalement, la vapeur récupérée par ces deux dispositifs est détendue dans une turbine associée classiquement à un alternateur générateur de courant électrique.

Lorsque l'eau chaude souterraine est trop polluée en sels ou sulfures, on utilise un circuit secondaire fermé dont l'eau est vaporisée au contact du circuit d'eau d'extraction dans un échangeur de chaleur. On renvoie alors l'eau soutirée dans sa couche géologique d'origine par un autre puits. C'est le système du double puits (voir fig. 3.19-b). Cette réinjection permet de maintenir la pression d'eau dans la nappe souterraine mais elle doit se faire loin du premier puits pour ne pas refroidir la zone d'extraction et par conséquent abaisser le rendement thermique du système. Un tel système a été installé à Melun en 1969. L'eau y est prélevée d'une couche profonde de 1500 à 2 000 mètres, fortement chargée en substantes polluantes et corrosives.

Utilisations possibles du fluide géothermique en fonction de la température (selon Lindal) :

T (° C)	Utilisation
> 150	Production d'électricité
180	Évaporation de solutions hautement concentrées
	Réfrigération par absorption
	Préparation de la pâte à papier
170	Séchage de la diatomite
160	Séchage du poisson
	Séchage du bois
150	Fabrication d'alumine par le procédé Bayer
140	Séchage de produits agricoles

T (° C)	Utilisation
	Conserverie
130	Évaporation dans la fabrication du sucre
	Extraction de sels par évaporation et cristallisation
120	Production d'eau douce par distillation
110	Séchage de parpaings de ciment
100	Séchage de matériaux organiques, algues, légumes...
	Lavage et séchage de la laine
90	Séchage du poisson (limite inférieure)
80	Chauffage urbain ; chauffage de serres
70	Réfrigération (limite inférieure)
60	Élevage d'animaux
50	Culture de champignons
	Balnéothérapie
40	Chauffage du sol ; chauffage urbain (limite inférieure)
30	Piscine, fermentation ;
	chauffage de serres par paillage radiant
20	Pisciculture

3.5.2.2. Conclusions pour la France

La France métropolitaine ne semble pas disposer de gisements importants et ses potentialités restent à démontrer. De nombreux programmes d'utilisation de l'énergie géothermique à basse température ont vu le jour à la fin des années 1970 pour satisfaire aux besoins de chauffage d'immeubles ou de grands ensembles, notamment en région parisienne. Cependant, les prix bas du pétrole et du gaz ont stoppé le développement d'installations nouvelles qui, en tout état de cause, ne produisaient pas d'électricité.

En revanche, les départements d'outre-mer, Martinique, Guadeloupe et Réunion, sont évidemment, du fait de leur géologie et de leur volcanisme, plus favorables à la production d'énergie géothermique.

Remarque : *l'énergie géothermique est-elle une énergie renouvelable ?*

Comme il a été dit plus haut, on n'exploite pas le flux géothermique, en général trop faible, mais la quantité de chaleur qui a été emmagasinée dans le sous-sol grâce à ce flux au cours des millénaires. Aussi peut-on parler de réservoir de chaleur, ou bien encore de gisement de chaleur, comme on parle de gisement de pétrole ou de charbon avec néanmoins la différence majeure que l'Homme consomme plus vite les réserves de pétroles ou de charbon qu'elles ne se reconstituent, alors qu'au rythme de leur exploitation, on ne parle pas d'épuisement des réservoirs géothermiques.

Ainsi, les réservoirs de chaleur sont en permanence et pour des milliards d'années réchauffés par le flux de chaleur terrestre, compte tenu des périodes radioactives très longues du thorium (14 milliards d'années) et de l'uranium (4,5 milliards d'années). Par conséquent on peut considérer l'énergie géothermique comme renouvelable, à l'instar de la biomasse qui est renouvelée par l'énergie solaire.

Résumé du chapitre 3

On distingue :

- les énergies renouvelables conventionnelles (ERC) – hydraulique et biomasse ;
- les énergies renouvelables nouvelles (ERN) – éolien, solaire, géothermique.

Elles font actuellement l'objet d'un engouement particulier car elles contribuent à :

- l'aménagement du territoire,
- la lutte contre le réchauffement climatique,
- la recherche de systèmes de production électrique décentralisés, notamment dans les pays en développement,
- la recherche de solutions innovantes dans le cadre du développement durable.

Néanmoins, si on les analyse de plus près, on constate que :

- l'hydraulique possède un fort potentiel de développement dans certains pays, mais il ne faut pas négliger les problèmes environnementaux : en Chine, par exemple, le barrage des Trois-Gorges sur le Yang Tsé Kiang développera en 2009 la puissance colossale de 18 720 MWe (soit l'équivalent d'une vingtaine de réacteurs nucléaires) mais il faudra inonder près de 600 km en amont du barrage et déplacer près de 1,5 million de riverains ;
- la biomasse provient principalement de la transformation de l'énergie solaire en énergie chimique par photosynthèse. Deux sources principales peuvent être utilisées pour produire de l'énergie : les végétaux et les déchets organiques.

  Les applications sont variées (biocarburants pour automobiles, bio-combustibles pour chaudières...). La biomasse ne peut représenter une ressource significative pour la production d'électricité dans les pays développés mais peut constituer un appoint.

  L'éco-site est un exemple intéressant de gestion des déchets organiques. Il permet notamment d'économiser l'énergie en exploitant le contenu énergétique des déchets, et de recycler les déchets valorisables ;
- les énergies éolienne et solaire sont intermittentes et aléatoires. En outre leur densité de puissance est très faible.

  Elles sont intéressantes dans la mesure où elles constituent une ressource énergétique susceptible d'économiser les énergies non renouvelables et sont particulièrement bien adaptées à des sites isolés, loin du réseau électrique.

  Cependant le coût de leur électricité est encore trop cher : trois fois plus cher que l'électricité nucléaire pour l'éolien et dix fois plus cher pour le solaire.

L'énergie thermique solaire (chauffage d'habitation, chauffe-eau) est à encourager lorsque les conditions d'ensoleillement le permettent ;

- la chaleur de la Terre provient principalement de la radioactivité des roches contenues dans le manteau et la croûte terrestre. Les éléments radioactifs responsables sont l'uranium, le thorium et le potassium.

  L'énergie géothermique peut être exploitée pour produire de l'électricité lorsque l'eau chaude souterraine prélevée possède une température supérieure à 150 °C. Pour des températures plus faibles, diverses applications peuvent présenter un intérêt dans le cadre d'une politique d'économie d'énergie : chauffage urbain, séchage du bois, culture de champignons, balnéothérapie...

Chapitre 4
L'hydrogène et la pile à combustible

4.1. La problématique des transports routiers

Les transports routiers utilisent presque exclusivement l'énergie primaire fossile (pétrole) dont les réserves sont limitées à une cinquantaine d'années (voir § 6.2.1) et dont la combustion émet des gaz à effet de serre (voir § 5.2.4).

Une voiture consomme en moyenne 14 tonnes d'essence au cours de son existence (évaluée à 10 ans), ce qui correspond à une émission dans l'atmosphère d'environ 40 tonnes de dioxyde de carbone.

Il est donc nécessaire de réfléchir dès aujourd'hui à des solutions de substitution afin de lutter efficacement contre le réchauffement climatique et de préparer les prochaines générations de voitures.

Bien que centenaire, l'industrie automobile est encore à ce jour en pleine évolution. En effet, parallèlement aux combustibles classiques utilisés dans les moteurs à explosion (essence) et les moteurs Diesel (gasoil), se sont développés des procédés faisant appel à d'autres carburants. Les plus connus sont le GPL (gaz de pétrole liquéfié) et le GNV (gaz naturel pour véhicules), mais il en existe d'autres tels que l'éthanol ou le méthanol.

Citons également le mélange de fuel et d'eau appelé « aquazole », composé de 85 % de gasoil, 13 % d'eau et 2 % d'additif chimique tensioactif nécessaire à la dilution de l'eau dans le gasoil, destiné aux poids lourds et autobus, et développé aujourd'hui par Total Fina Elf.

L'utilisation de ces carburants alternatifs, dont certains ne sont que des additifs aux combustibles classiques, ne permet pas de réduire de façon significative les émissions de gaz à effet de serre.

En conséquence, une autre voie de progrès consiste à recourir aux véhicules électriques. Cela ne constitue pas une innovation en soi puisque le premier véhicule électrique date de la fin du XIXe siècle, mais ce n'est qu'après les développements réalisés sur les piles dans le domaine spatial et la survenue de la première crise pétrolière en 1973, qui a fait prendre conscience de la nécessité de sortir de la dépendance au pétrole du Moyen-Orient pour éviter la flambée des prix et la rupture d'approvisionnement en pétrole, que les constructeurs automobiles ont commencé à s'intéresser sérieusement à ce type de véhicule.

4.1.1. Les carburants alternatifs

4.1.1.1. GPL

L'idée d'utiliser du gaz de pétrole liquéfié (GPL) remonte aux années 50. Au gré des avancées technologiques et des évolutions de la réglementation, le GPL s'est inégalement développé d'un pays à l'autre. Aujourd'hui, la plupart des constructeurs proposent des véhicules à double carburation essence/GPL. Cependant, certains pays utilisent des véhicules exclusivement alimentés au GPL (taxis, bus...).

Le GPL est un mélange de butane et de propane, utilisé principalement comme source d'énergie domestique. En 1995, en France, 1 % du GPL consommé l'était sous forme de carburant. Cette proportion augmentera très probablement dans les prochaines années.

Le GPL provient d'opérations de purification du gaz naturel (CH_4) et de raffinage du pétrole. Il a une énergie volumique inférieure au super (1 litre de GPL équivaut énergétiquement à 0,78 litre de super), mais son prix au litre est très compétitif. La teneur en soufre du GPL est en outre très faible, ce qui constitue un double avantage : moins de polluants, et meilleure efficacité catalytique.

Le GPL est stocké dans un réservoir de forme cylindrique ou torique sous une pression de l'ordre d'une dizaine de bars. Le volume de ce réservoir est à peu près le même que celui d'un pneu. Aussi le loge-t-on généralement à la place de la roue de secours, qui est alors remplacée par un pneu galette. Les parois du réservoir sont en acier, ce qui en augmente sensiblement le poids.

Dans le moteur, le GPL est le plus souvent injecté sous forme gazeuse dans le collecteur d'admission. À l'avenir, des injecteurs liquides devraient remplacer les injecteurs gazeux, juste avant les chambres de combustion, au même niveau que les injecteurs d'essence. L'injection liquide permet en effet de réaliser un meilleur remplissage des cylindres en carburant (charge plus dense, dosage plus précis), et donc d'augmenter les performances du moteur tout en réduisant sa consommation et en maintenant un faible niveau d'émission de polluants.

Le GPL est un carburant propre : il émet moins de polluants que l'essence (-70 % de CO, -12 % de CO_2, pas de soufre) et il ralentit le vieillissement du moteur. Il permet aussi des économies d'énergie (5 %). Enfin, s'il a pour l'instant des performances inférieures à l'essence, ce défaut devrait être corrigé dans un avenir proche et il est déjà partiellement compensé par une grande souplesse d'utilisation.

4.1.1.2. GNV

Le gaz naturel pour véhicules (GNV) est en fait du méthane (gaz naturel), un gaz deux fois plus léger que l'air. Ceci est un inconvénient car il doit absolument être compressé pour être stocké, mais c'est aussi un avantage en termes de sécurité puisqu'en cas de fuite, il se diffuse très rapidement dans l'atmosphère.

À l'instar du GPL, le GNV requiert l'utilisation d'un second réservoir dans le véhicule. Le GNV est stocké sous 200 bars dans des réservoirs cylindriques qui peuvent être en acier, en aluminium ou en matériaux composites et doivent être capables de supporter au moins 600 bars de pression pour des raisons de sécurité. De nombreuses recherches sont en cours pour améliorer l'embarquement du GNV. Notamment, on ajoute aux réservoirs des charbons actifs qui absorbent le GNV et réduisent la pression de stockage à seulement quelques dizaines de bars, ce qui représente plusieurs avantages : un coût de compression plus faible et des réservoirs plus simples et de forme libre (donc plus faciles à placer à l'intérieur du véhicule).

Le GNV a un indice d'octane très élevé (voir § 2.1.1.1), ce qui permet au moteur d'atteindre des taux de compression importants et de fournir des performances équivalentes à l'essence, compensant ainsi la perte de puissance due à l'injection gazeuse.

En outre, le GNV améliore la souplesse de la conduite et supprime les problèmes de transitoires thermiques en fonctionnement.

En termes de pollution, le GNV a une contribution à l'effet de serre inférieure de 25 % à l'essence.

Les autobus équipés de GNV ont des performances qui se rapprochent de celles des autobus Diesel et en même temps, l'utilisation du GNV permet de limiter de nombreuses nuisances : bruit du moteur, dégagement d'odeurs et de fumées noires...

Les inconvénients du GNV sont les mêmes que ceux du GPL : faible autonomie du véhicule et difficultés d'approvisionnement.

4.1.1.3. Biocarburant

Au début du siècle dernier, la Gobron-Brillié était qualifiée de voiture à moteur poly-carburants car elle pouvait fonctionner à l'essence comme à l'alcool éthylique (éthanol) extrait de la betterave. Jusque dans les années 50, les biocarburants étaient considérés comme l'une des meilleures sources d'énergie pour l'automobile. Aujourd'hui, son utilisation est très intimement liée aux politiques agricoles des pays.

Les biocarburants sont obtenus à partir de matières végétales : éthanol (issu du blé, du maïs ou de la betterave) ou huiles végétales (issues du colza ou du tournesol). Ils sont différents des essences classiques notamment par la présence d'oxygène dans leur formule chimique. Ils peuvent être utilisés tels quels ou bien sous forme d'additifs aux essences classiques.

La présence d'éthanol dans le carburant n'exige pas de modification technique du moteur.

Elle permet en outre d'élever l'indice d'octane et donc d'envisager des performances attractives. En ce qui concerne les émissions de polluants, l'addition d'éthanol permet de réduire les taux de CO et CO_2 à l'échappement, mais de façon assez limitée.

L'inconvénient principal des huiles en tant que carburant est leur viscosité. Aussi, leur utilisation restera-t-elle marginale, bien qu'elle permette de valoriser une partie de la surproduction agricole.

4.1.2. Les nouvelles technologies

En France, les émissions de gaz à effet de serre issues des transports ont augmenté de façon dramatique ces dernières années. En outre, les perspectives d'épuisement des réserves en combustible fossile d'ici à 2050 vont rapidement induire une hausse inéluctable du prix de l'essence. C'est pourquoi l'arrivée des véhicules électriques, voire hybrides (moteur thermique couplé à un moteur électrique) va constituer une solution transitoire à ces difficultés, en attendant l'avènement à l'horizon 2020-2030 de l'hydrogène en tant que combustible providentiel pour le transport.

4.1.2.1. Véhicules électriques

Leur inconvénient majeur résulte de la faible autonomie des batteries, qui est de l'ordre de 200 kilomètres seulement, pour une vitesse maximale d'environ 130 km/h.

En conséquence, la voiture électrique est adaptée à la conduite en ville, puisque la distance moyenne parcourue quotidiennement par le citadin est de l'ordre de 30 km seulement.

Elle est alors utilisée le jour et rechargée à la prise électrique la nuit, la durée de recharge étant de 5 heures environ.

De nombreuses voitures électriques aux performances sensiblement équivalentes sont actuellement disponibles sur le marché (Citroën Saxo, Renault Clio, Honda EV plus...).

Cependant, cette solution *a priori* attractive peut difficilement être généralisée au plan national car ses besoins en énergie sont considérables. En effet, le calcul montre que remplacer entièrement le parc français actuel de 30 millions de voitures par autant de voitures électriques nécessiterait la fourniture annuelle de 200 à 250 TWhe (térawatt × heure électrique) d'électricité supplémentaire, soit l'équivalent de 30 à 35 centrales nucléaires supplémentaires. Étant donné les besoins énergétiques prévisibles par ailleurs pour satisfaire à la demande dans les 50 prochaines années (voir § 6.3.2), cette solution est difficilement envisageable à grande échelle.

Dans le cas de véhicules à moteur électrique, on n'a plus recours à un carburant liquide mais on utilise de l'énergie électrique stockée dans des batteries disposées à l'intérieur du véhicule.

Les avantages du moteur électrique sont nombreux : pas d'émission de gaz polluant ou à effet de serre, énergie moins chère, rendement élevé (80 % contre 30 % pour un moteur thermique traditionnel) donc moins de gaspillage d'énergie, économie à l'arrêt (feux rouges, embouteillages), récupération de l'énergie au freinage (le moteur peut fonctionner « en inverse » et produire lors des décélérations un courant électrique qui recharge les batteries).

Malheureusement, les inconvénients du moteur électrique demeurent aujourd'hui considérables : au-delà de l'autonomie déjà mentionnée, le poids des batteries embarquées est de plusieurs centaines de kilogrammes et la capacité de stockage d'énergie d'un véhicule électrique est cent fois moindre que celle d'un véhicule à moteur thermique (l'électricité ne se stocke (presque) pas).

L'utilisation de véhicules à propulsion électrique se limite donc à des cas particuliers de flottes strictement urbaines avec un faible kilométrage journalier. En France, il n'y avait en 1997 que 3 000 véhicules électriques. À Saint-Quentin-en-Yvelines, le programme Praxitèle représente un parc d'une cinquantaine de Clio électriques.

Les batteries font actuellement l'objet de recherches intensives mais il ne faut pas attendre de miracle à court terme. L'électricité semble plutôt destinée à être un complément d'énergie pour les voitures classiques : c'est la solution « hybride » dont nous allons maintenant parler.

4.1.2.2. Véhicules hybrides

Le principe de fonctionnement de la voiture hybride consiste à coupler un moteur thermique à un moteur électrique.

Ainsi, pour actionner les roues, on dispose de deux forces motrices qui sont sollicitées dans leur plage de fonctionnement optimum. Il en résulte une réduction de la consommation d'essence, et par conséquent des émissions de gaz polluants et à effet de serre. Cependant, la voiture hybride n'est pas une voiture électrique et la batterie n'est pas dimensionnée pour une autonomie importante.

Il existe deux types de systèmes hybrides : le système hybride série et le système hybride parallèle.

Le système hybride série (fig. 4.1-a)

Le moteur thermique (MT) fait tourner un générateur électrique (GE) et le courant électrique produit peut alimenter le moteur électrique (ME) qui entraîne les roues (1) ou encore alimenter la batterie qui se recharge (2).

Le système hybride parallèle (fig. 4.1-b)

Les moteurs thermiques (MT) et électrique (ME) peuvent actionner les roues séparément (1) et (2).

Le moteur électrique peut également être utilisé en générateur électrique pour recharger la batterie en fonctionnement (3).

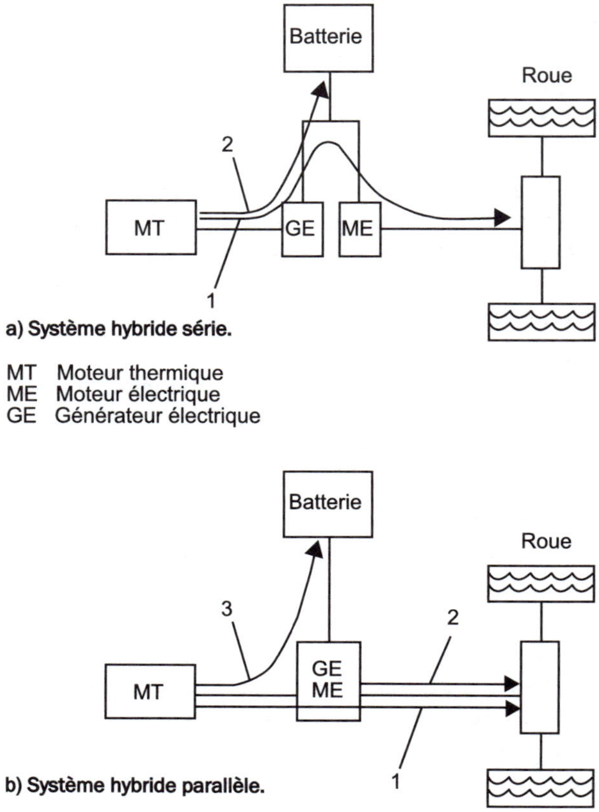

Figure 4.1. Schéma de principe de la voiture hybride.

Les performances obtenues sont convaincantes. Citons l'exemple de la Prius 2004 de Toyota, disposant d'un système hybride doté de deux moteurs électriques, qui peut s'apparenter à un système hybride parallèle.

Au démarrage et à faible vitesse sur de courtes distances, la Prius n'est propulsée que par le moteur électrique. Elle ne consomme donc pas de carburant et par conséquent ne génère aucun rejet atmosphérique.

Dans les conditions normales de fonctionnement, la Prius peut être propulsée simultanément par le moteur électrique et le moteur thermique : le moteur thermique entraîne directement les roues mais alimente également le générateur électrique qui, à son tour, va soit alimenter le moteur électrique produisant la force motrice, soit recharger la batterie.

Une autre façon de recharger la batterie consiste à récupérer, en phase de décélération ou de freinage, l'énergie cinétique sous forme d'énergie électrique qui est stockée dans la batterie.

Ce véhicule est doté d'une batterie haute tension au nickel-métalhydrure et d'un moteur thermique de 1,5 litre fonctionnant à régime constant. Il développe une puissance de 111 CV et consomme 4,3 litres aux 100 km en circuit urbain.

Au total, l'économie de carburant est de l'ordre de 30 à 40 %.

Il serait judicieux de concevoir dès aujourd'hui une voiture hybride dotée d'une batterie dont l'autonomie serait celle de la voiture électrique, afin de réunir les qualités d'une voiture urbaine et celles d'une routière.

Cependant, malgré des avantages certains, la voiture hybride ne peut se dispenser d'essence (ou de gasoil) et par conséquent ne résout pas les problématiques liées au réchauffement climatique et à l'épuisement des réserves fossiles.

Dans l'état actuel des connaissances, la meilleure solution pour la période de l'« après pétrole » sera la pile à combustible, qui utilise l'hydrogène comme vecteur énergétique. C'est le sujet que nous allons aborder maintenant.

4.2. Principe de la pile à combustible (PAC)

La pile à combustible est un générateur qui transforme l'énergie chimique en énergie électrique (voir fig. 1.6) en produisant de l'électricité et de l'eau à partir de l'oxygène et de l'hydrogène (voir fig. 4.2-a).

C'est le processus inverse de l'électrolyse de l'eau qui consiste à transformer l'énergie électrique en énergie chimique en produisant de l'hydrogène et de l'oxygène à partir de l'électricité et de l'eau (voir fig. 4.2-b).

Ces processus énergétiques sont connus depuis longtemps. L'expérience de l'électrolyse de l'eau fut réalisée pour la première fois par Sir Hemphry Davy en 1806 et ce fut Sir William Grove qui inventa la première pile à combustible 33 ans plus tard. Mais sans débouché industriel, cette invention resta méconnue durant plus d'un siècle.

En 1953, les travaux du britannique F.T. Bacon conduisirent au premier prototype qui permit la construction d'une pile à hydrogène pour les missions spatiales Apollo.

Aujourd'hui, la pile à combustible est toujours au stade du développement.

Dans son principe, une pile à combustible ne diffère des piles électriques que par le mode de stockage du combustible et du comburant. Ceux-ci ne sont plus emmagasinés dans le générateur, mais proviennent de l'extérieur de la pile. Une pile au zinc, par exemple, doit être jetée lorsque le combustible est épuisé. Dans une pile à combustible, il suffit de remplir le réservoir de combustible (hydrogène) et d'alimenter en comburant (oxygène) pour continuer à obtenir du courant électrique. La réaction chimique entre combustible et comburant s'effectue à des températures beaucoup plus basses (à partir de 80 °C) que dans les convertisseurs d'énergie classiques, moteurs à combustion interne ou turbines par exemple. Cette baisse de température a pour avantage d'éviter l'activation de l'azote de l'air et sa transformation partielle en oxydes polluants.

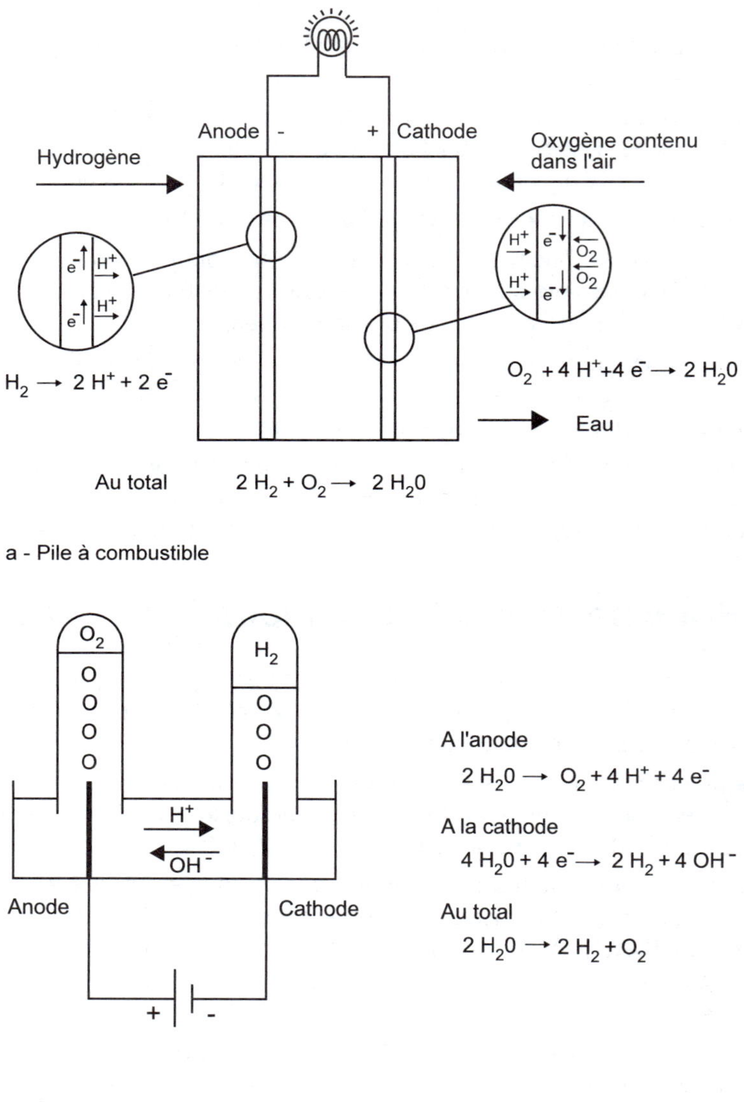

Figure 4.2. Schéma de principe de la pile à combustible et de l'électrolyse de l'eau.

En contrepartie, les combustibles hydrocarbonés habituels sont généralement trop peu réactifs à ces niveaux de température. Dans la plupart des cas, seul l'hydrogène convient et son activation nécessite même la mise en œuvre de catalyseurs particuliers à base de métaux précieux. Le méthanol peut également être envisagé comme combustible, mais les performances des piles directes à méthanol sont notablement inférieures à celles des piles à hydrogène. Pour activer le méthane et les composés comportant des liaisons carbone-carbone (alcools supérieurs ou hydrocarbures), il faut des températures de fonctionnement élevées (de l'ordre de 850 à 1000 °C). La réalisation de piles fonctionnant dans de telles conditions est bien entendu beaucoup plus délicate que celle de piles à basse ou moyenne température. On préfère donc souvent utiliser ces combustibles pour produire de l'hydrogène par réaction avec de la vapeur d'eau dans un convertisseur situé en amont de la pile.

En pratique, on a recours au regroupement d'un nombre important de piles élémentaires pour obtenir la puissance requise. Les raccordements électriques s'effectuent en parallèle ou en série pour l'ajustement de la tension et de l'intensité en fonction des besoins. On obtient alors des puissances intégrées pouvant aller de quelques kWe (kilowatts électriques) à plusieurs dizaines de MWe (mégawatts électriques).

Une pile élémentaire est constituée de deux électrodes en contact avec un électrolyte (voir fig. 4.2-a).

L'une des électrodes est alimentée en combustible (hydrogène, méthanol ou hydrocarbure). C'est l'anode de la pile où s'effectue l'oxydation du combustible, c'est-à-dire la perte d'électrons :

$$H_2 \rightarrow 2\,H^+ + 2\,e^- .$$

L'autre électrode, la cathode de la pile, est alimentée en comburant (oxygène ou air). Elle est le siège de la réduction du comburant qui y gagne des électrons :

$$O_2 + 4\,H^+ + 4\,e^- \rightarrow 2\,H_2O .$$

Ainsi, dans ce processus d'oxydo-réduction, des électrons sont apportés à l'anode et consommés à la cathode, générant une différence de potentiel entre les deux électrodes de la pile dès qu'elles sont alimentées en gaz.

Lorsque le circuit extérieur de la pile est fermé par une résistance, les électrons sont véhiculés de l'anode à la cathode, créant un courant électrique.

Le rendement énergétique d'une pile à combustible est le rapport entre l'énergie électrique produite et l'énergie thermique qui serait libérée par la réaction chimique d'oxydo-réduction. Ce rendement théorique est très élevé. Il est par exemple d'environ 90 % pour une pile hydrogène-oxygène.

Cependant, le rendement électrique réel que l'on obtient en pratique est plus bas, car on doit prendre en considération certains phénomènes comme l'irréversibilité des réactions, les défauts d'alimentation en réactifs des électrodes et les résistances qui s'opposent au passage des charges électriques au sein de l'électrolyte et dans les électrodes.

Si l'on prend en outre en considération les causes liées au taux d'utilisation des réactifs et à la dépense d'énergie pour leur conditionnement préalable, on obtient, au final, pour une pile hydrogène-oxygène un rendement réel de l'ordre de 40 % à 60 % seulement.

L'hydrogène a une énergie potentielle de combustion très importante, presque trois fois supérieure à celle de l'essence ou du fuel. C'est son intérêt majeur. En outre, la PAC ne rejette que de l'eau et par conséquent aucune substance polluante.

Malheureusement, elle possède des inconvénients notoires.

D'abord, à forte puissance, la pile génère beaucoup de chaleur qu'il faut évacuer (perte de rendement).

En outre, l'hydrogène est un gaz très inflammable qui doit être stocké dans des réservoirs en acier : un réservoir de 200 kg correspond en énergie à 20 litres d'essence. Pour pallier ce deuxième inconvénient, on envisage de stocker dans le véhicule un composé hydrocarboné à forte teneur en hydrogène à partir duquel on pourrait créer *in situ* la molécule d'hydrogène à oxyder. On reviendrait alors, finalement, à une combustion du type moteur thermique classique avec ses inconvénients en termes de pollution.

À l'heure actuelle, il n'existe pas en Europe de projet de pile à combustible pouvant déboucher sur une commercialisation à court terme.

4.3. Principaux types de piles à combustible

Il existe actuellement cinq principaux types de piles à combustible. Ils se distinguent par la nature de l'électrolyte utilisé et par la température de fonctionnement (voir tableau 4.1).

Deux types de piles sont qualifiés de piles « basse température » car ils fonctionnent à des températures qui généralement n'excèdent pas 100 °C.

Il s'agit des piles à électrolyte alcalin (AFC, alkaline fuel cells) et des piles à membrane échangeuse de protons (PEMFC, proton exchange membrane fuel cells). Ces dernières peuvent utiliser l'hydrogène ou le méthanol comme carburant. Elles sont dans ce dernier cas aussi baptisées « piles directes à méthanol ».

Il existe ensuite les piles dont la température de fonctionnement se situe vers 200 °C et dont l'électrolyte est constitué d'acide phosphorique (PAFC, phosphoric acid fuel cells).

D'autres piles, utilisant un électrolyte aux carbonates fondus, fonctionnent vers 600-700 °C (MCFC, molten carbonate fuel cells).

Il existe enfin des piles dont l'électrolyte est constitué d'oxydes solides (SOFC, solid oxide fuel cells) et qui fonctionnent entre 850 et 1 000 °C.

Tableau 4.1. Les principaux types de piles.

Type de pile	Électrolyte	Température (°C)	Domaine d'utilisation Gamme de puissance
Alcaline (AFC)	Potasse (liquide)	80	Espace, transport 1-100 kW
Membrane (PEMFC)	Polymère (solide)	80	Portable, transports, stationnaires (*) 1 W-10 MW
Acide phosphorique (PAFC)	Acide phosphorique (liquide)	200	Stationnaires, transports 200 kW-10 MW
Carbonates fondus (MCFC)	Sels fondus (liquide)	650	Stationnaires 500 kW-10 MW
Oxydes solides (SOFC)	Céramique (solide)	850 à 1000	Stationnaires, transports 100 kW-10 MW

(*) Stationnaire (sans déplacement) : production collective ou domestique d'électricité.

4.4. Perspectives industrielles

Trois pôles sont à considérer : les centrales électriques, les centrales à cogénération et les transports.

4.4.1. Les centrales électriques

Les piles à combustible présentent un intérêt réel pour la production décentralisée d'électricité en sites urbains ou isolés.

Les compagnies électriques ont en effet de plus en plus de difficultés à implanter de nouvelles lignes électriques et de grosses centrales. La demande d'électricité étant en constante progression et la déréglementation ouvrant le marché de l'électricité à la concurrence, de nombreux électriciens devront être en mesure de produire l'électricité à proximité des utilisateurs.

4.4.2. Les centrales à cogénération

La cogénération, nous le savons, permet d'augmenter le rendement d'un système de production électrique grâce à la récupération de la chaleur « perdue » à la source froide, pour un usage dans les secteurs tertiaire ou industriel.

Les deux types de piles qui sont généralement considérés en cogénération sont les piles à acide phosphorique (PAFC, phosphoric acid fuel cells) et les piles à carbonates fondus (MCFC, molten carbonate fuel cells).

Au Japon, une usine de conception Fuji Electric utilise des piles PAFC fonctionnant au gaz naturel.

L'électrolyte des piles PAFC est l'acide phosphorique (PO_4H_3) et la température de fonctionnement se situe entre 180 et 210 °C.

L'acide phosphorique présente l'avantage de posséder une faible tension de vapeur jusqu'à des températures très élevées. Il a cependant l'inconvénient de se solidifier en dessous de 42 °C, en augmentant son volume. En cas d'arrêt, la pile doit donc être maintenue à une température minimale de 45 °C pour éviter l'endommagement des électrodes. Sa densité de puissance est de l'ordre de 100 à 300 mW/cm^2.

4.4.3. Les transports

On distingue deux applications des piles dans le domaine de l'automobile : la propulsion du véhicule et l'alimentation en électricité des appareils de bord (climatisation, appareils électroniques, confort), à l'aide d'une APU (auxiliary power unit). La pile à combustible utilisée pour la propulsion sera la PEMFC, la SOFC et les piles alcalines sont destinées aux APU.

4.4.3.1. Le carburant

L'hydrogène est par définition le meilleur carburant pour alimenter la pile à combustible : pas d'émissions de CO_2 et de meilleures performances pour la pile.

Actuellement, il est surtout stocké soit sous forme gazeuse (haute pression : de 300 à 700 bars) ou liquide (à −253 °C). Mais ces formes de stockage ne sont pas totalement satisfaisantes. D'autres technologies sont à l'étude : les hydrures métalliques, le borhydrure de sodium (Millenium Cell), les nanotubes, les charbons actifs... dont on escompte de meilleurs résultats en termes de volume, poids, sécurité et dépense énergétique. Elles ne seront malheureusement pas éprouvées avant lontemps.

Une autre possibilité consiste à utiliser directement l'hydrogène dans un moteur thermique.

L'utilisation de l'hydrogène nécessite dans tous les cas la mise en place d'une infrastructure de production, de transport et de distribution avec par exemple des stations service (où l'hydrogène pourrait être obtenu par vaporeformage du gaz naturel qui donne de l'hydrogène et du monoxyde de carbone à partir du méthane et de l'eau (voir § 4.5.1)).

Utiliser un carburant intermédiaire (essence, méthanol, éthanol...) dont on obtiendrait de l'hydrogène par reformage à l'intérieur du véhicule est aussi une piste envisagée. Cependant, elle pose de nombreux problèmes : il est peu probable que les industries pétrolières se lancent dans la mise en place d'une infrastructure dont la pérennité n'est pas assurée, si l'on considère que l'hydrogène s'imposera à terme. De plus, les techniques de reformage ne sont pas totalement mûres : il s'agit d'installer une petite usine à gaz dans une voiture. On a également des contraintes de place, de volume, de temps de réaction du système. Si les voitures à PAC avec des carburants autres que l'hydrogène ont connu un certain succès jusqu'à 2000-2001, leur image s'est depuis quelque peu ternie.

4.4.3.2. Les avantages des véhicules à PAC

Les véhicules fonctionnant à l'hydrogène ne rejettent que de l'eau, ce sont donc des véhicules « zéro émission ». Néanmoins, on ne peut considérer la voiture seule et il faut aussi considérer la fabrication du carburant (voir § 4.5.1).

En revanche, les véhicules fonctionnant avec un reformeur génèrent des émissions d'oxydes de carbone, de particules, d'oxydes d'azote... certes inférieures à celles des véhicules traditionnels, mais non négligeables.

Quand on calcule ces émissions sur un bilan complet avec toutes les étapes du « puits à la roue » (WTW), on obtient un large spectre où les véhicules à hydrogène ne sont pas toujours gagnants. Tous ces bilans sont à prendre avec une extrême précaution car les calculs faits dépendent des filières de production du combustible.

Malgré les importants travaux réalisés sur les véhicules à PAC, il reste encore de nombreux progrès à faire en termes de coût, d'encombrement, de poids et de performances. À ceci s'ajoutent les progrès nécessaires de la production, du transport et du stockage de l'hydrogène (voir § 4.5.1 et 4.5.2).

La révolution de l'hydrogène n'est donc pas pour demain, les constructeurs tablant plutôt sur 15 à 20 ans pour que ces véhicules atteignent une part de marché significative.

Les constructeurs ont souvent repoussé la date de sortie des pré-séries. Ainsi, la date de 2004-2005 était donnée comme celle du lancement des véhicules à pile.

On voit aujourd'hui qu'ils ont été un peu trop optimistes, mais des véhicules PAC ont fait leur apparition, même si on est loin de la percée attendue.

Dans les prochaines années, on peut estimer que peu de voitures seront produites : il s'agira plutôt de flottes captives destinées à des entreprises, des agences gouvernementales, des taxis avec un rayon de déplacement limité.

Les meilleures piles à hydrogène dont on dispose aujourd'hui dans une gamme de puissance allant de 10 à 100 kW ont des caractéristiques, en termes de volume, poids et performances, compatibles avec une implantation sur une voiture ou un autobus. Il s'agit de piles à membranes (PEMFC) et de piles à acide phosphoriques (PAFC). Leur rendement électrique est en général d'au moins 40 à 50 %, ce qui leur confère un avantage certain par rapport aux moteurs thermiques conventionnels. Leur coût reste néanmoins pour l'instant rédhibitoire.

4.4.4. L'exemple islandais

En Islande, les énergies renouvelables sont multiples.

En particulier, l'énergie géothermique sert à la production électrique et au chauffage domestique de plus de 80 % des foyers islandais.

L'Islande est également innovante en matière de PAC. En effet, les autobus de Reykjavik fonctionneront bientôt à l'hydrogène. Les premiers effectuent des tests, avant que les 80 autres se lancent sur les routes.

Ensuite, ce sera le tour du parc automobile de changer le combustible, puis celui des bateaux de pêche (le commerce et les produits de la pêche représentent 80 % des exportations et une consommation d'énergie importante).

L'automobiliste islandais, préoccupé par son l'environnement, pourra alors s'approvisionner directement en hydrogène dans les stations services, l'hydrogène étant produit sur site par électrolyse à partir de l'eau chaude géothermique.

Les Islandais ne sont pas les seuls à expérimenter les propriétés de l'hydrogène. Cependant, il semble bien que ce pays garde pour l'heure le leadership du moteur à PAC, appelé à remplacer un jour le moteur thermique.

Cette perspective résulte d'une collaboration entre la société islandaise Vistorka, le constructeur automobile Daimler-Chrysler, la société pétrolière norvégienne Norsk Hydro et Shell Hydrogen. Les quatre partenaires ont créé la société Iceland Hydrogen and Fuel Cell Company qui, en collaboration avec le gouvernement islandais et les chercheurs de l'Université de Reykjavik, travaillent à la transformation des transports de l'île, qui devrait se concrétiser d'ici à vingt-cinq ou trente ans.

Si le gouvernement islandais soutient ce projet, c'est notamment parce qu'il espère que son pays exportera ses technologies et son savoir-faire, comme il le fait actuellement dans le domaine de la géothermie (voir § 3.5.2.1).

L'hydrogène constitue à l'évidence un vecteur énergétique prometteur et l'Islande compte bien se positionner parmi les leaders mondiaux de ce secteur d'activité. Ce pays a pris conscience que les réserves de carburants fossiles ne sont pas éternelles et que le moteur à hydrogène est beaucoup plus respectueux de l'environnement, puisqu'il ne rejette que de l'eau.

Ainsi, quand les aménagements appropriés seront réalisés, l'Islande importera moins de pétrole et réduira ses rejets de gaz carbonique de 70 % par rapport à aujourd'hui, ce qui est considérable car l'Islande, avec ses 265 000 habitants, possède un parc de 130 000 voitures, 1500 bus et autocars et quelque 800 bateaux de pêche.

Grâce à l'hydrogène, l'Islande pourra donc tabler sur une substantielle économie. Une telle prouesse technologique sera, à l'évidence, copiée par les autres pays puisqu'elle permettra de résoudre en partie les problèmes de la pollution urbaine et de l'épuisement annoncé des réserves de pétrole.

4.4.5. La pile à combustible et la concurrence internationale

Au-delà de l'essor attendu

- du GPL déjà très répandu en Italie et au Japon (tous les taxis de Rome et de Tokyo en sont équipés),
- de la voiture électrique, qui pèche par son manque d'autonomie et le faible nombre de bornes de recharge,
- de la voiture hydrides qui regroupe sous un même capot un moteur électrique (encore perfectible) et un moteur à essence,

le XXIe siècle pourrait voir l'avènement de la pile à combustible.

De nombreux constructeurs américains, européens et japonais se livrent une âpre compétition pour produire le premier cette « automo-pile ».

Outre l'Islande déjà évoquée, Nissan espère pouvoir commercialiser rapidement sa voiture « à pile ». Renault a aussi présenté récemment une voiture expérimentale à traction électrique alimentée par pile à combustible et espère la commercialiser vers 2010.

D'autres, comme le canadien Ballard, travaillent sur un autre type de pile, la PEMPC (proton exchange membrane fuel cells), utilisant du méthanol dont l'hydrogène est extrait par le truchement d'un catalyseur. Son inconvénient est, comme nous le savons, de produire du CO_2, bien que deux fois moins qu'un moteur à explosion. Son avantage : pouvoir se ravitailler aux stations services équipées de pompes au méthanol.

Dans ce même registre, le véhicule hybride Necar IV a été présenté par le groupe Daimler-Chrysler à l'exposition universelle de Hanovre en 2000. Sa carrosserie est celle d'une Mercedes Classe A. Le moteur fonctionne avec une pile à combustible au méthanol (puissance 75 kW, vitesse maximum 150 km/h, autonomie de 600 km). Le véhicule s'alimente à la pompe à méthanol. Le décollage du marché est prévu pour 2008.

4.5. L'hydrogène : un vecteur énergétique d'avenir

La pile à combustible utilise comme matière première l'hydrogène qui n'est malheureusement pas une énergie primaire (il n'existe pas de « gisement » d'hydrogène dans la nature) mais un vecteur énergétique (voir § 1.5.2).

En conséquence, de nombreux problèmes se posent quant à son utilisation.

- Il faut dépenser de l'énergie pour le produire, donc il est nécessaire de vérifier que l'énergie fournie par la pile à combustible est supérieure à l'énergie dépensée pour produire l'hydrogène.
- L'utilisation de la pile à combustible est-elle rentable économiquement ?
- Peut-on surmonter les problèmes de sécurité liés au transport et au stockage de l'hydrogène ?

Concernant la sécurité, l'hydrogène réagit avec l'oxygène en libérant de l'eau et de la chaleur.

Du fait de cette réaction, une des caractéristiques de l'hydrogène est le risque d'inflammation et d'explosion.

En outre, du fait de sa faible densité, l'hydrogène aura tendance à fuir par les micro-ouvertures.

Cependant, l'hydrogène se diffuse très vite dans l'air : en cas de fuite, il s'échappe verticalement et sa concentration passe très vite sous le seuil de dangerosité.

Avec des mesures de sécurité appropriées, l'hydrogène pourrait donc être utilisé à grande échelle. Mais la législation afférente reste à définir.

Aujourd'hui, l'« économie de l'hydrogène » dans laquelle l'hydrogène, au-delà de ses multiples applications (pétrochimie, l'industrie alimentaire, électronique, aérospatiale, l'automobile, l'informatique...) remplacerait les carburants usuels et la matière première de notre production électrique demeure un rêve.

Ce rêve deviendra-t-il un jour réalité ?

Cette perspective suppose que toute une infrastructure spécifique soit créée au niveau de la production, du transport et du stockage.

Elle suppose également que les problèmes techniques soient résolus et que cette solution soit économiquement viable.

Cela demandera du temps, des progrès techniques, une volonté politique, un effort de la part de l'industrie pétrolière et une acceptation sociale.

4.5.1. Production de l'hydrogène

L'hydrogène est produit principalement par reformage d'hydrocarbure, mais aussi par oxydation partielle.

Si l'hydrogène joue un rôle important dans l'industrie, il n'est en revanche pratiquement pas utilisé comme vecteur énergétique (sauf dans la fusée).

Il est principalement exploité dans :

- l'industrie chimique et pétrochimique (synthèse de l'ammoniac, du méthanol, production de colorants, d'eau oxygénée),
- l'industrie verrière,
- l'électronique (puces d'ordinateur),
- l'industrie alimentaire (corps gras insaturés),

- la métallurgie,
- la production de carburants à faible teneur en soufre.

Cependant, c'est la production d'hydrogène en tant que vecteur énergétique qui semble avoir le plus d'avenir, que ce soit avec les piles à combustible ou les moteurs à combustion interne.

Pour produire de l'hydrogène, plusieurs procédés sont étudiés, certains étant déjà mûrs, d'autres requerrant des efforts de R&D (voir fig. 4.3) :

- vaporeformage, oxydation partielle ou reformage autothermique avec une énergie fossile ;
- électrolyse de l'eau avec une énergie renouvelable (éolien, hydraulique) ;
- craquage ou électrolyse de l'eau avec l'énergie nucléaire (réacteur nucléaire type HTGR) ;
- à partir de la biomasse, des algues vertes ou des bactéries.

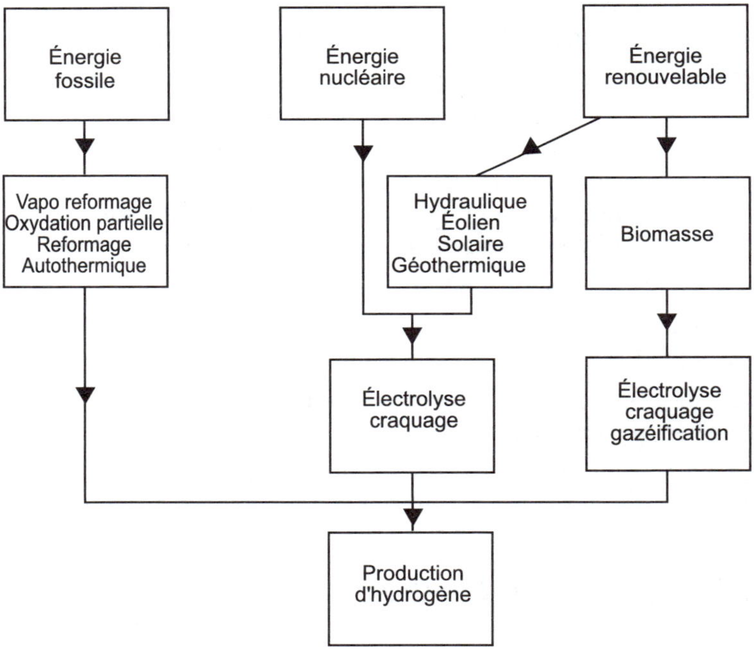

Figure 4.3. La filière de production de l'hydrogène.

Trois options se présentent pour l'infrastructure de production :

1 - une production centralisée de l'hydrogène suivie d'une distribution aux utilisateurs par pipeline, camion...

2 - une production de l'hydrogène décentralisée par électrolyse ou par reformage avec une consommation de l'hydrogène sur site ou à proximité,

3 - une production intégrée dans les piles à combustible avec un reformage interne à partir de gaz naturel, méthanol, essence...

Les deux premières options requièrent la mise en place d'une infrastructure pour le stockage, le transport et la distribution. La troisième est plus complexe (surtout pour le reformage embarqué) mais l'infrastructure de distribution des carburants existe. La mise en place et surtout le coût de la distribution et du stockage seront déterminants pour la viabilité économique des différentes options.

4.5.1.1. Énergie fossile

La production d'hydrogène à partir de carburants fossiles est actuellement la plus répandue, mais elle ne constitue pas une solution à terme, puisque les hydrocarbures ont une durée de vie limitée (de l'ordre de 50 ans) et contribuent au réchauffement climatique. Elle constitue néanmoins une solution transitoire.

On distingue trois procédés : le vaporeformage, l'oxydation partielle et le reformage autothermique.

L'opération de vaporeformage consiste à produire de l'hydrogène à partir du gaz naturel (méthane) à une température de 800-900 °C sous une pression de 25 bars :

$$CH_4 + H_2O \rightarrow CO + 3\ H_2$$

$$CO + H_2O \rightarrow H_2 + CO_2$$

Dans un second temps, on élimine les oxydes de carbone pour obtenir finalement un hydrogène quasiment pur.

L'oxydation partielle consiste à faire réagir un hydrocarbure avec l'oxygène et le reformage autothermique est une combinaison des deux précédents procédés.

4.5.1.2. Énergie nucléaire

On utilise un réacteur nucléaire fonctionnant en cogénération, c'est-à-dire produisant à la fois de l'électricité et de l'hydrogène.

Le procédé utilisé consiste à décomposer l'eau en oxygène et hydrogène par électrolyse ou par craquage.

Le réacteur nucléaire le mieux adapté est le réacteur à haute température refroidi au gaz hélium : le HTGR (high temperature gaz-cooled reactor) ou, en ce qui concerne la 4e génération, le VHTR (very high temperature reactor) (voir § 2.2.2.3).

À titre d'illustration, la figure 4.4 décrit un réacteur nucléaire de cogénération de type haute température (HTGR, refroidi à l'hélium) utilisable pour la production simultanée d'électricité et d'hydrogène.

Ce réacteur est de faible puissance (300 MWe) et fournit de l'hélium à haute température (entre 850 et 1000 °C).

Les avantages d'une telle solution pour produire l'hydrogène sont nombreux.

- Le recours à la cogénération induit une économie d'énergie par l'utilisation optimale de la chaleur dégagée par le réacteur nucléaire.
- Le concept de réacteur nucléaire à haute température permet de s'accommoder de combustibles à base d'uranium, de plutonium et également de thorium, dont les réserves mondiales sont abondantes (4 fois celles de l'uranium).

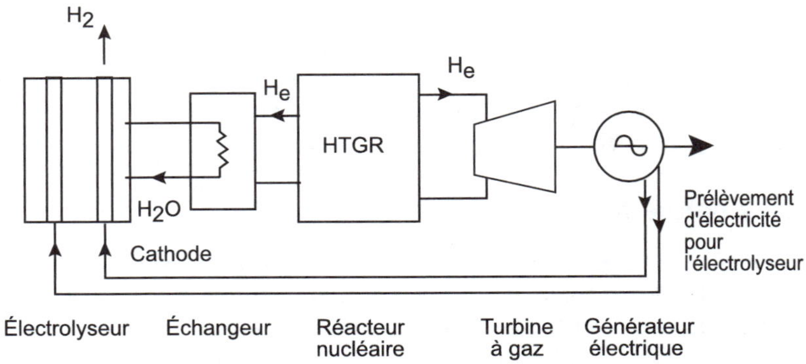

Figure 4.4. Schéma d'un système de cogénération électricité/hydrogène à partir d'un réacteur nucléaire de type HTGR.

- La production d'hydrogène s'effectue sans émission de gaz à effet de serre ou de gaz toxiques.
- Au niveau de l'électrolyse, l'énergie totale à fournir est moins importante grâce à l'augmentation de la cinétique des réactions à haute température, et il est possible de fonctionner à forte densité de courant, d'où une capacité de production importante dans un faible volume.

4.5.1.3. Énergie renouvelable

Il serait intéressant d'étudier la possibilité d'utiliser l'énergie renouvelable – éolien, solaire, hydraulique, biomasse – pour produire de l'hydrogène par électrolyse.

L'électrolyse est la réaction inverse de la pile à combustible (voir fig. 4.2-b). La cellule d'électrolyse est constituée de deux électrodes (anode et cathode), d'un électrolyte et d'un générateur de courant. L'électrolyte peut être une membrane polymère échangeuse de protons ou une membrane céramique conductrice d'ions oxygène. Dans le cas d'une membrane échangeuse de protons, on a les réactions suivantes.

À l'anode, l'eau se dissocie en oxygène et en protons. Les électrons partent dans le circuit :

$$2\,H_2O \rightarrow O_2 + 4\,H^+ + 4\,e^-.$$

À la cathode, les protons, une fois passés à travers la membrane, se recombinent avec les électrons pour donner l'hydrogène :

$$4\,H_2O + 4\,e^- \rightarrow 2\,H_2 + 4\,OH^-.$$

Sous l'apport du courant, l'eau est dissociée en hydrogène et en oxygène :

$$2\,H_2O \rightarrow 2\,H_2 + O_2.$$

L'énergie solaire photovoltaïque peut être utilisée, mais les capteurs sont actuellement trop onéreux.

L'énergie hydraulique est en revanche la plus économique.

L'énergie éolienne, quant à elle, est en plein développement. Des systèmes éoliens de cogénération sont proposés, notamment en Norvège et au Danemark, pour produire à la fois de l'électricité de façon classique par induction magnétique, et de l'hydrogène par électrolyse de l'eau.

La biomasse peut également produire de l'électricité qui permettra ensuite de produire l'hydrogène par électrolyse. Plusieurs méthodes existent actuellement :

- transformation de la biomasse en alcool (éthanol, méthanol) ou méthane suivi de reformage,
- pyrolyse et gazéification de la biomasse suivi de reformage.

La fermentation de la biomasse permet de produire une solution alcoolisée à partir de laquelle on pourra obtenir, par distillation, du méthanol ou de l'éthanol. Un autre procédé de fermentation (anaérobie) permet d'obtenir du biogaz contenant essentiellement du méthane et du dioxyde de carbone. Ceux-ci peuvent ensuite être reformés suivant les différents procédés déjà mentionnés.

Dans le cas de la gazéification de la biomasse, on va d'abord la faire sécher, puis la thermolyser à 600 °C. On la fait réagir vers 1000 °C avec de l'air ou de l'eau (reformage) ; enfin, on élimine les impuretés. On obtient alors un mélange riche en hydrogène et monoxyde de carbone, qui donnera après purification de l'hydrogène. On peut également utiliser le mélange pour produire du méthanol.

4.5.2. Transport et stockage de l'hydrogène

4.5.2.1. Problèmes liés au transport et au stockage de l'hydrogène

L'hydrogène possède un haut pouvoir énergétique (120 MJ/kg) comparé au pétrole (45 MJ/kg), au méthanol (20 MJ/kg) et au gaz naturel (50 MJ/kg). Cependant, c'est aussi le gaz le plus léger, d'où un faible pouvoir volumétrique (10,8 MJ/m^3) comparé au méthanol (16 MJ/m^3) et au gaz naturel (40 MJ/m^3). Ceci pose un problème important de transport et de stockage, que ce soit pour l'utilisation de l'hydrogène dans un véhicule ou pour le transport en pipeline ou en camion. Aussi est-il souvent nécessaire de comprimer l'hydrogène à l'état liquide (700 bars).

En outre, la densité de l'hydrogène est de 90 g/m^3 à 0 °C et pression atmosphérique. Son pouvoir énergétique étant 2,6 fois plus élevé que l'essence, on obtient qu'1 litre d'essence équivaut énergétiquement à 4 m^3 d'hydrogène.

Or, le rendement d'un moteur à pile à combustible est deux fois supérieur à celui d'un moteur à essence. Ainsi, si un moteur à essence consomme 5 litres aux 100 km, un moteur à pile à combustible de même puissance consommera $5 \times 4/2 = 10$ m^3 aux 100 km. Il faudra donc un réservoir de 60 m^3 (un cube d'un peu moins de 4 mètres de côté) d'hydrogène gazeux pour obtenir une autonomie de 600 km !

D'où la nécessité de comprimer la réserve d'hydrogène à une pression considérable (de l'ordre de 1000 bars, c'est-à-dire quatre fois ce qui se pratique couramment dans l'industrie) pour pouvoir transporter un tel réservoir sur un véhicule.

4.5.2.2. Une solution au transport et au stockage de l'hydrogène : le méthanol

Alors que l'oxygène peut être facilement apporté à la pile par prélèvement d'air, l'apport d'hydrogène est plus délicat car, notamment, son stockage est difficile. Sous forme de gaz, il exige de très grandes cuves sous pression. On pourrait certes utiliser l'hydrogène liquide, mais cela nécessite de descendre à une température de −253 °C, ce qui exige une dépense énergétique rédhibitoire.

L'une des solutions envisagées pourrait être de fabriquer l'hydrogène à partir du méthanol (CH_3OH). Une fois le méthanol stocké dans un réservoir du véhicule à PAC, il est transformé en hydrogène par un dispositif embarqué. Les islandais veulent faire de la production de méthanol un avantage substantiel pour la défense de l'environnement : une usine d'aluminium émet actuellement de fortes quantités de dioxyde de carbone, qui seraient récupérées et transformées en méthanol, par hydrogénation du monoxyde de carbone. On parviendrait ainsi à produire du méthanol tout en réduisant considérablement les rejets de dioxyde de carbone. Le problème est que, comme l'indique la figure 4.5, si l'on élimine du CO_2 à la fabrication du méthanol, on le récupère dans le purificateur (rien ne se perd, rien ne se crée).

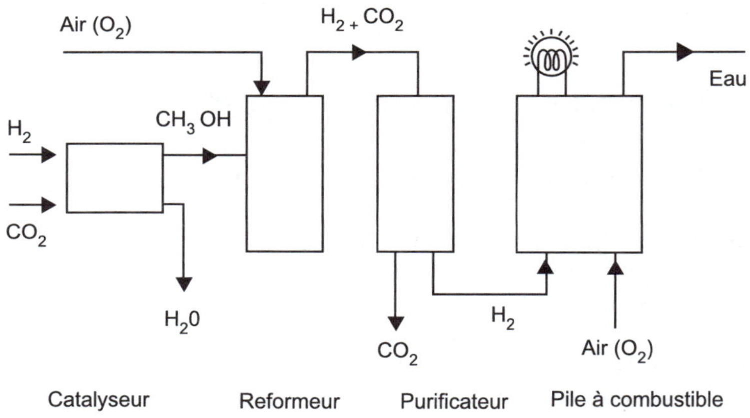

Figure 4.5. Utilisation du méthanol pour le transport et le stockage de l'hydrogène.

Le méthanol (ou alcool méthylique), de formule chimique CH_3OH, est produit naturellement dans le métabolisme anaérobie de nombreuses bactéries. Il y a en conséquence une faible fraction de méthanol dans l'atmosphère.

Il peut également être produit artificiellement à partir du monoxyde ou dioxyde de carbone par réaction avec l'hydrogène :

$$CO + 2\,H_2 \rightarrow CH_3OH$$

$$CO_2 + 3\,H_2 \rightarrow CH_3OH + H_2O\,.$$

Il restitue l'hydrogène nécessaire à la pile à combustible par reformage :

$$2\,CH_3OH + O_2 \rightarrow 4\,H_2 + 2\,CO_2\,,$$

ce qui permet la production d'hydrogène nécessaire au fonctionnement de la pile à combustible.

Exemple d'utilisation pratique du méthanol :

une station-service est livrée en méthanol, lequel est transformé sur place en hydrogène pour remplir les réservoirs d'hydrogène de véhicules à pile à combustible. À noter : le dégagement de CO_2 résultant de la purification du mélange hydrogène/dioxyde de carbone en sortie du reformeur (voir fig. 4.5) sera centralisé, une solution consistant à le recycler en le restituant à la société qui a produit le méthanol. Une autre solution consisterait à éliminer ce gaz carbonique par séquestration dans des couches géologiques profondes (voir § 5.4.2).

Résumé du chapitre 4

Face à l'épuisement annoncé des réserves de pétrole, il est nécessaire de réfléchir à de nouvelles conceptions de voitures.

Au-delà des carburants de substitution, GPL, GNV, aquazole, biocarburants..., les voies de progrès mettent en exergue les procédés à base d'électricité : les véhicules électriques, hybrides et à pile à combustible.

La voiture électrique constituerait une solution privilégiée si elle n'était pas pénalisée par un poids excessif et surtout par une autonomie limitée à deux cents kilomètres.

C'est donc aujourd'hui une solution pour la voiture de ville, en attendant des améliorations sur les performances des piles...

La voiture hybride est une voiture à moteur thermique assisté par un moteur électrique.

Le moteur thermique tourne à régime constant.

La batterie est rechargée lorsque la voiture fonctionne ou en récupérant l'énergie cinétique de freinage.

Les deux moteurs peuvent fonctionner soit en parallèle, soit en série.

Au total, l'économie de carburant est de l'ordre de 30 à 40 %.

Cependant, la voiture hybride ne peut se dispenser d'essence et par conséquent ne résout pas les problématiques liées au réchauffement climatique et à l'épuisement des réserves de pétrole.

Il serait judicieux d'augmenter l'autonomie de la batterie afin de combiner les avantages de la voiture électrique et de la voiture hybride. On obtiendrait alors une voiture à la fois urbaine et routière.

Seule la pile à combustible peut constituer une solution efficace contre le réchauffement climatique. En effet, elle utilise l'hydrogène comme combustible et ne rejette que de l'eau.

Les difficultés de ce procédé résident dans la production, le transport et le stockage avant utilisation de l'hydrogène.

Cependant, l'hydrogène peut être produit en cogénération à partir des énergies nucléaire, fossile ou renouvelable.

Une solution pour le transport et le stockage consiste à fabriquer du méthanol à partir d'hydrogène et de dioxyde de carbone dans un catalyseur, puis à reconstituer l'hydrogène *in situ* à l'aide d'un reformeur et d'un purificateur.

Un procédé concurrent, à l'horizon 2050, consiste à utiliser une voiture hybride fonctionnant à l'essence de synthèse (combinaison d'hydrogène et de carbone).

Partie II

ÉNERGIE ET DÉVELOPPEMENT DURABLE

Il ne peut y avoir une civilisation mondiale puisque la civilisation implique la coexistence de cultures offrant entre elles le maximum de diversité

Claude Levi-Strauss

Chapitre 5

Développement durable et politiques énergétiques

5.1. Le concept de développement durable

5.1.1. Introduction au développement durable

Dans les trente dernières années, la société mondiale a progressivement pris conscience que la Terre était un espace restreint aux ressources limitées et que la poussée démographique rendrait rapidement le système planétaire difficilement viable si rien n'était modifié dans notre mode de vie et nos habitudes : les ressources s'épuiseraient rapidement, les populations se concentreraient de plus en plus dans des mégapoles insalubres, les inégalités entre les peuples se creuseraient, et finalement, nos sociétés évolueraient dans un contexte géopolitique de plus en plus tendu.

À ces réflexions se greffèrent des considérations d'ordre environnemental et sanitaire mettant en évidence les menaces qu'un développement incontrôlé de notre économie ferait peser sur notre propre existence.

Ces menaces proviennent :

- à court terme, de la multiplication des catastrophes industrielles telles que Seveso (accident sur une usine chimique en Italie, dégagement de dioxine à l'atmosphère, 1976), Amoco Cadiz (échouement d'un pétrolier dans le Finistère, déversement de 230 000 tonnes de pétrole sur la côte bretonne, 1978), Bhopal (accident sur une usine chimique en Inde, dégagement de gaz toxiques mortels à l'atmosphère, 1984), Tchernobyl (accident sur un réacteur nucléaire en Ukraine, dégagement massif de substances radioactives à l'atmosphère, 1986)...
- à moyen et long terme, de la dégradation anthropique de notre environnement, matérialisée par la pollution de l'air et de l'eau, les pluies acides, la disparition d'espèces animales, la déforestation sauvage, la réduction de la couche d'ozone stratosphérique, le réchauffement climatique...

Dès lors, quelques constatations symptomatiques nous interpellent.

- Nous serons environ 9 milliards de terriens en 2050, ce qui représentera 3 milliards d'individus supplémentaires à nourrir, loger, éclairer, dont la plupart vivront dans les pays en développement, alors qu'aujourd'hui même, 1 milliard souffre de la faim et 2 milliards n'ont pas accès à l'électricité.
- Le développement des pays riches s'effectue souvent aux dépens des pays pauvres, qui s'appauvrissent davantage. La pauvreté ne cesse en effet d'augmenter chez les plus démunis : en 15 ans, 20 nouveaux pays sont entrés dans le rang des pays les moins avancés et l'espérance de vie dans certains pays d'Afrique a reculé de 20 ans du fait du développement de pandémies.
- Si les habitants des pays en développement consommaient autant qu'en Occident, les réserves mondiales disponibles de matière première seraient épuisées en quelques années, ce qui signifie que nous ne pouvons pas à la fois prôner une forte croissance économique et souhaiter notre niveau de vie pour tous les peuples du monde.
- Si nous continuons de brûler la matière première fossile (charbon, pétrole, gaz) comme nous le faisons aujourd'hui, la température moyenne à la surface de la planète augmentera d'environ 5 °C d'ici à 2100, ce qui correspond à la variation de température que nous avons connu depuis l'époque de la dernière glaciation.

  Mais cette variation s'effectuera en un siècle et non en 20 millénaires.

  En conséquence, les modifications climatiques attendues seront forcément plus sévères, mais également imprévisibles dès lors qu'un tel scénario aura été sans précédent dans l'histoire de l'humanité.

Ainsi se pose la question fondamentale de savoir comment concilier progrès économique et développement social sans mettre en danger l'équilibre naturel de la planète. Comment répartir les richesses entre les pays riches et les pays pauvres ?

Comment assurer la pérennité de notre civilisation, c'est-à-dire comment léguer à nos descendants un « état des lieux » leur permettant de satisfaire à leurs propres besoins ?

Le domaine d'analyse des conditions d'un développement harmonieux s'est donc élargi dans l'espace et le temps, en intégrant l'ensemble des peuples du monde et en tenant compte des générations futures.

C'est pour apporter des réponses concrètes à ces questions qu'est né le concept de développement durable, qui fut formalisé pour la première fois en 1987.

5.1.2. Définition du concept de développement durable

En 1971, le Club de Rome, relayé par une équipe de chercheurs du MIT (Massachussetts Institute of Technology), publie un texte iconoclaste intitulé « Halte à la croissance ». Face à la surexploitation des ressources naturelles liée à la croissance économique et démographique, cette association privée internationale, créée en 1968, prône la croissance zéro. En clair, le développement économique est présenté comme incompatible avec la protection de la planète à long terme.

C'est dans cette ambiance conflictuelle entre l'écologie et l'économie que se tint la conférence des Nations Unies sur l'Environnement humain, à Stockholm, en 1972, conférence qui sera à l'origine du premier vrai concept de développement durable, baptisé à l'époque « éco-développement ». Des personnalités reconnues insistèrent sur la nécessité d'intégrer l'équité sociale et la tolérance écologique dans les modèles de développement économique du Nord et du Sud. Il en découla la création du Programme des Nations Unies pour l'Environnement (PNUE) et du Programme des Nations Unies pour le Développement (PNUD).

Dans le même temps, la société civile prit conscience de l'urgence de mettre en place une solidarité planétaire pour faire face aux grands bouleversements des équilibres naturels. Ainsi, au cours des années 80, le grand public découvrait les pluies acides, le trou dans la couche d'ozone, l'effet de serre, la déforestation et la catastrophe de Tchernobyl.

Dès 1980, l'UICN (Union Mondiale pour la Nature) parla pour la première fois de « sustainable development » (traduit par développement durable). Mais le terme passa presque inaperçu jusqu'à sa reprise dans le rapport de Gro Harlem Brundtland, « Notre Avenir à tous », publié en 1987. À l'époque Premier ministre norvègien et présidente de la Commission Mondiale sur l'Environnement et le Développement, madame Brundland, définit ce concept comme étant, *« un développement qui répond aux besoins du présent sans compromettre la capacité des générations futures à répondre aux leurs »*.

Depuis cette date, le concept de Développement durable a été adopté dans le monde entier.

La même idée est véhiculée par le proverbe suivant, dont l'origine est incertaine :

« Soyez bons avec la Terre : elle ne vous a pas été donnée par vos parents, elle vous a été prêtée par vos enfants. Nous n'héritons pas la terre de nos parents, nous l'empruntons à nos enfants ».

Pour parvenir au développement durable, les entreprises, les pouvoirs publics et la société civile devront travailler en symbiose afin de réconcilier trois mondes qui se sont longtemps ignorés : l'économique, l'environnemental et le social (voir fig. 5.1). À long terme, il n'y aura pas de développement possible sans l'efficacité économique, l'équité sociale et la tolérance écologique.

Le développement durable repose donc sur trois piliers.

- Le pilier économique : le développement durable doit favoriser le progrès économique en stimulant l'initiative et l'innovation.
- Le pilier social : il doit accompagner et renforcer le progrès social pour une meilleure satisfaction des besoins de tous (santé, logement, éducation...), et plus particulièrement de ceux des plus démunis, à qui il convient d'accorder la plus grande attention.
- Le pilier écologique : face à la croissance démographique et au développement industriel, il est nécessaire de préserver et valoriser notre environnement afin qu'il puisse répondre aux besoins actuels et futurs.

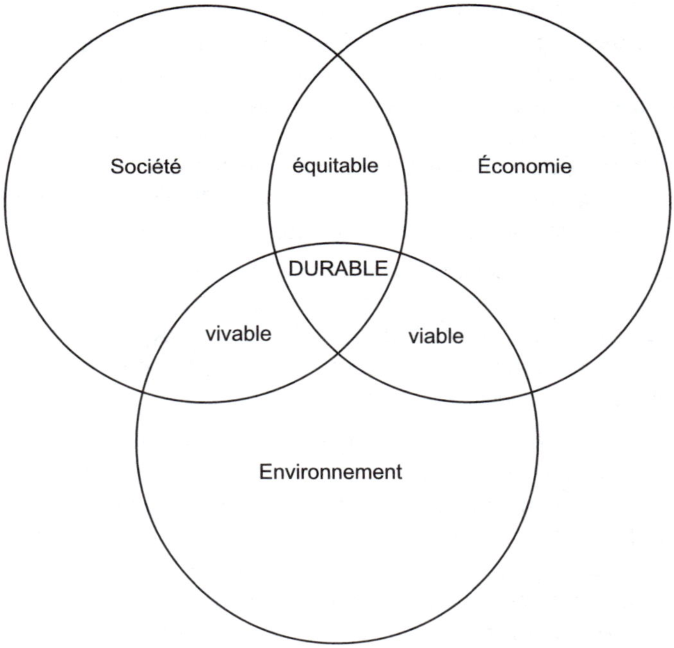

Figure 5.1. Les trois piliers du développement durable.

Le concept de développement durable a été légitimé par la conférence mondiale de Rio en 1992. Il s'adresse en priorité aux responsables des institutions nationales et internationales et des collectivités, mais il sollicite également le monde économique. Le sommet de Johannesburg de 2002 a conforté l'analyse faite à Rio et recommande un changement profond des modes de production et de consommation, en s'appuyant notamment sur l'analyse du cycle de vie des produits projetée sur les trois dimensions sociale, économique et environnementale.

5.1.3. Indicateurs de la « durabilité »

5.1.3.1. L'indicateur de développement humain (IDH)

L'IDH est une mesure indicative du développement humain, créé par le PNUD en 1990. Il combine le niveau de vie (PNB/habitant), l'espérance de vie et le niveau d'instruction et d'accès au savoir (scolarisation des enfants et alphabétisation des adultes). Par exemple, l'indice de longévité d'un pays est égal à son espérance de vie moins l'espérance de vie minimale (25 ans) divisé par l'écart maximum entre les espérances de vie (85 - 25 = 60 ans). Ainsi l'indice de longévité du Sénégal est égal à : (53,3 - 25)/60 = 0,4717.

La valeur de l'IDH varie entre 0 et 1.

Un objectif d'IDH de 0,8 a été fixé par les Nations Unies.

Une cause sanitaire peut faire baisser la valeur de l'IDH, comme c'est le cas par exemple de l'Afrique du Sud ou du Botswana qui ont perdu respectivement 35 et 21 places dans le classement mondial IDH en 15 ans en raison de la pandémie de Sida.

L'indicateur de développement humain permet d'estimer la durabilité sociale et économique.

5.1.3.2. L'indicateur écologique (IE)

La surface biologiquement productive sur terre est limitée. L'indicateur écologique mesure la surface nécessaire pour produire les ressources consommées par la population, et pour absorber les déchets qu'elle produit. La surface productive de la Terre disponible pour le développement était en 2004 de 11,4 milliards d'hectares, soit en moyenne 1,9 ha/habitant, mais elle était supérieure de 20 % en 1999 avec 2,3 ha/habitant.

L'indicateur écologique permet d'estimer la durabilité environnementale.

5.1.4. Les enjeux du Développement Durable

Les pays industrialisés se réfèrent généralement à la croissance économique pour mesurer le niveau de vie de la population. Cependant, cette croissance ne peut à elle seule répondre aux besoins de la population, comme en témoignent certains effets pervers : pollution de l'air et de l'eau due aux rejets industriels, réduction de la biodiversité consécutive à la destruction d'habitats, inégalités sociales liées aux évolutions des technologies et des modes de production...

À l'issue de la conférence de Rio, la plupart des Etats se sont engagés à élaborer une stratégie nationale de développement durable, ce qui suppose des changements structurels en profondeur.

En effet, il faut :

- rééquilibrer les poids respectifs des priorités économiques et des impératifs sociaux et écologiques en intégrant des considérations liées au respect de l'environnement et des normes sociales dans le mécanisme des marchés financiers. Par exemple, on substituera à la spéculation boursière des projets économiques viables et équitables à long terme ;

- instaurer de nouvelles règles dans l'action gouvernementale. En effet, les actions politiques sont trop souvent déterminées à court terme en fonction des échéances électorales, pour répondre à des intérêts personnels sans forcément tenir compte de l'intérêt général des populations ;
- obtenir l'implication de tous les groupes socio-économiques dans le développement durable. La réalisation effective des objectifs du développement durable ne peut aboutir que si l'ensemble des acteurs de la société agit en commun : les entreprises privées, publiques, les associations, les ONG, les syndicats et les citoyens ;
- rééquilibrer les forces économiques entre les pays du Sud et du Nord. Les pays en développement sont trop endettés et asphyxiés dans leurs échanges commerciaux pour consacrer l'énergie et les moyens nécessaires à l'éducation, la santé et la protection de l'environnement. Il faut effacer la dette extérieure des pays les plus pauvres et appliquer une taxe de type Tobin (taxation des transactions bancaires sur les monnaies) en affectant les recettes à des projets de développement durable ;
- créer une institution internationale chargée de faire respecter les obligations souscrites par les États pour mettre en œuvre tous les accords multilatéraux sur l'environnement. À l'instar de l'OMC (Organisation Mondiale du Commerce) qui gère les échanges commerciaux, il faudrait créer une Organisation Mondiale de l'Environnement pour gérer les problèmes écologiques.

La recherche d'un équilibre entre les trois piliers du développement durable nécessitera une coopération renforcée avec les pays en développement (Chine, Inde, Brésil) et en transition (Europe Centrale, Europe de l'Est et nouveaux états indépendants de l'ex-URSS), où vivent 80 % de la population mondiale et où va se produire l'essentiel de l'accroissement démographique futur.

Dix ans après la conférence de Rio sur l'environnement et le développement, le concept de développement durable est solidement intégré dans l'analyse économique traditionnelle. Mais en dépit de la somme des travaux réalisés au plan théorique, son application pratique reste décevante.

5.1.5. La Charte de l'environnement

Promulguée le 1er mars 2005 par le président de la République Française, la Charte de l'environnement proclame le droit du citoyen à un environnement sain et au développement durable.

Ce droit à un environnement sain est la troisième étape dans l'affirmation des principes fondamentaux de la République, après la Déclaration des droits de l'homme et du citoyen de 1789 sur les droits civiques et politiques (droit à la liberté) et le préambule de la constitution de 1946 sur les droits sociaux (droit au travail).

Aussi, la charte de l'environnement érige-t-elle au niveau constitutionnel des principes fondamentaux à portée universelle.

Les trois grands principes véhiculés par la Charte de l'environnement sont :
- le principe de prévention,
- le principe de précaution,
- le principe pollueur-payeur.

5.1.5.1. Prévention et précaution

Aussi paradoxal que cela puisse paraître, la société semble tolérer les risques importants liés à son mode de vie (accidents de la route, cancers du poumon, Sida...), mais en revanche réagir brutalement lorsqu'il s'agit de risques peu probables mais à fortes conséquences potentielles tels que les accidents nucléaires ou chimiques, les accidents aériens ou ferroviaires, les marées noires, les catastrophes naturelles ou encore lorsqu'il s'agit de risques diffus mal définis comme les conséquences climatiques de l'émission de gaz à effet de serre, l'utilisation des OGM, le clonage...

Cette perception du risque, héritée pour ce qui concerne le passé récent de la catastrophe de Tchernobyl, de l'affaire du sang contaminé ou de la maladie de la « vache folle » (ESB), et apparemment insensible aux hécatombes tabagiques ou routières (6 000 morts par an sur les routes de France contre quelques cas recensés à ce jour de décès par l'ESB), est largement répandue dans le grand public. Ce dernier doute en effet de la capacité de l'État à gérer de tels risques car, d'une part ils sont entachés d'incertitudes, et d'autre part les activités qui sont à l'origine de ces risques sont souvent génératrices de profits et donc soutenues par des groupes influents. En conséquence, il demande des comptes et revendique la possibilité de faire connaître son point de vue, parfois avec véhémence.

Le principe de précaution possède un statut juridique pour la protection de l'environnement, exprimé à la conférence de Rio (1992) et dans la loi « Barnier » (1995). Cette dernière stipule que « l'absence de certitudes, compte tenu des connaissances scientifiques et techniques du moment, ne doit pas retarder l'adoption de mesures effectives et proportionnées visant à prévenir un risque de dommages graves et irréversibles à l'environnement, à un coût économiquement acceptable ».

Le principe de précaution, tel que défini ci-dessus, sert notamment de référence pour la gestion des risques sanitaires. Tel fut le cas, pour la France, de l'interdiction d'importer de la viande bovine de Grande Bretagne et, pour l'Union Européenne, la fixation de lignes de conduite en matière de « santé humaine, animale ou végétale ».

En ce qui concerne l'activité nucléaire, le principe de précaution est défini et appliqué depuis longtemps. La démarche suivie peut servir de modèle aux autres domaines de l'activité humaine.

5.1.5.2. Interprétation du principe de précaution dans l'activité nucléaire

La précaution s'intègre dans la démarche de prévention des risques de la façon suivante.

a) La prévention des risques nucléaires

Il s'agit du domaine des risques avérés. Un inventaire des matières radioactives peut être dressé et des scénarios plausibles conduisant à l'exposition du personnel ou du public peuvent être élaborés. La fréquence ou, à défaut, la vraisemblance des scénarios est établie à partir de l'analyse systématique des événements initiateurs : événements externes naturels (séismes, inondations, grands froids...) ou d'origine humaine (chute d'avion, explosion, rupture de barrage...), et événements internes (criticité, incendie, chute de charge, perte d'un tableau électrique, défaillance de pompe, fuite d'eau d'un circuit, erreur humaine...).

La démarche de prévention des risques nucléaires consiste à prendre un ensemble de dispositions (résistance intrinsèque d'une installation à ses propres défaillances, niveau de qualité élevé dans la réalisation de l'installation...) pour empêcher qu'un incident ne survienne. C'est le premier niveau de défense en profondeur du concept de sûreté déterministe, pilier de la conception des réacteurs nucléaires occidentaux.

Le deuxième niveau de défense en profondeur consiste à mettre en place un système de protection (système de détection des événements anormaux, système d'arrêt d'urgence du réacteur qui déclenche automatiquement la chute des barres de sécurité pour interrompre promptement la réaction en chaîne) dans le but de limiter les conséquences d'un incident.

Le troisième niveau, quant à lui, est constitué des systèmes fluides de sauvegarde qui sont mis en œuvre pour limiter les conséquences des accidents contre lesquels ils ont été créés, s'ils surviennent et *in fine*, pour empêcher la fusion du cœur. Un des corollaires du concept de défense en profondeur est l'existence de trois barrières de confinement concentriques entre le combustible nucléaire et l'environnement, pour empêcher la dissémination de substances radioactives à l'extérieur du bâtiment réacteur.

Dans une centrale nucléaire, la première barrière est matérialisée par la gaine des crayons combustibles, la deuxième barrière par l'enveloppe du circuit primaire et la troisième barrière par l'enceinte de confinement du bâtiment réacteur. Rappelons que la centrale de Tchernobyl ne possédait pas de troisième barrière de confinement.

b) La précaution dans la prévention

Il s'agit du domaine des risques potentiels, c'est-à-dire non avérés, qui sont entachés d'incertitudes importantes quant à leur occurrence.

La précaution va donner confiance dans la démarche de prévention en y intégrant des mesures conservatoires pour atténuer les effets des incertitudes.

Ces mesures peuvent être par exemple :

- sélection de scénarios hypothétiques à la limite du vraisemblable,
- hypothèses pessimistes conduisant à un surdimensionnement des équipements,
- diversification des équipements redondants.

L'application du principe de précaution ne doit pas conduire à la paralysie. C'est au contraire un principe dynamique qui permet de s'accommoder de risques hypothétiques non quantifiables.

En conséquence, la démarche de prévention apparaît clairement constituée d'un « noyau dur » de dispositions matérielles et humaines, bâti sur les acquis scientifiques, et entouré d'une enveloppe de mesures de précaution, construite autour de l'identification des incertitudes associées (voir fig. 5.2).

Pour simplifier, on peut dire que le noyau dur de la prévention consiste à prendre des mesures pour empêcher l'occurrence d'événements dont le risque est connu, identifié et probabilisé, alors que la précaution, partie intégrante de la prévention, consiste à prendre des mesures pour éviter l'apparition d'événements dont le risque est inconnu dans sa nature et sa probabilité.

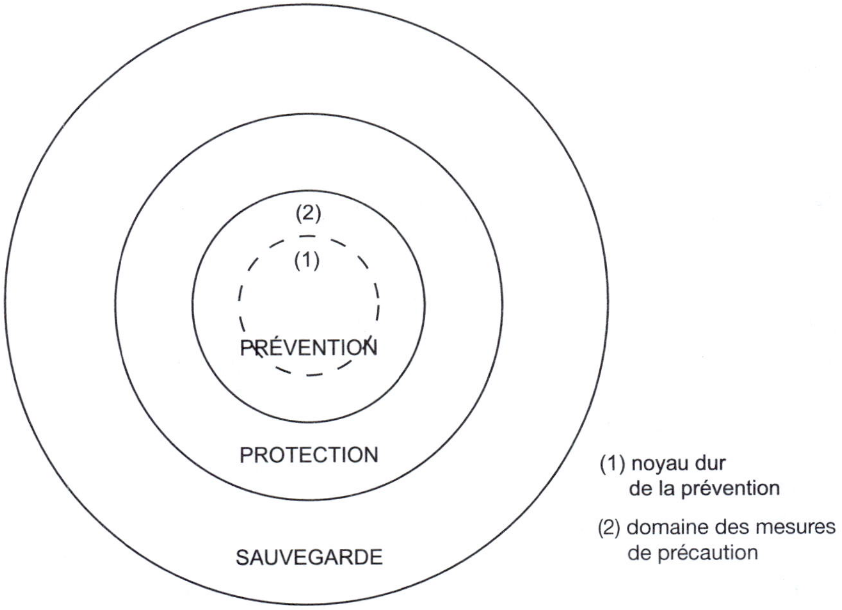

Figure 5.2. Précaution, prévention et défense en profondeur.

5.1.5.3. *Exemple d'application du principe de précaution dans l'industrie nucléaire*

Les études épidémiologiques ne permettent pas de mettre en évidence l'existence d'un effet significatif des très faibles doses de rayonnement sur la santé (doses inférieures à 50 mSv par an). Cela ne prouve pas que les très faibles doses n'ont rigoureusement aucun effet biologique. En d'autres termes, l'état actuel des connaissances ne nous permet pas de savoir s'il existe une dose-seuil en dessous de laquelle il n'y aurait plus d'effet nocif. Par souci de conservatisme, les normes réglementaires de radioprotection sont définies en supposant, de façon volontairement pessimiste, qu'il n'y a pas de seuil et que par conséquent, toute dose reçue, aussi faible soit-elle, engendre un risque biologique proportionnel à cette dose.

Aussi, la réglementation française impose-t-elle au personnel des installations nucléaires le respect du principe de précaution appelé ALARA (*as low as reasonably achievable*) selon lequel il faut maintenir les expositions des travailleurs aux rayonnements ionisants aussi bas que raisonnablement possible compte tenu des contraintes économiques et sociales. Le principe ALARA est appliqué dans les grandes entreprises nucléaires françaises (AREVA, CEA, EDF). Ainsi, un travailleur n'interviendra pas en milieu actif, bien qu'il possède une marge importante avant d'atteindre la DMA (dose maximale admissible), si son intervention n'est pas jugée absolument nécessaire.

En revanche, on ne prendra pas de mesures économiquement irréalistes pour viser un niveau d'irradiation zéro.

5.1.5.4. Le principe pollueur-payeur

Dans le but de limiter les atteintes à l'environnement, le principe pollueur-payeur tend à imputer au pollueur les dépenses relatives à la prévention ou à la réduction des pollutions dont il pourrait être l'auteur. L'application de ce principe vise à anticiper un dommage et à fixer une règle d'imputation du coût des mesures en faveur de l'environnement.

5.2. Réchauffement climatique

L'homme sait depuis toujours que le climat peut perturber son activité mais il sait depuis peu que son activité peut perturber le climat.

En effet, c'est à la conférence de Rio en 1992 que les premières alertes sur les risques de réchauffement climatique dû à l'émission de gaz dits à effet de serre (GES) furent lancées. Il peut alors, par effet boomerang, en résulter des bouleversements radicaux de l'activité humaine.

La communauté scientifique était alors divisée et certaines personnalités reconnues prétendaient même que ces alertes étaient infondées.

Aujourd'hui, rares sont ceux qui mettent en doute l'effet de serre anthropique, et la seule question qui reste posée est de savoir à quelle vitesse et dans quelles proportions le climat de notre planète se modifie sous l'influence de l'homme.

Certains indices viennent étayer l'hypothèse d'un changement climatique (anthropique) déjà en marche.

- La température moyenne au sol a augmenté de 0,6 °C depuis 1860, et le réchauffement se poursuit au rythme de 0,1 °C par décennie.
- Le XXe siècle a été le siècle le plus chaud du millénaire, la décennie 1990-2000 ayant été elle-même la plus chaude du siècle.
- Les glaciers d'altitude ont connu un retrait généralisé.
- La surface de la banquise arctique a décru de 10 à 15 % depuis 1950 tandis que son épaisseur a diminué de 40 % (les sous-marins nucléaires peuvent maintenant passer au-dessous).
- Les précipitations ont augmenté de 0,5 % à 1 % par décennie depuis 1900 dans les moyennes et hautes latitudes de l'hémisphère Nord.
- Le niveau des mers s'est élevé de 10 à 20 cm au XXe siècle.

Mais comment le climat a-t-il varié au cours des temps ?

5.2.1. Variation du climat au cours du temps

Le climat est le résultat des échanges de chaleur entre la Terre et l'espace.

Il paraît constant à l'échelle d'une vie humaine, mais l'humanité, âgée de plus de 400 000 ans, a connu des changements climatiques réguliers.

5.2.1.1. Les glaciations du quaternaire récent

De nombreux facteurs contribuent aux variations climatiques mais trois paramètres, appelés paramètres de Milankovic, jouent un rôle prépondérant.

Ils décrivent la position de la Terre autour du Soleil, et leurs variations, principalement dues à l'interaction des planètes du système solaire, qui modifient la quantité de chaleur reçue par la Terre et la manière dont cette chaleur se répartit à sa surface.

Les paramètres de Milankovic sont l'excentricité, l'obliquité et la précession (voir fig. 5.3).

a) Excentricité

L'orbite terrestre est une ellipse dont le Soleil est l'un des foyers.

Cette ellipse se déforme dans le temps, prenant une forme plus ou moins allongée définie par son excentricité F_1F_2/AF_2.

Ses variations sont dues aux attractions gravitationnelles entre la Terre et les autres planètes du système solaire, et sa périodicité est de l'ordre de 100 000 ans.

Lorsque l'ellipse est aplatie (forte excentricité), la Terre est freinée sur sa trajectoire, dans la zone de l'ellipse la plus éloignée du Soleil (2e loi de Kepler ou loi des aires). Par conséquent, la quantité moyenne de chaleur reçue du Soleil dans l'année sera plus faible que lorsque l'ellipse se rapproche d'une forme circulaire. On sera dans une période froide.

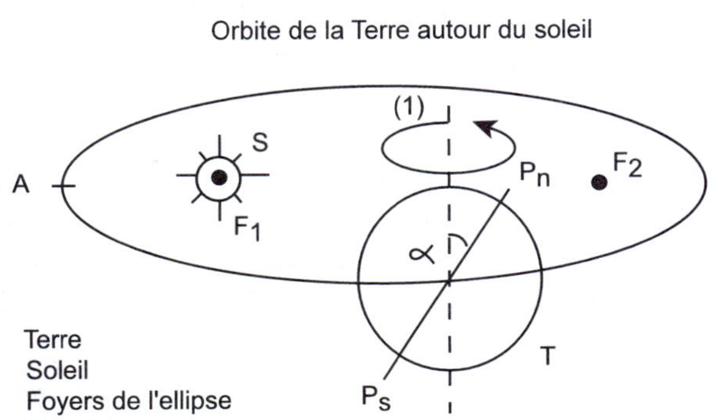

T	Terre
S	Soleil
F_1, F_2	Foyers de l'ellipse
AF_2	Grand axe
α	Obliquité
F_1F_2/AF_2	Excentricité
(1)	Précession
P_n	Pôle Nord
P_s	Pôle Sud

Figure 5.3. Excentricité, obliquité et précession.

b) Obliquité

L'inclinaison de la Terre par rapport à la perpendiculaire au plan de l'écliptique est mesurée par un angle appelé obliquité. Égale actuellement à 23°27', elle varie entre 21,8° et 24,4° avec une période de 41 000 ans.

Elle est due aux interactions gravitationnelles entre la Terre et les étoiles.

Lorsque l'obliquité est importante, les saisons sont plus contrastées dans certaines régions. En prenant le cas théorique (mais irréaliste) d'une obliquité de 45° sur Terre (ce qui est au demeurant possible sur Mars puisque sur cette planète, elle varie entre 20° et 60°), les cercles polaires seraient alors confondus avec les tropiques. En conséquence, les régions polaires connaîtraient des étés tropicaux et, inversement, les régions tropicales connaîtraient des hivers polaires !

c) Précession

La Terre tourne telle une toupie autour du Soleil, c'est-à-dire que l'axe les pôles décrit un cône autour de la perpendiculaire au plan de l'écliptique, avec une périodicité de 26 000 ans.

La précession est due au fait que la Terre n'est pas parfaitement sphérique et que par conséquent, le Soleil exerce sur elle un couple de forces au niveau du « bourrelet » équatorial.

Il en résulte une modification de la répartition de l'énergie solaire à la surface de la Terre dans l'espace (régions) et dans le temps (saisons).

Les changements climatiques naturels dus aux variations périodiques combinées des paramètres de Milankovic ont pour conséquence une succession de périodes glaciaires et interglaciaires depuis plus d'un million d'années.

Des mesures précises sont disponibles sur une période supérieure à 400 000 ans.

On observe sur la figure 5.4 que les époques glaciaires sont espacées d'environ 120 000 ans et qu'elles alternent avec des périodes plus chaudes dites interglaciaires qui durent entre 10 000 et 20 000 ans.

Les écarts de température occasionnés par ces variations climatiques sont de l'ordre de 5 degrés. C'est donc aussi l'écart de température qui nous sépare de la dernière glaciation.

Nous sommes actuellement situés vers la fin d'une période interglaciaire chaude, et les pics chauds des périodes interglaciaires antérieures n'ont jamais dépassé la température moyenne annuelle actuelle de plus de 2 degrés (ces pics de chaleur ont été atteints il y a 120 000, 240 000 et 320 000 ans).

Nous savons également que lors de la dernière glaciation, le niveau de la mer était plus bas d'une centaine de mètres, les glaciers ayant envahi une grande partie des continents de l'hémisphère Nord. Cela permit aux hommes préhistoriques d'Asie de peupler le continent américain en traversant le détroit de Béring à pieds secs.

De même, il y a environ 10 000 ans, l'archipel nippon était encore rattaché au continent asiatique et la civilisation chinoise put s'étendre au Japon, avant que la fonte des glaciers n'élevât le niveau des mers au point d'isoler définitivement le pays.

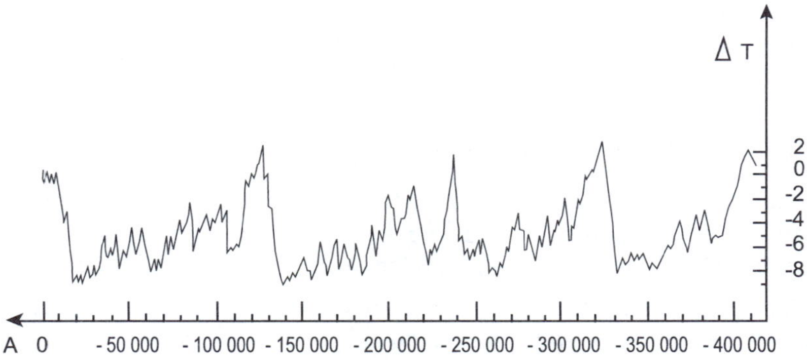

Figure 5.4. Écarts de températures moyennes à la surface de la Terre depuis 400 000 ans par rapport à aujourd'hui.

Une variation de la température de quelques degrés seulement peut donc générer des modifications majeures du climat.

En outre, une glaciation met 10 000 à 20 000 ans à s'installer.

Or, l'élévation de température d'environ 5 degrés résultant de l'effet de serre anthropique prendra place en l'espace d'un siècle seulement.

Une période récente a néanmoins été le théâtre d'une variation rapide des températures : le *petit âge glaciaire*.

5.2.1.2. Le petit âge glaciaire

Entre 1450 et 1880, les glaciers des Alpes, de l'Alaska et de la Nouvelle-Zélande se sont avancés bien au-delà de leurs limites actuelles.

Dans les Alpes, le front de la mer de Glace ou celui du glacier des Bossons se trouvaient à plus de 1000 mètres en aval de la position actuelle, comme en atteste le témoignage de Nicolas Grandjean lors de son enquête de 1616 :

« *... il a remarqué comme plus importants des desgats cy après déclarés estre arrivé dès six à sept années en ça et premièrement dès le village du Fouly (Les Houches) jusqu'au Prieuré (Chamonix).* »

La différence d'extension des glaces est également frappante quand on compare les gravures datant du début du XIXe siècle aux photographies actuelles.

La période froide atteint son paroxysme entre les années 1550 et 1700. Les loups rôdent aux portes des villes. Bruegel le Vieux peint des scènes hivernales où des villes d'Europe de moyenne latitude sont envahies par les glaces.

En France, la baisse de température moyenne annuelle est estimée à environ 1 °C. Dans les régions plus septentrionales, en Hollande par exemple, le refroidissement atteint 3 à 4 °C en dessous des moyennes actuelles.

Le refroidissement du petit âge glaciaire a marqué la fin de la prospérité des Vikings et de leurs colonies établies au Groenland.

Quelques ruines rappellent encore cette période où, à la fin du premier millénaire, Éric le Rouge avait fondé une colonie prospère sur les côtes alors verdoyantes du Groenland, la « terre verte ».

Le froid mit fin à la période climatique relativement clémente qui avait affecté le Nord de l'Europe entre les années 900 et 1200, période souvent qualifiée d'optimum climatique médiéval.

5.2.1.3. À quand la prochaine glaciation ?

En calculant l'évolution future des paramètres orbitaux à partir du mouvement des planètes, il apparaît que nous ne devrions pas subir un froid important avant au moins 20 000 ans, ni même une glaciation majeure avant 60 000 ans.

Dans les décennies ou les siècles à venir, nous pourrions en revanche connaître un refroidissement comparable à celui du petit âge glaciaire. On sait en effet que des avancées des glaciers se sont produites à plusieurs reprises pendant l'holocène (étage le plus récent du quaternaire qui succède au paléolithique supérieur, de 7000 ou 8000 av. J.-C. à nos jours). À moins bien sûr que l'homme ne bouleverse le cours naturel des choses...

Pour les cent dernières années, les observateurs constatent une augmentation de la température moyenne du globe d'environ un demi degré Celcius. Cela est-il dû aux premiers effets des gaz dits à effet de serre dont le dégagement dans l'atmosphère est provoqué par l'activité humaine (énergie, transports, industrie...), ou simplement au contre-coup du petit âge glaciaire ?

Notons que les glaces de l'Antarctique ont apporté ces dernières années une preuve manifeste du lien étroit qui unit climat et teneur en dioxyde de carbone, principal gaz à effet de serre anthropique (voir § 5.2.4).

Ce témoignage du passé tend à confirmer que l'homme pourrait fort bien altérer gravement, en augmentant la quantité de CO_2 dans l'atmosphère, l'évolution future du climat.

5.2.2. Effet de serre et changement climatique

La lumière du Soleil traverse l'atmosphère et chauffe le sol. Le sol ainsi chauffé émet des rayons infrarouges dont une partie est retenue dans l'atmosphère par les gaz dits à effet de serre (voir fig. 5.5).

Ces gaz existent naturellement dans l'atmosphère depuis des millions d'années, mais leur taux a augmenté sensiblement depuis le début de l'ère industrielle.

L'effet de serre est nécessaire à la vie sur Terre.

En effet, sans lui, la température moyenne à la surface du globe serait de –18 °C au lieu des 15 °C dont nous bénéficions aujourd'hui.

Heureusement, la vapeur d'eau, le dioxyde de carbone (CO_2), le méthane (CH_4) et quelques autres gaz à effet de serre (GES) contenus dans l'atmosphère agissent comme la serre d'un jardinier. En empêchant une partie de l'énergie solaire reçue par la Terre de repartir dans l'espace, ils maintiennent une température moyenne clémente autour de notre planète.

Depuis des milliers d'années, le climat enchaîne des périodes glaciaires (froides) et interglaciaires (chaudes, comme actuellement). Cependant, depuis le milieu du

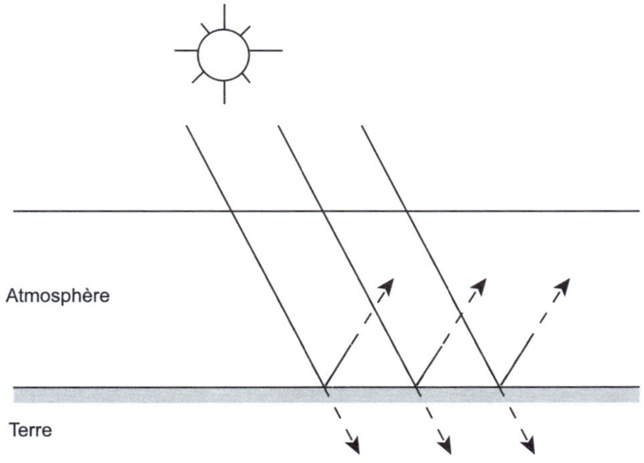

Figure 5.5. Principe de l'effet de serre.

XIXe siècle, la température s'est anormalement élevée de 0,4 à 0,8 °C. L'homme pourrait-il être responsable de cette nouvelle augmentation ?

Les experts du Groupement Intergouvernemental sur l'Evolution du Climat (GIEC) en sont aujourd'hui intimement convaincus. Depuis l'ère industrielle, les activités humaines ont entraîné une hausse significative des GES dans l'atmosphère. Ainsi, en 150 ans, la combustion des énergies fossiles (charbon, gaz naturel, pétrole) et la déforestation ont entraîné une élévation du taux de dioxyde de carbone de 30 %. Durant cette période, en raison de la poussée démographique et de l'intensification de l'agriculture et de l'élevage, la concentration en méthane a augmenté de 145 %. L'homme a rajouté en 250 ans autant de gaz à effet de serre (hors vapeur d'eau) que la nature en a produit en plusieurs milliers d'années. Depuis 400 000 ans, jamais les taux de dioxyde de carbone n'avaient été aussi élevés.

Si rien n'est fait pour limiter l'envolée des GES, de profonds bouleversements climatiques sont d'ores et déjà prévisibles. Selon le rapport des experts du GIEC de janvier 2001, la température devrait s'élever encore de 1,4 à 5,8 °C d'ici la fin du siècle.

Un tel écart de température est du même ordre de grandeur, nous le savons, que celui qui a séparé la dernière glaciation de la période actuelle.

Selon ce scénario, on assisterait d'ici à la fin du siècle à la fonte de glaciers continentaux et à la dilatation de l'eau de mer, provoquant une élévation du niveau des océans de l'ordre de 30 à 80 cm et par conséquent la modification du contour des continents par submersion de zones côtières : Bangladesh, Pays-Bas, Égypte, Floride, Texas, Camargue...

Les climatologues s'attendent également à une intensification des fluctuations climatiques, avec une multiplication d'épisodes de grands froids et de canicules, de périodes de sécheresse et de pluies, et une fréquence accrue des catastrophes naturelles. Les précipitations devraient s'accroître dans le Nord tandis qu'elles devraient chuter de façon dramatique dans le Sud, dans des régions déjà touchées par la désertification.

5.2.3. Aperçu des conséquences probables d'une augmentation de température de 1,4 à 5,8 °C d'ici à la fin du siècle

5.2.3.1. Régions traversées par le Gulf Stream

Ce courant marin transporte l'eau chaude des Caraïbes jusqu'en mer de Norvège. Il apporte ainsi à l'Europe occidentale un supplément de chaleur d'environ 10 °C, lui assurant des hivers plutôt doux. Le Gulf Stream est actionné par l'expulsion du sel de la glace qui se forme au contact de la banquise arctique : les eaux alourdies par l'excès de sel s'enfoncent dans l'océan et retournent vers le Sud en profondeur. Cette pompe amorce la circulation vers le Nord des eaux des Caraïbes. En cas de réchauffement, la pompe pourrait s'arrêter et le Gulf Stream disparaître. L'Europe subirait alors des hivers aussi rigoureux qu'aux latitudes équivalentes de la côte Est du continent américain (Bordeaux est à la même latitude que Montréal).

Remarque : *la pompe de circulation des courants marins n'existe, pratiquement, qu'en mer de Norvège, lorsque les eaux du Gulf Stream plongent en atteignant la banquise. En conséquence, un dysfonctionnement du Gulf Stream perturberait la circulation de tous les courants marins à la surface du globe, notamment le Kouro Shivo qui joue un rôle similaire au Gulf Stream le long des côtes du Japon (voir fig. 5.6).*

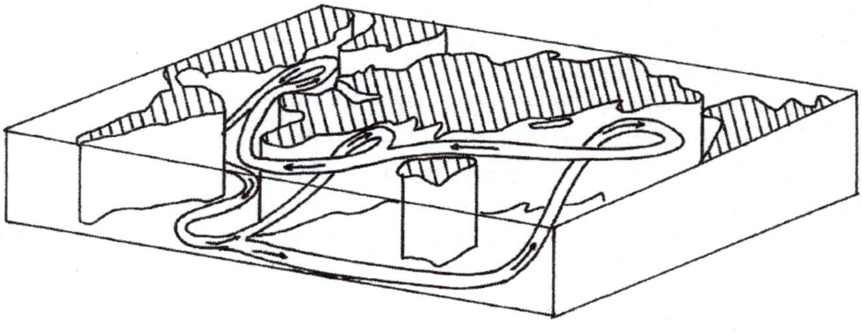

Figure 5.6. Schéma de l'interconnexion des courants marins.

5.2.3.2. Régions affectées par El Niño

El Niño est un renversement des courants du pacifique qui se produit tous les deux à huit ans, de manière irrégulière. Ses conséquences sont considérables : inondations sur la côte Ouest de l'Amérique du Sud, cyclones en Polynésie française, sécheresse en Asie du Sud-Est, au Brésil et dans les grandes plaines du Middle West américain.

Les climatologues ont encore des difficultés à prévoir son arrivée et son intensité. Le réchauffement climatique pourrait intensifier les conséquences de ce phénomène existant depuis plus de 5 000 ans, notamment les inondations.

5.2.3.3. Afrique

La sécheresse se développe. Le désert gagne sur la savane. Les ressources en eau s'épuisent, menaçant une agriculture déjà précaire. Malaria, dengue et fièvre jaune couvrent de nouvelles régions. Les neiges du Kilimandjaro disparaissent vers 2020 (phénomène déjà amorcé).

5.2.3.4. Europe

Au Nord, des pluies de plus en plus abondantes sont favorables au développement de l'agriculture, mais des inondations sont à redouter.

Au Sud, les vagues de sécheresse sont de plus en plus fréquentes, menaçant de tarir les ressources en eau potable.

5.2.3.5. Asie du Sud

L'augmentation de la sécheresse et des cyclones tropicaux qui prennent naissance dans les zones surchauffées du golfe du Bengale entraîne une baisse des ressources en eau et une recrudescence des maladies infectieuses. La montée des eaux, submergeant 10 % du Bangladesh, conduit à une migration massive des populations locales.

5.2.4. Les gaz responsables de l'effet de serre

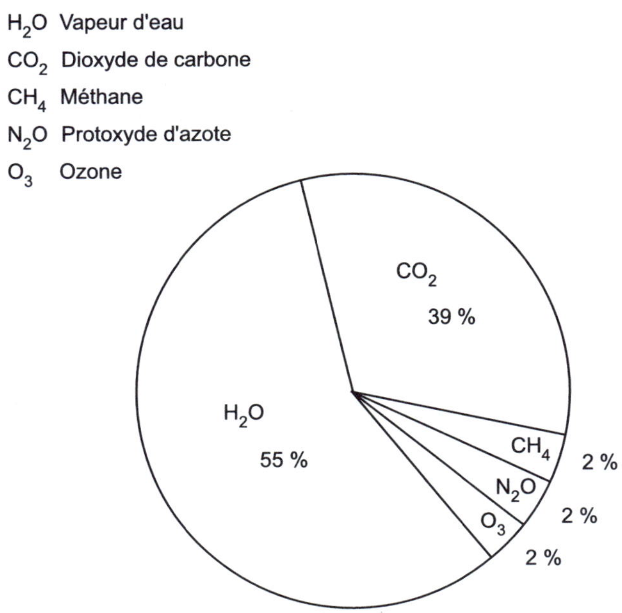

Figure 5.7. Contribution des principaux gaz à effet de serre au réchauffement climatique.

5.2.4.1. La vapeur d'eau (H_2O)

C'est le plus important des gaz à effet de serre, étant donné la superficie océanique à partir de laquelle il est émis. Cependant, l'Homme n'est que très peu responsable de cette émission.

En revanche, une augmentation de la température moyenne de la Terre due à l'activité humaine entraînerait une augmentation de l'évaporation, donc de l'effet de serre qui augmente la température et ainsi de suite. Le système s'emballe.

Le problème se complique encore si l'on tient compte de l'effet des nuages : ils refroidissent la surface de la Terre en réfléchissant une partie du rayonnement solaire, tout en produisant également un effet de serre, qui au contraire la réchauffe...

5.2.4.2. Le dioxyde de carbone (CO_2)

Il est présent naturellement dans l'atmosphère, la biosphère terrestre et les océans, entre lesquels s'effectuent les échanges. Il est produit lors des éruptions volcaniques, ainsi que par la respiration animale et végétale. Le CO_2 est absorbé, à parts égales, par les végétaux (photosynthèse) et par les océans. L'augmentation de ses rejets est surtout due à la combustion de carbone fossile (pétrole, charbon, gaz naturel) par le transport, l'industrie et le confort domestique. La déforestation des forêts tropicales participe également à cette élévation du niveau de CO_2 dans l'atmosphère du fait du dégagement gazeux produit par les incendies (exemple de Madagascar). En outre, les forêts détruites sont autant de sites de stockage terrestre du carbone qui disparaissent. En cent ans, sa concentration atmosphérique a augmenté de 30 %. Le CO_2 est responsable pour près de 40 % de l'accroissement de l'effet de serre. Sa durée de vie dans l'atmosphère, avant d'être absorbé par les plantes ou les océans, est de l'ordre de quelques centaines d'années, d'où l'importance de contrôler ses émissions atmosphériques, dont les effets pernicieux vont s'accumuler sur plusieurs générations.

On vérifie de manière assez précise que depuis le début de l'ère industrielle, l'évolution de la température moyenne observée à la surface du globe est associée au taux de CO_2 dans l'atmosphère et donc à l'effet de serre (voir fig. 5.8).

Ce taux de CO_2 a été déterminé d'abord par prélèvement (carottage) de longs cylindres d'une dizaine de centimètres de diamètre sur plusieurs kilomètres de profondeur dans la calotte glaciaire antarctique.

En effet, durant plusieurs centaines de milliers d'années, les glaces polaires ont emprisonné au cours de leur formation, à raison de 1 à 4 cm de glace tassée par an selon l'abondance des précipitations, de minuscules bulles d'air qui témoignent aujourd'hui des climats disparus. Plus on observe en profondeur, plus on remonte le temps. Ainsi, connaissant la profondeur des bulles d'air dans la carotte et leur composition chimique, on peut déduire leur taux de dioxyde de carbone en fonction de leur date d'emprisonnement dans la glace.

Depuis 1960, les concentrations atmosphériques de CO_2 sont mesurées directement par prélèvement de l'air au sommet du volcan Mauna Loa sur l'île d'Hawaii.

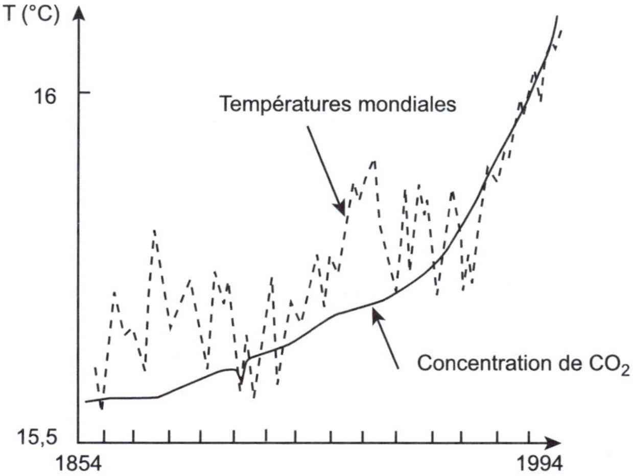

Figure 5.8. Concentrations de CO_2 dans l'atmosphère et température moyenne à la surface du globe.

Sources de dioxyde de carbone dues à l'activité humaine :
Énergie : 43 %
Transports : 24 %
Industries : 19 %
Chauffage urbain : 14 %

5.2.4.3. Le méthane (CH_4)

Il est dégagé par la décomposition de la matière organique dans des milieux comme les rizières, les décharges et des marécages. Il est également produit, par fermentation, lors de la rumination du bétail, ainsi que par l'exploitation des gisements de gaz naturel et des mines de charbon. Son augmentation, essentiellement d'origine agricole, est liée à la poussée démographique mondiale. Sa concentration a augmenté de 145 % depuis 1750. Si le CH_4 est un gaz à effet de serre très efficace, il a une durée de vie faible, d'environ 10 ans. De ce fait, sa contribution au réchauffement climatique est moins importante que celle du dioxyde de carbone.

Sources de méthane dues à l'activité humaine :
Bétail : 30 %
Rizières : 22 %
Pétrole : 17 %
Feux : 11 %
Déchets : 11 %
Charbon : 9 %

Notons l'existence, dans les sédiments sous-marins, d'hydrates de gaz (principalement de méthane) appelés clathrates.

Constitués de molécules gazeuses emprisonnées dans des molécules d'eau, ils se présentent sous forme de glace.

Ainsi le fond des océans pourrait receler, selon certains auteurs, quelque 10 000 gigatonnes de carbone, soit deux fois la quantité de carbone présente dans toutes les réserves de pétrole, gaz et charbon réunies !

Sommes-nous en présence de « gisements » de gaz naturel exploitables ?

Le réchauffement climatique actuel peut-il entraîner un dégazage des clathrates susceptible d'aggraver l'effet de serre ?

L'avenir nous le dira.

5.2.4.4. L'oxyde nitreux (ou protoxyde d'azote) (N_2O)

Il est produit par l'action de micro-organismes dans les sols agricoles et les forêts tropicales, dans les eaux, et par la combustion des végétaux. Son augmentation, de 7,6 % au cours des cent dernières années, serait notamment liée à l'utilisation d'engrais azotés. La durée de vie du N_2O est de 150 ans.

5.2.4.5. L'ozone (O_3)

Réchauffement climatique et trou de la couche d'ozone ne sont pas corrélés. Seul point commun : ils sont tous deux une conséquence des activités humaines. La couche d'ozone, située à environ 30 km d'altitude dans la stratosphère, filtre la majorité des rayonnements nocifs du Soleil (ultraviolets B et C (voir § 3.2.1)). Le constat de sa sensible diminution sous l'action des chlorofluorocarbones (CFC), notamment au-dessus des pôles, fit réagir la communauté internationale : en 1987, puis en 1990, elle décida d'interdire la production et l'utilisation de CFC à l'horizon 2000. Il faudra encore une cinquantaine d'années avant que la couche d'ozone ne se reconstitue à son niveau initial.

L'ozone qui s'accumule dans la troposphère (basse atmosphère qui culmine à 16 km), provient de l'interaction des gaz issus de l'activité humaine avec l'ensoleillement. S'il contribue à renforcer l'effet de serre dans une faible mesure, l'ozone est cependant néfaste pour la santé (augmentation de la prévalence des crises d'asthme et des bronchites chroniques).

$$NO_2 \xrightarrow{UV} NO + O$$
$$O + O_2 \rightarrow O_3 .$$

La frontière entre basse et haute altitude étant relativement étanche, l'excès d'ozone dans la troposphère, associé à la pollution, ne peut venir combler son déficit stratosphérique.

5.3. Engagement des pays contre le réchauffement climatique

Du 2 au 11 décembre 1997, 159 pays se sont réunis à Kyoto dans le but d'adopter un protocole international ayant pour objectif de lutter efficacement contre le réchauffement climatique.

Pour atteindre cet objectif, seuls quelques pays sont sollicités, ceux dits de « l'annexe 1 » du protocole de Rio[1], les autres pays, dont la Chine, l'Inde, la Corée..., n'ayant aucune obligation.

En pratique, les pays sollicités s'engagent à ramener leurs émissions de GES au cours de la période 2008–2012 (c'est-à-dire que l'objectif doit être atteint au cours de ces années-là) à 5,2 % en dessous de leur niveau de 1990, et même, pour l'Union Européenne, à 8 % en dessous du niveau de 1990.

Or, les émissions de GES en 2010 seraient pour ces pays, si aucune mesure de réduction n'était prise, de l'ordre 40 % plus élevées qu'en 1990 compte tenu d'une hypothèse de croissance de 2 % par an.

Aussi, l'effort exigé des pays est-il considérable puisqu'il leur est demandé, à l'horizon 2010, de passer en terme d'émission annuelle de CO_2, de +40 % à –5 % par rapport à leur niveau de 1990.

Les objectifs varient d'un pays à l'autre (voir tableau 5.1), étant donné que tous les pays ne « polluent » pas l'atmosphère de façon identique. Ils couvrent les 6 GES suivants :

- le dioxyde de carbone (CO_2),
- le méthane (CH_4),
- l'oxyde nitreux (N_2O),
- trois substituts des chlorofluorocarbones (CFC) interdits par le protocole de Montréal de 1987 sur la protection de la couche d'ozone : l'hydrofluorocarbone (HFC), le perfluorocarbone (PFC) et l'hexafluorure de soufre (SF6).

Tableau 5.1. Situation des émissions de gaz à effet de serre (GES) de quelques pays en fonction des objectifs de Kyoto.

Pays	Objectif de Kyoto (1990 = 100)	Évolution par rapport à 1990	Situation/objectif de Kyoto	Dernière année renseignée
Allemagne	79	- 18,9	2,6	2000
Belgique	92,5	6,7	15,4	2000
Canada	94	19,6	27,2	2000
Danemark	79	- 1,2	25	2000
Espagne	115	34,8	17,2	2000
États-Unis	93	14,2	22,8	2000
Russie	100	- 35,4	- 35,4	1996
France	100	- 1,7	- 1,7	2000

1. Pays de l'annexe 1 du protocole de Rio : Allemagne, Australie, Autriche, Bélarus, Belgique, Bulgarie, Canada, Croatie, Danemark, Espagne, Estonie, États-Unis, Fédération de Russie, Finlande, France, Grèce, Hongrie, Irlande, Islande, Italie, Japon, Lettonie, Liechtenstein, Luxembourg, Monaco, Norvège, Nouvelle-Zélande, Pays-Bas, Pologne, Portugal, République Tchèque, Roumanie, Royaume-Uni, Slovaquie, Slovénie, Suède, Suisse, Turquie, Ukraine.

Explications (cas de l'Allemagne)

Colonne 2 : *le chiffre 79 montre que ce pays doit réduire de 100 - 79 = 21 % ses émissions de GES entre 2008 et 2012 par rapport au niveau de 1990.*

Colonne 3 : *en 2000, l'Allemagne a réduit ses émissions de GES de 18,9 % par rapport au niveau de 1990.*

Colonne 4 : *en 2000, l'Allemagne est à 2,6 % au-dessus de l'objectif autorisé.*

Si l'on ne considère que les émissions de CO_2 (le principal GES), le tableau 5.2 montre clairement que la France est le « bon élève » de la classe des pays industrialisés, grâce à son programme nucléaire et à sa politique d'économie d'énergie. Sa contribution à l'effort contre le réchauffement climatique sera donc forcément moindre.

Tableau 5.2. Émission de dioxyde de carbone (CO_2) par habitant en 2001 pour quelques pays.

Pays	Tonne CO_2/habitant/an
États-Unis	19,8
France	6,3
Ex-URSS	7,8
Inde	1,0
Chine	2,4
OCDE	11

Les pays en développement ne sont pas concernés par les engagements de Kyoto dans cette première phase (jusqu'en 2012).

Le protocole de Kyoto est très insuffisant pour stopper l'effet de serre anthropique. Pour ce faire, il faudrait effectivement, selon les spécialistes, stabiliser les GES à 2 fois la concentration pré-industrielle, soit 550 ppmv (partie par million en volume) pour le CO_2. Néanmoins, Kyoto constitue un premier pas dans la lutte contre le réchauffement climatique.

Notons que les États-Unis n'ont pas ratifié le protocole de Kyoto, estimant qu'il représentait une menace pour leurs intérêts économiques. En effet, aucune exigence n'est requise pour les pays en développement car, n'étant pas responsables de la pollution actuelle, le monde riche a considéré, à tort ou à raison, qu'ils ne devaient pas être pénalisés dans leur développement actuel.

L'Australie s'oppose également au protocole de Kyoto. Elle se rapproche actuellement des États-Unis dans le cadre d'un « partenariat Asie-Pacifique pour le développement propre et le climat ».

Il s'agit d'une contre-proposition au protocole de Kyoto à laquelle seraient associées, notamment, la Chine, l'Inde et la Corée du Sud.

L'objectif principal consisterait à recourir aux technologies les plus avancées pour limiter les émissions de GES.

À long terme (au-delà de 2012), la contribution des pays en développement aux efforts de lutte contre le réchauffement climatique sera nécessaire (mais peut-être pas suffisante) car dans le cas contraire, on observera une augmentation inéluctable de la concentration des GES (donc de la température moyenne mondiale) même si les pays industrialisés décidaient d'arrêter subitement leurs propres émissions.

Les frictions entre les pays industrialisés au sujet des responsabilités passées concernant les émissions de GES, les tensions futures liées aux attitudes de certains pays en développement et la vulnérabilité des pays les plus pauvres face aux conséquences du changement climatique, placent la question d'équité entre pays au cœur des politiques climatiques.

5.4. Impact sur les politiques énergétiques

La question du réchauffement planétaire est un élément majeur et incontournable de la politique énergétique mondiale. Actuellement, 22 milliards de tonnes de CO_2 sont rejetées dans l'air annuellement par l'utilisation des combustibles fossiles.

Les solutions garantissant une diminution durable des émissions de CO_2 s'appuient sur la maîtrise de l'énergie, le développement des techniques de capture et de stockage géologique des rejets industriels de CO_2 (séquestration) et un recours accru aux énergies non fossiles.

L'objectif de la modification du mix énergétique mondial (panachage des énergies appropriées) est de réduire le taux actuel de CO_2 émis par unité d'énergie produite (2,6 tonnes de CO_2 par tonne d'équivalent pétrole) à environ 1 tonne à l'horizon 2050, afin de garantir les besoins mondiaux en énergie tout en stabilisant la teneur atmosphérique en CO_2 autour de 550 ppm. Cet objectif suppose que chaque énergie soit utilisée de façon appropriée. Dans ce contexte, les énergies nucléaires et hydrauliques sont à l'heure actuelle les seules technologies de production intensive d'énergie exemptes de rejet de GES.

Le recours aux autres énergies non-fossiles (éolien, solaire, géothermie, biomasse) semble devoir rester marginal au cours du XXIe siècle, sinon dans les pays en développement, du moins dans les pays industrialisés.

La convention des Nations unies sur le changement climatique, signée en 1992 à Rio, puis la convention de Kyoto (décembre 1997) marquent un premier pas vers une volonté internationale de limiter les rejets de gaz à effet de serre.

Néanmoins, la mise en place d'un accord international de limitation des rejets est une affaire complexe, comportant des implications géopolitiques et économiques majeures, dès lors que :

- les besoins énergétiques mondiaux augmentent de façon continue, tirés par la croissance économique des pays industrialisés, la démographie galopante et l'essor économique des pays en développement ;
- 90 % de ces besoins énergétiques sont actuellement assurés par des combustibles fossiles (charbon, gaz, pétrole), producteurs de CO_2 ;
- si rien n'est fait à l'avenir pour les limiter, les prévisions de rejet de CO_2 dépasseront 50 milliards de tonnes par an en 2050, soit un doublement par rapport à aujourd'hui ;
- une stabilisation de la teneur atmosphérique en CO_2 autour de 550 ppm nécessitera *a contrario* une diminution des rejets d'environ un facteur 2 par rapport au niveau actuel.

Pour relever ce défi mondial, des solutions existent qui s'appuient sur trois piliers.

- **La maîtrise de l'énergie** : amélioration de l'efficacité énergétique et utilisation rationnelle de l'énergie.
- **La gestion du cycle du carbone** : développement des techniques de capture et de stockage géologique des rejets de CO_2.
- **L'évolution du mix énergétique** : remplacement des combustibles à forte teneur en carbone par des combustibles hydrogénés à moindre teneur en carbone, recours accru aux énergies non fossiles.

5.4.1. La maîtrise de l'énergie

L'accès du plus grand nombre à l'énergie, facteur de confort et de qualité de vie, est un droit citoyen. La limitation de la consommation énergétique par le rationnement ou par la hausse des prix (rationnement par l'argent) se heurte donc à un problème d'acceptation sociale. Toutefois, cela ne signifie pas qu'il soit impossible de faire des économies d'énergie.

Des gisements importants existent dans l'amélioration des performances des appareils de grande consommation (électroménager, éclairage...), des transports routiers, de l'isolation thermique des bâtiments...

L'expérience récente en témoigne. La crise pétrolière de 1973 a marqué la fin d'une période de consommation euphorique qui avait débuté trente ans plus tôt, au sortir de la deuxième guerre mondiale (les « 30 glorieuses »). Les mesures prises pour éviter la pénurie d'énergie ont alors permis de stabiliser la consommation sans trop affecter le PIB des pays développés, du moins pendant les 10 premières années (voir fig. 6.5).

Pour les années à venir, des économies significatives sont attendues dans le secteur tertiaire sur les postes éclairage, chauffage, climatisation, ainsi que dans le secteur industriel, à partir de l'amélioration des procédés de fabrication. À l'autre bout de la chaîne, le recours à des procédés de production d'énergie plus performants et le développement de la cogénération (production d'électricité et récupération de la chaleur « perdue » à la source froide, pour le chauffage urbain, le dessalement de l'eau de mer ou la production d'hydrogène) constitue également un gisement d'économies d'énergie non négligeable.

Cependant, si les pays développés peuvent effectivement faire l'effort de produire les mêmes quantités avec moins d'énergie, il n'en va pas de même des pays en développement qui représentent pourtant les zones à plus forte croissante.

Il faut donc relativiser la portée des efforts réalisables en matière d'économie d'énergie.

Notons enfin qu'en la matière, il est difficile de faire des prévisions fiables. En effet, l'efficacité économique et énergétique engendre de la croissance et donc l'émergence de nouveaux besoins : acquisition de nouveaux équipements par les ménages, accroissement des transports liés aux loisirs, généralisation de la climatisation pour faire face aux canicules à répétition... qui peuvent annuler tout ou partie des gains réalisés.

5.4.2. La gestion du cycle du carbone

5.4.2.1. Les prévisions de rejets de CO_2

Dans la plupart des pays industrialisés, les industries sont soumises à des normes strictes en matière de rejets et de gestion des déchets. Paradoxalement, le secteur de l'énergie fossile échappe à cette règle de base en ce qui concerne le CO_2, lequel est rejeté librement dans l'environnement.

Inciter les grandes industries (centrales au charbon, au fuel ou au gaz, cimenteries...), qui représentent environ 30 % des émissions mondiales de CO_2, à mettre en place des systèmes de récupération, de la même manière qu'elles ont dû le faire dans le passé pour les rejets soufrés, constituerait une solution à la fois logique et efficace. Les dispositifs techniques existent et sont d'ailleurs employés à petite échelle (1000 tonnes de CO_2 par jour dans les unités les plus grandes) pour la production de CO_2 à usage industriel. La capture consiste soit à décarboniser le combustible en entrée d'installation (réaction avec la vapeur d'eau conduisant à la production d'hydrogène et de CO_2), soit à récupérer le CO_2 dans les effluents en sortie d'installation. Quelle que soit l'option retenue (pré-traitement ou post-traitement), ces techniques sont basées sur des méthodes d'absorption physique ou chimique couplées éventuellement à un processus de séparation gazeuse par membranes.

Le problème de l'entreposage à long terme du CO_2 ainsi récupéré (sous forme de gaz liquéfié) est plus complexe, compte tenu des volumes énormes mis en jeu. Les solutions les plus satisfaisantes sur le plan environnemental consistent à transporter le CO_2 par pipelines et à l'injecter dans des formations géologiques profondes du type réservoirs gaziers ou champs pétrolifères épuisés (séquestration).

Le potentiel de stockage au niveau mondial serait, selon certains auteurs, de l'ordre de 10 000 milliards de tonnes de CO_2, soit l'équivalent de plusieurs centaines d'années de rejets cumulés de CO_2, ce qui serait suffisant pour traiter les réserves connues.

Vingt millions de tonnes de CO_2 par an sont d'ores et déjà injectées dans les champs pétrolifères américains pour améliorer les rendements de récupération du pétrole (enhanced oil recovery). De même, en mer du Nord, le CO_2 contenu naturellement dans le gaz extrait du Sleipner West Field (exploité par la compagnie norvégienne Statoil) est séparé directement sur la plate-forme offshore, puis réinjecté dans un aquifère à 1000 mètres de profondeur. Un million de tonnes de CO_2 est ainsi entreposé chaque année, au lieu d'être rejeté dans l'atmosphère.

5.4.2.2. Piégeage naturel du CO_2

Les écosystèmes participent naturellement au piégeage du CO_2. Sur les 22 milliards de tonnes émises chaque année, seulement la moitié reste dans l'atmosphère. L'autre moitié est absorbée, à part à peu près égale, par l'océan et la végétation terrestre (photosynthèse). Un moyen de réduire l'impact des rejets de CO_2 consisterait donc à favoriser ces puits naturels de CO_2, notamment par la reforestation et le changement des pratiques agricoles.

5.4.3. L'évolution du mix énergétique

Pour limiter les émissions de CO_2 dans l'atmosphère, il est nécessaire de remplacer les combustibles à fort teneur en carbone (charbon, pétrole) par des combustibles hydrogénés à teneur en carbone réduite (gaz naturel) et de recourir aux énergies non-émettrices de CO_2, principalement l'hydraulique (lorsque la topographie locale le permet) et le nucléaire (lorsque la situation politico-économique du pays considéré le permet) et, dans une moindre mesure, les énergies renouvelables (éolien, solaire, biomasse, géothermique).

Actuellement, la production énergétique du parc électronucléaire français équivaut à la production pétrolière du Koweit.

En conséquence, grâce à son programme nucléaire, les émissions de CO_2 ont été considérablement réduites, plaçant la France au rang du pays européen le moins pollueur (voir § 5.3 et tableau 5.3).

Tableau 5.3. Comparaison des déchets produits selon le type de centrale électrique.

Centrale	Charbon	Fuel	Gaz	Nucléaire (REP)
Consommation moyenne par jour	6 300 t	4 400 t	4,4 Mm^3	60 kg d'U
Consommation annuelle	2,52 Mt	1,52 Mt	1,7 Gm^3	22 t d'U
Rejet annuel de CO_2 (Mt)	7,8	4,7	3,2	0
Rejet de SO_2 (t)	39 800	91 000	2 650	0
Rejet annuel de NO_2 (t)	9 450	6 400	21 000	0
Déchets annuels d'une centrale	Cendres de foyer 69 000 t Cendres volantes 377 000 t			Total 214 m^3 dont HAVL 3 m^3
Hypothèse prise : puissance 1 000 MWe ; charge 75 % (6 600 heures de fonctionnement par an) ; production annuelle 6 600 GWh.				

Chaque énergie possède ses atouts spécifiques.

Le gaz naturel (méthane)

Il contribue actuellement à hauteur de 23 % (année 2000) à la production d'énergie primaire mondiale. Les progrès obtenus sur le coût et les performances des turbines à gaz, les cours actuels encore bas (mais pour combien de temps ?), malgré des réserves mondiales relativement limitées (environ 60 ans - voir tableau 6.4), font du méthane une source d'énergie en progression.

Cependant, le méthane est un gaz à effet de serre, même si sa combustion génère moins de CO_2 que le charbon ou le fuel (voir tableau 5.3).

Si l'on prend en compte les inévitables fuites de méthane au cours de son acheminement par gazoducs, on obtient finalement pour le méthane, un effet de serre comparable au charbon.

En outre, un recours exagéré au gaz poserait un certain nombre de difficultés d'ordre économique pour les pays qui sont dépourvus de réserves, sachant que le prix du gaz entre pour plus des deux tiers dans le coût du kWh produit.

L'énergie nucléaire

En France, le remplacement du nucléaire par le gaz conduirait à une augmentation de nos rejets en CO_2 de l'ordre de 40 à 50 % (150 à 200 millions de tonnes de CO_2 supplémentaires par an, soit l'équivalent des rejets d'un parc de 50 millions de véhicules, c'est-à-dire beaucoup plus que le parc français qui en contient 30 millions), nous entraînant très loin de nos engagements de limitation signés à Kyoto, qui prévoient une stabilisation de nos rejets de CO_2 au niveau de l'année 1990 (voir § 5.3). Le rapport Charpin-Dessus-Pellat, remis au Premier Ministre en juillet 2000, montre d'ailleurs très clairement qu'à l'horizon 2050, seuls les scénarios s'appuyant sur une continuité de la production électronucléaire, avec un renouvellement du parc existant à partir de 2020, permettent de satisfaire à la demande tout en respectant les critères de Kyoto.

Au niveau mondial, bien que son utilisation ne concerne qu'un nombre limité de pays, l'énergie nucléaire, avec 627 Mtep annuels (2 430 TWh/an), évite près de 2 milliards de tonnes de CO_2/an. Si l'on extrapole la situation française (en ce qui concerne la part du nucléaire dans le mix énergétique) à l'ensemble des pays industrialisés, ce n'est plus 2 mais 8,8 milliards de tonnes de rejets de CO_2 qui pourraient ainsi être évités, soit environ le tiers des rejets actuels de CO_2.

Le nucléaire constitue l'élément moteur du rééquilibrage du mix énergétique vers les énergies sans CO_2. Actuellement réservée à la seule production électrique industrielle et domestique, l'énergie nucléaire a également dans le futur l'opportunité de renforcer son rôle dans la lutte contre l'effet de serre par de nombreuses applications, notamment dans le secteur des transports, qui représente à lui seul environ 30 % des émissions mondiales de CO_2 (35 % en France).

Citons quatre exemples d'application.

- Les voitures électriques dans les villes, hautement bénéfiques pour la qualité de l'air. Si l'autonomie des batteries progresse (il faudrait qu'elles deviennent trois fois plus autonomes), il sera possible de rouler le jour par le seul recours à la batterie, celle-ci étant rechargée la nuit à l'aide d'une simple prise électrique murale.

  Changer toutes les voitures actuelles en voitures électriques nécessiterait une production électrique supplémentaire équivalente à environ 30 réacteurs nucléaires (voir § 4.1.2.1).
- Les voitures à pile à combustible. Produit par les centrales nucléaires par craquage ou électrolyse de l'eau, l'hydrogène sert de matière première à la pile à combustible (voir § 4.5.1.2).
- Le dessalement de l'eau de mer par un réacteur nucléaire de faible puissance en récupérant par cogénération la chaleur sortant du condenseur (qui serait sinon perdue à la rivière et à l'atmosphère) (réacteur HTR ou REP, voir tableau 2.3).

- La valorisation du CO_2 capturé en sortie des centrales à charbon ou à gaz en produisant des carburants de synthèse (éthanol C_2H_5OH ou méthanol CH_3OH) par hydrogénation catalytique.

Par exemple, dans le cas du méthanol :

$$CO_2 + 3\ H_2 \rightarrow CH_3OH + H_2O\ .$$

Réacteurs nucléaires du futur

Les 58 réacteurs nucléaires du parc français actuel développent une puissance globale de 63 GWe.

Ils commenceront à être remplacés vers 2020 et les réacteurs qui leur succèderont, dits de 3e génération, seront de type EPR (voir § 2.2.2.3).

Rappelons que l'EPR est un réacteur de type « évolutionnaire », c'est-à-dire qu'il constitue une amélioration de la conception des réacteurs actuels sans rupture technologique.

Le site de Flamanville vient d'être choisi pour accueillir la tête de série EPR à l'horizon 2012 (premier béton en 2007) et il est actuellement prévu la mise en service industrielle (MSI) de deux EPR par an à partir de 2020. Ces prévisions risquent d 'être revues à la hausse (voir § 6.3.2.3).

La durée de vie de l'EPR étant prévue pour 60 ans, ce réacteur devrait constituer la totalité du parc nucléaire français à l'horizon 2050 étant donné qu'il ne restera plus à ce moment de réacteur de la génération actuelle (peut-être restera-il, pour deux années encore, les deux réacteurs de Civaux de type N4 (1450 MWe), si leur durée de vie est prolongée à 50 ans, ce qui devrait logiquement être le cas).

Dans le même temps, la communauté nucléaire internationale s'intéresse depuis plusieurs années à des réacteurs nucléaires dits de 4e génération, fondés sur un principe révolutionnaire, c'est-à-dire apportant une conception radicalement différente de l'existant. L'objectif est de concevoir des réacteurs qui satisfassent aux préceptes du développement durable, en terme de compétitivité économique, de sûreté renforcée, de gestion des déchets, de respect de l'environnement et de résistance à la prolifération.

Étant donné l'état de la R&D sur ces concepts de réacteurs, aucun d'eux n'est réalisable avant 2040, ce qui justifie pleinement la mise en chantier de l'EPR.

Décrire ces réacteurs de type révolutionnaire dépasse le cadre de l'ouvrage (les principaux ont été évoqués succinctement au § 2.2.2.3).

Parmi ces concepts, il en est un dont la probabilité d'être réalisé avant 2050 est la plus forte. Il s'agit d'un réacteur surgénérateur refroidi au sodium : le SFR (sodium cooled fast reactor) ou bien sa version européenne, l'EFR (european fast reactor). Aussi étonnant que cela puisse paraître, il s'agit, pour simplifier, d'un Superphénix un peu plus puissant (1580 MWe au lieu de 1200 MWe) et bénéficiant des derniers progrès de la technologie.

En construisant Superphénix, la France a prouvé qu'elle était le leader incontesté du nucléaire mondial. Ce surgénérateur de 1200 MWe avait en effet une bonne génération d'avance sur ses concurrents.

Malheureusement, Superphénix est arrivé trop tôt : du point de vue économique, les ressources mondiales en uranium étaient garanties pour longtemps et par conséquent, le recours à la surgénération ne s'imposait pas.

Du point de vue technique, un saut trop important avait été franchi par rapport à son prédécesseur Phénix (250 MWe).

Les politiques, sous la pression des écologistes, ont alors décidé de l'arrêter et de le démanteler. Cependant, il fut démontré la faisabilité de ce concept qui, pareil au Phénix de la légende, renaîtra de ses cendres... dans quelques décennies.

Le recours à un tel réacteur en France avant 2050 dépend de l'état des réserves d'uranium à ce moment. En effet, si les pays en développement, la Chine en premier, mais aussi l'Inde ou le Brésil, s'engagent résolument dans la voie nucléaire, l'uranium pourrait venir à manquer, d'où la nécessité de faire appel à la surgénération qui permet de multiplier les réserves de matière fissile par 60 grâce à la transformation en pile de l'uranium 238 non fissile en plutonium 239 fissile.

Dans le cas contraire, l'avènement des réacteurs de 4e génération sera repoussé au-delà de 2050, à une date aujourd'hui imprévisible.

La nécessité pour la France de recourir à la surgénération avant 2050 est donc subordonnée aux choix énergétiques des pays en développement.

Nucléaire et hydrocarbures

Le développement durable sous-tend l'idée d'économie des matières premières.

Étant donné les réserves de pétrole et de gaz évaluées aujourd'hui à environ un demi-siècle (voir tableau 6.3), la nature aura mis des millions d'années pour constituer les gisements d'hydrocarbures (voir § 2.1.1.4) que l'homme aura épuisé en seulement deux siècles (premiers puits de pétrole exploités par la Standard Oil Company, fondée par W. Rockefeller en 1870), voire moins si l'on considère la découverte du 1er gisement du Moyen-Orient au Bahreïn en 1932.

Aussi doit-on réfléchir à la manière d'utiliser au mieux les hydrocarbures afin de prolonger au maximum ces ressources tout en limitant les émissions de gaz à effet de serre.

Dans un souci de valorisation, les hydrocarbures liquides seront utilisés lorsque leur caractéristique de haute densité énergétique et leur richesse chimique seront exploitées au mieux, c'est-à-dire :

- dans les transports (terrestre, maritime, aérien),
- dans les matières premières (pétrochimie, bitume, solvants...).

Dans les autres usages thermiques, il sera plus opportun de recourir à l'énergie nucléaire.

Il est en outre possible de coupler le fissile et le fossile dans certains cas particuliers. Ainsi pourra-t-on utiliser avantageusement l'énergie nucléaire :

- pour produire des hydrocarbures difficiles d'accès, en injectant de la vapeur d'eau provenant d'une centrale nucléaire dans les gisements,
- pour améliorer les taux de récupération des gisements de pétrole à partir des sables asphaltés (ressources liquides) (ex. : l'Athabaska, voir § 6.2.1),

- pour exploiter de façon économique des schistes bitumineux ou des hydrates de méthane (ressources solides),
- pour gazéifier le charbon (voir § 2.1.2.4) ou d'autres ressources carbonées.

Les énergies renouvelables

Parmi les énergies renouvelables, l'électricité d'origine hydraulique reste la plus largement exploitée dans le monde : 2 650 TWh en 2000, soit 17 % de la production mondiale d'électricité (voir tableau 6.2), avec des pics particulièrement élevés pour des pays favorisés sur le plan hydraulique : Norvège 85 %, Brésil 82 %. La production d'origine hydraulique continue de progresser régulièrement, principalement dans les pays en développement, avec un potentiel exploitable global de 9 000 TWh, correspondant à 7,4 Gigatonnes de CO_2 évitées par an.

L'énergie éolienne se développe actuellement de façon soutenue grâce aux progrès technologiques et aux subventions des États : 4 TWh en 1990 et 20 TWh en 1998, avec un potentiel qui pourrait, selon certains auteurs, être comparable à l'hydraulique.

Malgré son faible facteur de production (une éolienne fonctionne en moyenne sur l'année à 20 % de sa pleine puissance) lié au caractère intermittent et aléatoire de la source d'énergie (le vent), la rentabilité économique est en constante amélioration, bien qu'encore loin de la compétitivité (l'électricité éolienne est aujourd'hui trois fois plus chère que l'électricité nucléaire).

Cette énergie est bien adaptée pour alimenter des sites éloignés du réseau électrique.

Enfin, n'oublions pas que pour suppléer à une éolienne en l'absence de vent, on utilise généralement un Diesel de secours émetteur de gaz à effet de serre.

Ainsi, l'énergie éolienne, bien que renouvelable, contribue indirectement au réchauffement climatique.

L'énergie solaire, du fait du coût excessif de l'électricité photovoltaïque produite (dix fois plus chère que l'électricité nucléaire), restera encore longtemps une énergie d'appoint. Certaines applications thermiques, qu'elles soient actives (chauffe-eau solaire...) ou passives (maisons d'habitation conçues pour tirer profit du rayonnement solaire) ont néanmoins un potentiel important dans les pays où l'ensoleillement est favorable.

La géothermie de basse énergie est exploitée dans de nombreux pays pour la production de chaleur (réseau de chauffage urbain), avec une puissance installée d'environ 10 000 MW thermique. En France, les problèmes techniques (corrosion et colmatage) et surtout économiques de la filière ont fortement ralenti l'engouement initial pour cette énergie dans la période qui a suivi le premier choc pétrolier. Les pompes à chaleur géothermiques connaissent néanmoins un développement significatif en Amérique du Nord et en Europe pour le chauffage des logements et des bâtiments. La géothermie de haute énergie, limitée à un nombre restreint de pays situés en zones volcaniques, est en progression de 4,6 % par an depuis 1990. Néanmoins, son poids global reste marginal, avec une production électrique évaluée à environ 50 TWh/an.

La biomasse moderne, c'est-à-dire celle exploitée selon des critères environnementaux stricts (sinon la combustion de la biomasse s'apparente à de la déforestation et constitue une source supplémentaire de CO_2 pour l'atmosphère), connaît également un développement notable : la production mondiale de biogaz (15 Mtep/an), a un potentiel évalué entre 150 et 300 Mtep/an (à comparer à la consommation mondiale de gaz en 1998 : 2 016 Mtep). La combustion de biomasse pour la production électrique connaît une croissance relativement forte en Europe depuis 1990 avec 1,7 % de la production électrique en 1996.

Néanmoins, face aux questions environnementales sérieuses liées à l'agriculture industrielle, et compte tenu du très faible rendement énergétique de la biomasse, l'intérêt pour les bio-énergies ne doit pas faire perdre de vue la nécessité d'une évaluation rigoureuse des procédés de fabrication.

À titre d'exemple, citons une étude américaine sur la fabrication d'éthanol avec les méthodes standards de production agricole qui montre que ce procédé conduit à une dépense énergétique de 81 090 btu (british thermal unit) par gallon d'éthanol produit (1 btu = 1055 Joules), pour une énergie finale contenue dans un gallon d'éthanol de 84 100 btu.

Sachant en outre que ce biocarburant alimentera des moteurs à explosion classiques d'un rendement inférieur à 25 %, on voit que le bilan énergétique et économique global doit être analysé avec le plus grand soin avant de s'engager dans cette filière.

Enfin, notons que le recours massif aux biocarburants est inconcevable car les surfaces cultivées qu'il faudrait mobiliser sont gigantesques.

L'hydrogène et le développement durable

Nous avons abordé au paragraphe 4.5 l'hydrogène en tant que vecteur énergétique pour la pile à combustible, qui pourrait assurer l'avenir du transport routier dans la période de l' « après-pétrole ».

Nous avons également signalé les difficultés rencontrées pour le produire, le transporter et le stocker, avant utilisation.

Insistons sur ces derniers points :

- l'hydrogène restera cher à produire tant qu'on n'utilisera pas la voie électrolytique du nucléaire (voir § 4.5.1.2) ;
- il demeurera cher à transporter et à stocker quels que soient les procédés utilisés.

En ce qui concerne les applications de l'hydrogène :

- pour l'usage thermique (chaudière thermique, électricité...), le prix de revient des procédés industriels mis en œuvre risque d'être rédhibitoire ;
- en ce qui concerne le transport, le coût important sera probablement compensé par les avantages environnementaux.

Enfin, le principe de la pile à combustible pour le transport sera concurrencé à l'horizon 2050 par les voitures hybrides utilisant comme combustible l'essence de synthèse (combinaison d'hydrogène et de carbone).

Résumé du chapitre 5

Face au développement incontrôlé de nos sociétés, l'homme a pris conscience qu'il était nécessaire de concilier progrès économique et développement social sans mettre en danger l'équilibre naturel de la planète.

En outre, le domaine d'analyse des conditions d'un développement harmonieux doit s'élargir dans l'espace et le temps en intégrant l'ensemble des peuples du monde et en tenant compte des générations futures.

Telles sont les bases du développement durable qui « répond aux besoins du présent sans compromettre la capacité des générations futures à répondre aux leurs ».

En France, le président de la République a promulgué la charte de l'environnement le 1er mars 2005.

Elle proclame le droit du citoyen à un environnement sain et au développement durable.

Ce droit est la troisième étape dans l'affirmation des principes fondamentaux de la République, après la Déclaration des droits de l'homme et du citoyen de 1789 sur les droits civiques et politiques (droit à la liberté) et le préambule de la constitution de 1946 sur les droits sociaux (droit au travail).

La Charte de l'Environnement comprend deux grands principes visant à gérer les risques liés à notre mode de vie : le principe de prévention et le principe de précaution.

La prévention consiste à prendre des mesures pour empêcher l'occurrence d'évènements dont le risque est connu, identifié et probabilisé, alors que la précaution, partie intégrante de la prévention, consiste à prendre des mesures pour éviter l'occurrence d'évènements dont le risque est inconnu dans sa nature et dans sa probabilité.

L'homme sait depuis toujours que le climat peut perturber son activité mais il sait depuis peu que son activité peut perturber le climat.

En effet, l'activité humaine (transport, industrie, consommation domestique, électricité) génère des gaz à effet de serre qui provoquent le réchauffement de la planète. Si aucune mesure corrective n'est engagée, la température moyenne de la Terre augmentera d'environ 5 °C et le niveau des océans augmentera de 30 à 80 cm d'ici la fin du siècle. Les perturbations climatiques qui en découleront seront dramatiques tant pour l'homme que pour son environnement.

En conséquence, les pays industrialisés se sont engagés, conformément au protocole de Kyoto de 1997, à prendre des mesures pour ramener leurs émissions de GES au cours de la période 2008-2012, à 5,2 % en dessous de leur niveau de 1990.

Le protocole de Kyoto est très insuffisant pour stopper l'effet de serre anthropique mais constitue un premier pas dans la lutte contre le réchauffement climatique.

Pour relever ce défi mondial, il existe des solutions qui s'appuient sur trois piliers :

- la maîtrise de l'énergie,
- la gestion du cycle du carbone,
- l'évolution du mix énergétique.

Chapitre 6

Les besoins et les réserves en énergie dans le monde

6.1. Les facteurs déterminants de la demande énergétique

À l'origine, l'homme n'avait à sa disposition en termes d'énergie que le feu (maîtrisé 400 000 ans av. J.-C.) et sa propre force physique, puis celle de l'animal lorsqu'il s'est sédentarisé à partir du néolithique. Ensuite, et jusqu'à une période très récente, il y ajouta des énergies que l'on appelle aujourd'hui renouvelables pour l'aider dans ses tâches quotidiennes (le vent pour se déplacer sur les mers – bateaux à voile – ou pour moudre le grain – moulin à vent – et le soleil, par exemple pour sécher les aliments ou les vêtements).

Les magnifiques enluminures du livre des heures des « Très Riches Heures du Duc de Berry » (début du XVe siècle), représentant chaque mois de l'année par une scène caractéristique, en sont une parfaite illustration. On y observe notamment le remplacement dans les champs, du bœuf par le cheval de trait afin d'augmenter le rendement.

La révolution industrielle est venue bouleverser cet ordre établi il y a un peu plus de deux siècles dans les pays d'Europe occidentale. On commença à utiliser des énergies commerciales pour substituer la machine à la force animale ou humaine. Ce fut la révolution de l'Énergie.

Il en résulta une élévation de la qualité de vie, notamment dans les secteurs du transport et du confort domestique. Cette transformation économique profonde fut longtemps limitée à l'Europe Occidentale (elle naquit en Angleterre au siècle des lumières) puis à l'Amérique du Nord et au Japon au XXe siècle.

La population mondiale est aujourd'hui de 6 milliards d'habitants. La moitié de cette population, concentrée dans les pays dits en développement, vit encore comme vivaient nos ancêtres d'avant la révolution industrielle, c'est-à-dire sans énergie commerciale. Deux milliards de personnes sont encore privés d'électricité et près de un milliard souffre de malnutrition.

Depuis 40 ans, le développement économique et industriel gagne l'ensemble de la planète, exception faite d'une grande partie de l'Afrique. Ce mouvement a commencé par les nouveaux pays industriels d'Asie du Sud-Est qui sont maintenant à un niveau de développement comparable au nôtre.

Ces nouveaux pays industriels comme Taïwan, la Corée du Sud, Singapour, Hong Kong (ancienne colonie britannique restituée à la Chine en 1997) représentent près de 100 millions d'habitants vivant sur des territoires relativement limités. Depuis une vingtaine d'années, ce mouvement d'industrialisation rapide gagne d'autres zones : l'Asie du Sud, l'Inde (dont la population dépassera celle de la Chine vers 2020) mais surtout la Chine avec la puissance d'un milliard trois cents millions d'individus découvrant les vertus du capitalisme (bien que le pays demeure officiellement d'idéologie communiste).

Au total, la consommation mondiale d'énergie a été multipliée par 3 en 40 ans, ce qui est sans précédent dans l'histoire : le monde a consommé 3,4 milliards de tep (3,4 Gtep) en 1960 et 10 milliards (10 Gtep) en 2000.

Le tableau 6.1 donne la répartition mondiale de la consommation d'énergie en 2000, déclinée sur les différentes sources d'énergie primaire. On y observe que le combustible fossile représente 90 % de l'énergie primaire commerciale utilisée sur la planète, le nucléaire 7,4 % et le renouvelable hors hydraulique, 0,6 %.

Tableau 6.1. Répartition de la consommation mondiale d'énergie en 2000.

Source d'énergie primaire	Millions Tep	%
Charbon	2 341	25,7
Pétrole	3 700	40,7
Gaz	2 100	23,1
Nucléaire	676	7,4
Hydraulique	226	2,5
Renouvelable (hors hydraulique)	51	0,6
Total (commercial)	**9 094**	**100**

Remarque : *Conformément aux conventions de l'Agence Internationale de l'Énergie de 2002, le MWh nucléaire (ou géothermique) vaut 0,26 tep, quantité de pétrole qu'il faut pour le produire dans une centrale thermique alors que le MWh hydraulique, éolien ou photovoltaïque vaut 0,086 tep, quantité de chaleur qu'il peut fournir par effet joule.*

À ce bilan, il faut ajouter 1095 millions de tep d'énergie non commerciale (bois, déchets...), ce qui donne un total de 10 189 millions de tep ou 10 Gtep.

Le tableau 6.2 donne le poids des énergies primaires dans la production d'électricité pour quelques pays, ainsi que le bilan pour la planète.

Tableau 6.2. Poids des énergies primaires dans la production mondiale d'électricité en 2001.

%	Charbon	Pétrole	Gaz nat	Nucléaire	Hydraulique	Autres	Total
États-Unis	51,3	3,5	16,7	21	5,2	2,4	100
Brésil	3,1	5,4	2,6	4,4	81,7	2,9	100
France	4,5	1,0	3,1	77,1	13,6	0,7	100
Ex-URSS	20,6	4	39,2	17,5	18	0,2	100
Chine	75,9	3,2	1,2	1,21	8	0,1	100
Total Monde	**38,7**	**7,5**	**18,3**	**17,1**	**16,6**	**1,7**	**100**
Dont OCDE	37,9	5,9	16,8	24,1	13,0	2,3	100

Des tableaux 6.1 et 6.2, on peut déduire le poids relatif, au début de ce siècle, de l'énergie nucléaire dans le monde.

- En consommation d'énergie : 7 %.
- En production d'électricité : 17 %.

C'est l'accès à l'industrialisation des pays en développement qui va déterminer la tendance des 50 prochaines années.

Si on examine la consommation d'énergie dans le monde déclinée par pays pour l'année 2000, on observe des contrastes symptomatiques.

La zone qui consomme le plus d'énergie par habitant est à l'évidence l'Amérique du Nord (États-Unis et Canada) où la consommation d'énergie atteint 7,7 tep par an et par habitant, en raison du climat, de la géographie et des habitudes de vie.

À l'extrémité opposée, se trouvent l'Asie du Sud et l'Afrique sub-saharienne, comprenant les pays les plus sous-développés comme le Bangladesh, l'Inde, l'Afrique Noire, où la consommation d'énergie est de l'ordre de 0,3 à 0,5 tep par habitant et par an, c'est-à-dire 15 fois moins que les Américains.

Entre ces deux extrêmes, l'Europe Occidentale a quasiment le même niveau de vie que l'Amérique du Nord, mais avec une consommation d'énergie de seulement 3,2 tep par habitant et par an.

Nous trouvons en outre le bloc de l'ex-URSS, où la consommation d'énergie est élevée bien que le niveau de vie ne le soit pas, étant donné le système d'économie planifiée qui a engendré jadis d'énormes gaspillages dans la consommation d'énergie à cause d'outils de production ou de produits de consommation mal adaptés. En ex-URSS, la consommation d'énergie est aujourd'hui de 5 tep par habitant et par an, c'est-à-dire voisin du niveau de l'Europe Occidentale alors que le niveau de vie y est trois fois moindre.

Les contrastes très importants que l'on observe dans la consommation sont corrélés aux ressources énergétiques locales. La nature a réparti les ressources fossiles de manière très inégale. Certains pays du monde sont dotés d'immenses ressources en charbon comme la Chine et les États-Unis. D'autres en revanche en sont cruellement dépourvus, comme l'Amérique latine.

Les écarts sont encore plus importants pour le pétrole dont les ressources sont très largement concentrées dans le golfe Persique avec l'Iran, l'Irak, l'Arabie Saoudite, le Koweït et les Émirats arabes (soit les deux tiers des réserves mondiales). L'Europe Occidentale en est dépourvue. Quant aux ressources gazières, elles sont un peu plus équitablement réparties puisque l'on trouve du gaz en Europe Occidentale (surtout en mer du Nord) et beaucoup en Russie et au Moyen Orient (voir fig. 6.1).

Ces inégalités géographiques influent sur les politiques des États et sur leurs bonnes relations.

« La politique d'un État est dans sa géographie » disait Napoléon.

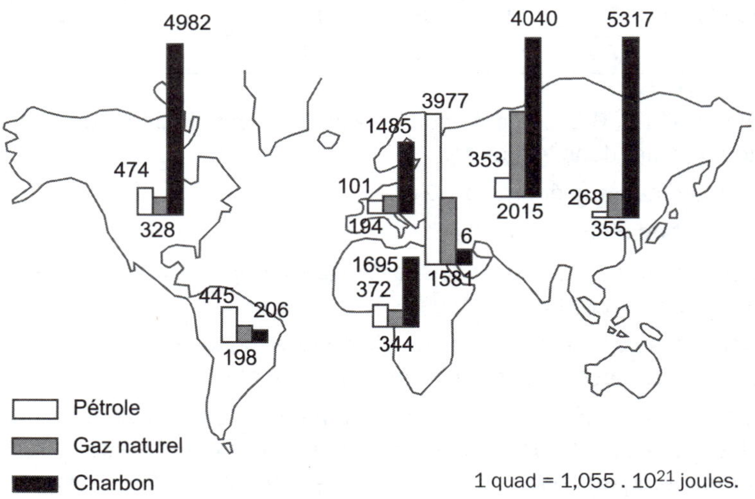

Figure 6.1. Répartition des ressources fossiles dans le monde (quads).

Le rattrapage des pays industrialisés par les pays en développement va s'effectuer conformément au modèle de développement que nous avons connu depuis deux siècles. Cependant, la vitesse d'industrialisation sera beaucoup plus rapide, à l'instar du Japon qui a réalisé en 50 ans ce que l'Europe Occidentale a accompli en deux siècles.

Cela est dû à plusieurs facteurs concomitants :

- sortant de la deuxième guerre mondiale vaincu et contraint à la démilitarisation, le Japon a pu se focaliser sur son développement économique ;
- dès le début de la guerre froide, les États-Unis relevèrent économiquement le Japon pour en faire un allié face au bloc communiste, l'aidèrent à se confronter au savoir-faire américain et à s'initier aux technologies de pointe ;
- le Japon bénéficia de l'acquis des occidentaux en les copiant, puis en les devançant grâce à une valeur ajoutée technique ou économique.

La Corée du Sud a parcouru le même chemin en 30 ans.

La Chine est en train d'aller encore plus vite puisque son ouverture à l'économie libérale date du début des années 80. Le seul frein à son développement est l'inertie d'une population représentant presque 20 % de la population mondiale. Aujourd'hui, la Chine se développe à deux vitesses.

Les mégapoles de la côte Est, de Pékin à Hong Kong en passant par Shanghaï, connaissent un développement fulgurant.

À Pékin, en l'espace de quelques années, la voiture a détrôné le vélo et les maisons basses traditionnelles se sont métamorphosées en gratte-ciels vertigineux tout de verre et d'acier. La perspective des Jeux Olympiques de 2008 a encore amplifié ce processus. La ville est un vaste chantier de constructions, envahi par les échafaudages et les grues, où l'on y travaille jour et nuit sans relâche.

Le reste de l'Empire du Milieu se développera plus tard, en fonction de la capacité de cet immense pays à digérer sa « révolution » économique.

Les pays développés sont sortis de l'ère industrielle après avoir accompli leur Révolution informationnelle. La croissance économique n'est plus tirée par l'industrie mais par les services. On observe clairement un affaiblissement de l'industrie lourde et d'un certain nombre de grands secteurs très consommateurs d'énergie. En conséquence, la croissance économique des pays développés est pratiquement déconnectée de la consommation d'énergie, d'où une diminution significative de la croissance de la demande d'énergie.

En revanche, la consommation d'énergie va se concentrer sur les pays en développement car 4 milliards d'individus vivant aujourd'hui à un stade pré-industriel vont accéder rapidement au développement.

Déjà, ces tendances sont observables, puisque depuis 20 ans, la consommation d'énergie dans les pays en développement a augmenté de 50 % alors qu'elle n'a crû que de 15 % dans les pays de l'OCDE.

Les facteurs déterminants dans la prévision de la demande sont la démographie et la croissance économique, modulée par l'intensité énergétique qui mesure la dépendance de la croissance économique à la consommation d'énergie.

6.1.1. La démographie

Plus on est nombreux et plus on consomme de l'énergie.

La démographie est le facteur déterminant le plus facile à prévoir étant donné les inerties qui lui sont affectées.

Elle est caractérisée dans l'OCDE par une stagnation et une forte baisse du taux de fécondité. En l'absence des mouvements migratoires, le renouvellement des générations n'est pas assuré. Elle est également caractérisée par une décélération de la croissance démographique dans les pays en développement. Mais les inerties étant très grandes, les effets ne se feront sentir que beaucoup plus tard.

Au bilan, la population mondiale s'est accrue de 2,3 milliards d'habitants entre 1960 et 1990 et s'accroîtra de 2,8 milliards d'habitants entre 1990 et 2020.

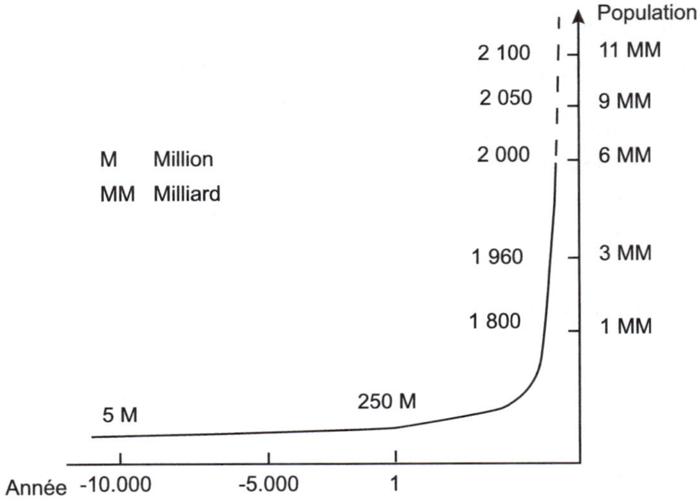

Figure 6.2. Évolution démographique depuis le néolithique.

Dans la période des 30 années suivantes (2020-2050), on commencera à voir les répercussions de la décélération de la croissance démographique puisqu'il n'y aura que 2 milliards d'habitants supplémentaires : on passera donc des 6 milliards d'habitants d'aujourd'hui à environ 8 milliards en 2020. Nous serons aux alentours de 9 milliards en 2050 et 11 milliards en 2100.

6.1.2. La croissance économique et l'intensité énergétique

Les deux autres facteurs déterminants de la demande énergétique sont la croissance économique et l'intensité énergétique. Ici, les scénarios sont plus contrastés. Il y a beaucoup moins de certitudes sur la croissance à long terme qu'il n'y en a sur la démographie. Plusieurs scénarios de croissance ont été étudiés. Le Conseil Mondial de l'Énergie (CME) a présenté une synthèse les résultats de ces études à la Conférence Mondiale de l'Énergie de Tokyo en septembre 1995.

On y distingue des scénarios de croissance élevée, des scénarios de croissance basse et, en ce qui concerne la demande d'énergie, on introduit des éléments supplémentaires relatifs à la réduction de l'intensité énergétique. Pour résumer, les pays industrialisés devraient avoir un taux de croissance moyen de 2 %/an au cours des 30 prochaines années.

Pour les pays en développement, l'éventail est beaucoup plus élevé, puisqu'on trouve des croissances variant entre 3 % et 5 % mais qui pourraient atteindre 10 % lorsque ces pays suivront l'exemple de la Corée ou de Taïwan.

La multiplication des moyens de communication à travers la planète (télévision, Internet, téléphone portable...) facilite la mondialisation des schémas culturels qui prennent l'« american way of life » pour référence.

Finalement, lorsqu'on croise la démographie, le taux de croissance économique et l'intensité énergétique, on obtient une augmentation de la consommation d'énergie d'environ 60 % d'ici à 2030 et un doublement de la demande énergétique par rapport à aujourd'hui à l'horizon 2050 avec 20 Gtep (voir § 6.3.1).

6.2. Les réserves mondiales en énergie non renouvelables

L'état des réserves en combustibles fossiles et nucléaires pour l'année 2001 est consigné dans le tableau 6.3.

Tableau 6.3. Réserve des énergies non renouvelable en 2001.

Combustible	Unité	Prix moyen (pour calcul réserves récupérables)	Réserves prouvées récupérables	Production 2001	Durée de vie statique [1]
Charbon (houille et lignite)	Mtep	39 $/tonne	501 172	2 248	223
Pétrole	Mtep	25 $/bbl spot brent	143 000	3 585	40
Gaz naturel	Milliard m^3	4,19 $/million BTU CAF Europe	155 080	2 464	63
Uranium	Millier tonne U	< 80 $/kg U	2 516	37	68

[1] Durée de vie statique : ratio réserve sur production.

On distingue les ressources ultimes des réserves prouvées récupérables par les définitions suivantes.

Ressources ultimes : totalité des quantités disponibles dans la croûte terrestre déterminée d'après des renseignements géologiques et techniques qui peuvent être exploitées et utilisées par l'homme dans un avenir prévisible, qu'elles soient ou non économiquement productibles.

Réserves prouvées récupérables : partie des ressources qui, d'après les renseignements dont on dispose, sont exploitables dans des conditions techniques réalisables à un prix acceptable (voir colonne 4 du tableau 6.3).

En 2001, le ratio ressources ultimes sur réserves prouvées récupérables était, pour les quatre énergies non renouvelables :

Charbon : 3,8

Pétrole : 3,1

Gaz naturel : 1,6 (on ne prend pas en considération les clathrates (voir § 5.2.4.3))

Uranium : 1,7

6.2.1. L'énergie fossile

Le problème de la durée des réserves en énergie fossile est particulièrement complexe et fait l'objet de polémiques passionnées depuis plus de 70 ans.

S'y expriment les pessimistes qui prédisent un épuisement prochain des réserves de pétrole, et les optimistes considérant qu'il existe des ressources considérables à découvrir et que par ailleurs, la raréfaction progressive, qui est inéluctable puisque les réserves sont forcément limitées, va provoquer une hausse des prix susceptible de freiner la consommation et par conséquent de prolonger les quantités disponibles.

Mais qu'en est-il vraiment ?

En premier lieu, les formes solides des ressources (charbon, lignite, schistes bitumineux, hydrates de méthane) ne peuvent pas être mesurées avec précision, contrairement aux ressources liquides (pétroles, sables asphaltiques) et gazeuses qui sont entachées d'une incertitude nettement moindre, d'environ 30 % pour le pétrole et 50 % pour le gaz.

En ce qui concerne le pétrole et le gaz, le processus de raréfaction progressive des découvertes de nouveaux gisements a été occulté principalement par la réévaluation importante des réserves des gisements déjà découverts, dont l'origine est double :

- sous-évaluation des ressources au moment de leur découverte,
- amélioration des taux de récupération par l'amélioration de la technologie (ex. : forages horizontaux, têtes de forage autonomes utilisant des moteurs à boues, exploitation des fonds océaniques jusqu'à 3 000 mètres de profondeur).

En réalité, les ressources ultimes n'ont pratiquement pas bougé depuis une trentaine d'années bien qu'en apparence, la durée de vie statique des réserves prouvées récupérables de pétrole et de gaz ait augmenté sur ce même laps de temps (voir tableaux 6.4 et 6.5).

Tableau 6.4. Évolution des réserves prouvées récupérables sur 30 ans.

	1973		2000	
	Gtep	Durée de vie statique	Gtep	Durée de vie statique
Pétrole réserves prouvées	86	30	140	40
Gaz réserves prouvées	52	48	140	65

L'observation de l'évolution des durées de vie statiques des réserves prouvées récupérables sur 30 ans laissent à penser que nous découvrons plus que nous ne consommons.

Tableau 6.5. Évolution des ressources ultimes de pétrole brut sur 30 ans.

Ressources ultimes de pétrole brut conventionnel	1973	2000
Gbarils	2 000–3 000	2 000–3 000

Il n'y a pas d'augmentation des ressources ultimes de pétrole brut depuis 30 ans.

Par ailleurs, les découvertes de nouveaux gisements ne compensent plus les volumes de pétrole consommés comme en témoigne la figure 6.3 qui montre un ralentissement du rythme des découvertes dû à la rareté des gisements restant à découvrir. Sur cette figure, le décalage entre l'échelle des découvertes et l'échelle de production provient du fait qu'il s'écoule au moins 15 ans entre la découverte et l'instant où la moitié du contenu exploitable a été extrait.

En conséquence, on prévoit un déclin de la production de pétrole vers 2020 (voir fig. 6.4).

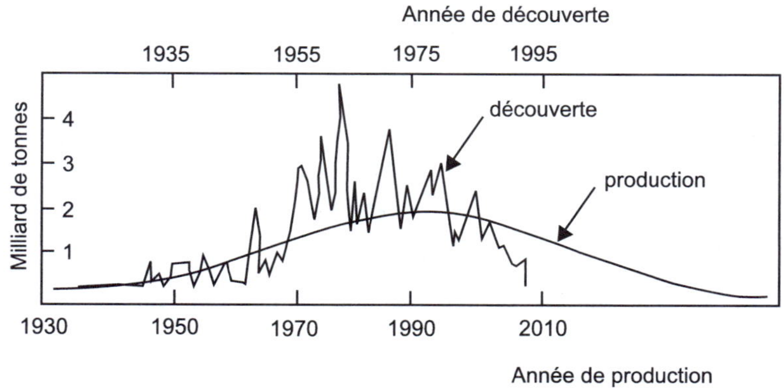

Figure 6.3. Évolution au cours du temps de la découverte de gisements et de la production pétrolière.

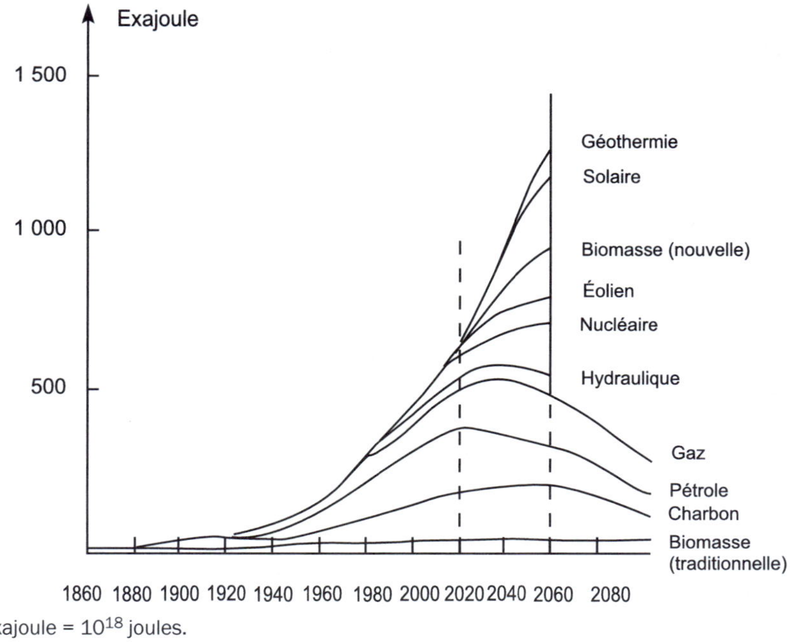

1 exajoule = 10^{18} joules.

Figure 6.4. Prévision de la consommation d'énergie primaire dans les 50 prochaines années (Shell Group planning).

En se plaçant à l'horizon 2050, la distinction entre les aspects solide (charbon), liquide (pétrole) et gazeux (gaz naturel) du carbone fossile n'a qu'un intérêt relatif car il existe des passerelles technologiques permettant de passer de l'un à l'autre : on gazéifie le charbon ou les résidus pétroliers, on liquéfie le gaz...

Ce qui importe, c'est l'existence d'un coût lié à l'émission de gaz à effet de serre (GES) qui viendra pénaliser les processus de conversion, notamment de gaz à liquide (l'impact sur le réchauffement climatique anthropique est plus important pour le pétrole que pour le gaz).

Enfin, nous pourrons probablement accéder à l'avenir à des gisements non conventionnels : grands fonds océaniques, schistes bitumineux, sables asphaltiques, hydrate de méthane.

Le potentiel de ces gisements est considérable mais ils posent des problèmes d'environnement et de coût très pénalisants. En conséquence, aucune évaluation sérieuse de ces ressources n'est aujourd'hui possible.

Citons l'exemple du gisement de l'Athabaska (Canada) qui produit du pétrole à partir des sables asphaltiques (qui sont considérés comme liquides car assimilables à du pétrole brut alourdi par oxydation ou biodégradation (d'où le nom de brut extra-lourd), contrairement au schiste bitumineux qui est du kérogène, donc solide (voir § 2.1.1.4).

Cependant, leur extraction pose d'importants problèmes environnementaux : importante quantité d'énergie consommée pour fournir la vapeur injectée dans le réservoir, énormes volumes d'eau requis, émission de GES, ...

6.2.2. L'énergie nucléaire

Le tableau 6.3 montre que les réserves d'uranium prouvées récupérables étaient évaluées, en 2001, à 68 ans.

Elles sont donc limitées dans le temps, et l'industrie nucléaire fondée sur l'uranium ne serait qu'un épiphénomène dans notre histoire industrielle sans le recours à la surgénération. Son introduction est inéluctable mais la question est de savoir quand elle interviendra effectivement.

Comme nous le savons, cela dépendra de la rapidité avec laquelle les réserves s'épuiseront, donc des pays dont le programme nucléaire est le plus ambitieux, en tête desquels se situe la Chine (voir § 6.3.5.1).

Par une meilleure utilisation de l'uranium, la surgénération multiplie les réserves par 60 (voir § 2.2.1.4), soit environ 4 000 ans, c'est-à-dire l'infini à l'échelle de notre société.

En outre, il est possible d'utiliser le cycle thorium 232 / uranium 233 de manière identique au cycle uranium 238 / plutonium 239, selon le processus suivant (voir § 2.2.1.1) :

$$Th232 + n \rightarrow Th233 \rightarrow e^- + Pa233 \rightarrow e^- + U233.$$

Le thorium étant 4 fois plus abondant que l'uranium, on obtient des réserves de 16 000 ans, soit au total, 20 000 ans de réserves en matière première fissile.

Enfin, s'il fallait augmenter les réserves actuelles déjà « infinies », nous aurions la possibilité d'extraire l'uranium dissous dans l'eau de mer, avec des procédés connus et en cours de développement.

Les océans contiennent 10^{18} m^3 d'eau de mer (1 milliard de milliards de m^3) et un mètre cube d'eau de mer contient 3 mg d'uranium.

Au total, cela correspond à 3 milliards de tonnes d'uranium naturel, ou encore à 10 000 fois les réserves d'uranium prouvées récupérables du Canada. Pour être plus précis, cela représente 1 200 fois les réserves mondiales, soit une durée de vie de 4,8 millions d'années.

Ainsi pouvons-nous dire sans hésitation que les réserves d'énergie primaire fissile sont quasiment inépuisables car la matière fissile pourra être exploitée par l'Homme pendant des milliers d'années alors que nous n'avons aujourd'hui aucune idée de ce à quoi ressemblera la société dans laquelle il vivra en des temps aussi lointains, du degré d'évolution de la technologie dont il disposera et des arbitrages géopolitiques qui prévaudront sur la planète.

6.3. Évolution des politiques énergétiques dans le monde

6.3.1. Généralités

L'AIE (Agence Internationale de l'Énergie) prévoit dans un rapport d'octobre 2004 une augmentation de 60 % de la demande mondiale d'énergie primaire d'ici à 2030, et de 100 % d'ici à 2050 avec une demande mondiale égale à 20 Gtep.

Si les gouvernements maintiennent leurs politiques énergétiques actuelles, les combustibles fossiles continueront de dominer le bilan énergétique mondial en 2030, et couvriront même 85 % de l'accroissement de la demande énergétique mondiale. Les deux tiers de l'accroissement de la demande viendront des pays en développement (Chine et Inde principalement).

Le pic de production du pétrole et du gaz devrait survenir vers 2020 et la décroissance globale des énergies fossiles liée d'une part à la diminution des réserves et d'autre part à la nécessité de lutter contre le réchauffement climatique, s'opérera alors inexorablement au profit du nucléaire et des énergies renouvelables.

Remarque : *L'offre de prétrole ne parvient plus aujourd'hui à satisfaire la demande à cause des capacités de raffinage insuffisantes. Il en résulte une augmentation durable du prix du baril qui freine la consommation, d'où un rééquilibrage de la demande à la baisse. Nous sommes entrés dans une ère de rationnement de l'énergie fossile. Nous en sortirons lorsque son prix baissera parce qu'on aura fait des efforts d'économie d'énergie et qu'on aura davantage fait appel aux énergies de substitution que sont le nucléaire et les énergies renouvelables.*

Vers 2060, les deux tiers de la consommation d'énergie seront couverts par les énergies renouvelables (surtout dans les pays en développement) et l'industrie nucléaire (en base dans les pays développés) (voir fig. 6.4).

Il n'y a pas *a priori* de risque de pénurie de combustible fossile avant 2030. Cependant, des inquiétudes grandissantes sur les coûts, sur la sécurité d'approvisionnement et sur l'augmentation des émissions de dioxyde de carbone demeurent, mettant en cause la durabilité et la pérennité du modèle énergétique mondial actuel. En outre, à l'horizon 2030, 1,4 milliard d'individus sera encore privés d'électricité.

En ce qui concerne l'électricité, la demande mondiale augmente deux fois plus vite que celle de l'énergie. Selon l'AIE/OCDE (2003), la demande d'électricité devrait doubler en 30 ans, en passant de 15 000 TWh en 2003 à 30 000 TWh en 2030, avec un taux de croissance de 2,5 % par an, contre 3,6 % dans les 30 dernières années, ce qui montre un léger découplage entre la consommation d'électricité et la croissance économique.

Ce décrochage a en fait démarré lors de la première crise pétrolière de 1973 (voir fig. 6.5) qui fit subitement quadrupler le prix du pétrole.

En effet, devant la situation de totale dépendance énergétique vis-à-vis des pays producteurs de pétrole, les pays consommateurs réagirent en menant une politique rigoureuse d'économie d'énergie et de développement d'énergies de substitution (d'où le programme nucléaire français de développement des REP).

La conséquence en fut une optimisation des consommations d'énergie, c'est-à-dire l'obtention du même service en dépensant moins d'énergie, ou encore une diminution de l'intensité énergétique (voir § 6.1.2).

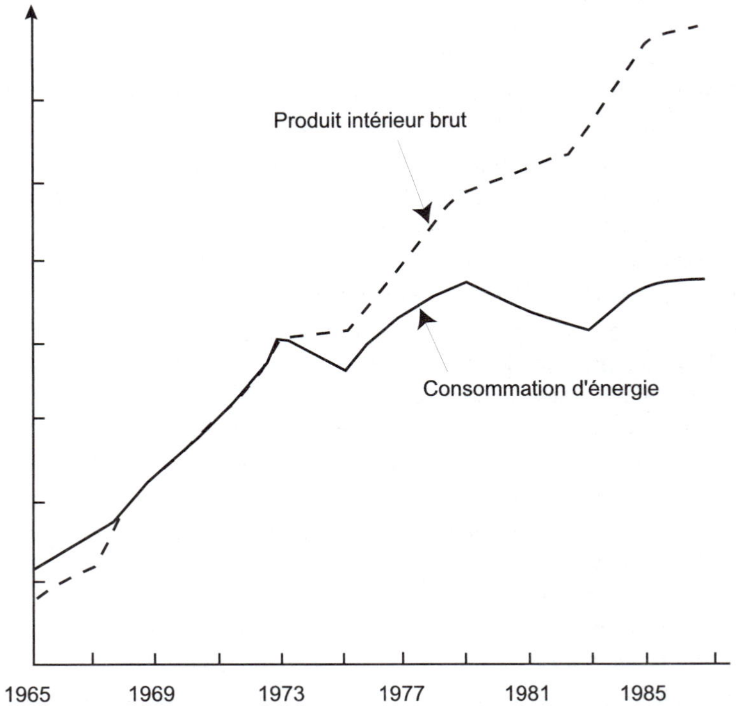

Figure 6.5. Évolution comparée du PIB et de la consommation d'énergie dans les pays de l'OCDE.

La plus grande partie de l'augmentation viendra des pays en développement, et notamment de la Chine.

En 2030, 50 % de la production mondiale de gaz servira à fournir de l'électricité, associée à la cogénération.

Cette même année, le secteur de la production d'électricité sera responsable de 45 % des émissions de dioxyde de carbone, qui seront multipliées par trois dans les pays en développement par rapport à aujourd'hui.

Les centrales au charbon des pays en développement produiront plus de dioxyde de carbone que le secteur énergétique total des pays de l'OCDE, à moins que les exigences des protocoles sur la lutte contre le réchauffement climatique qui succèderont à Kyoto réussissent à s'imposer...

6.3.2. Évaluation des besoins en électricité de la France dans les 50 prochaines années

6.3.2.1. Les différentes sources d'énergie

Précisons que dans le tableau 6.6, les combustibles fossiles utilisés pour produire de l'électricité sont directement comptabilisés dans la rubrique « électricité » et non dans les rubriques charbon, pétrole et gaz.

Tableau 6.6. Consommation d'énergie en France (Mtep).

Type d'énergie primaire	1973		1980		1990		2000		2003	
Charbon	18	13 %	13	10 %	10	7 %	7	4 %	6	3 %
Pétrole	85	63 %	78	58 %	71	50 %	74	47 %	73	46 %
Gaz	9	7 %	17	13 %	23	16 %	31	20 %	33	21 %
Électricité	13	10 %	18	13 %	27	19 %	34	22 %	36	23 %
Énergies thermiques renouvelables	9	7 %	8	6 %	11	8 %	11	7 %	11	7 %
TOTAL	134	100 %	134	100 %	142	100 %	158	100 %	159	100 %

Tableau 6.7. Bilan électrique en France depuis 1950 (TWh).

Année	Consommation nette	Production intérieure			
		Thermique classique	Hydraulique	Nucléaire	Total
1950	29	17	16	0	33
1955	44	24	26	0	50
1960	65	32	41	0	72
1965	94	54	46	1	101

Tableau 6.7. Suite

Année	Consommation nette	Production intérieure			
		Thermique classique	Hydraulique	Nucléaire	Total
1970	130	79	57	5	141
1975	168	101	60	17	179
1980	232	119	70	58	247
1985	280	52	64	213	329
1990	323	45	57	298	400
1995	369	37	76	359	471
2000	411	50	72	395	517
2003	436	57	64	420	541

Remarque : *Le total de la production est supérieur à la consommation nette. Cette différence provient des pertes sur le réseau, des énergies de pompage, et des exportations.*

Faisons un « zoom » sur l'année 2000 :

Tableau 6.8. Équipements et production d'électricité en France en 2000 *(Source : RTE, énergie électrique en France).*

Type d'équipement	Puissance nominale installée (MW)	Production (TWh)	Part de la production intérieure (%)
Thermique nucléaire :			
Palier N4	5 900	29,6	5,7
Palier P4/P'4	26 400	175,3	33,9
Palier CPY	30 700	190,1	36,8
RNR			
Total	63 000	395	76,4
Thermique classique :			
Charbon	10 300	25,6	5,0
Fuel	7 200	2,3	0,4
Autres	9 200	22,1	4,3
Total	26 700	50,0	9,7
Hydraulique :			
Fil de l'eau	7 500	37,3	7,2
Éclusée	4 300	13,4	2,6
Lac	9 300	16,5	3,2
Pompage	4 300	4,8	0,9
Total	25 400	72,0	13,9
Parc de production	115 100	517,0	100

6.3.2.2. Analyse des trois tableaux précédents

a) Évaluation des besoins futurs en électricité

Les consommations nettes apparaissant sur le tableau 6.7 ont été reportées sur la figure 6.6.

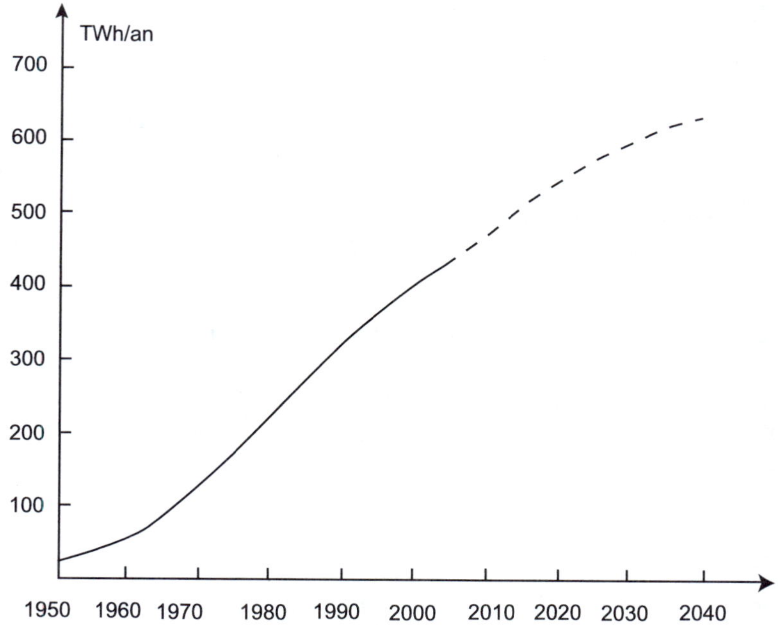

Figure 6.6. Évolution des consommations d'énergie en France.

Cette courbe exprime une croissance très rapide entre 1950 et 1980. Il s'agissait pendant cette période de satisfaire des besoins primordiaux correspondant d'une part au rétablissement d'une consommation normale après la seconde guerre mondiale (période des 30 glorieuses) et d'autre part au progrès technologique apporté par l'électricité (principalement électroménager, moteurs électriques et industrie électrochimique). Ce type de croissance est toujours quasi exponentiel au départ puis « se tasse » une fois les besoins primordiaux satisfaits, pour présenter par la suite, un taux annuel de croissance qui diminue avec le temps.

Tableau 6.9. Prévisions de la consommation électrique interne (TWh).

Dates	2000	2010	2020	2030	2040
Prévisions	411	488	554	604	636

Nous déduisons les prévisions de production d'énergie à partir des prévisions de consommation de la façon suivante :

PRODUCTION = CONSOMMATION + PERTES + EXPORTATION

avec les pourcentages suivants, communément admis :

PRODUCTION = 100 % de la CONSOMMATION

plus PERTES = 9 % de la CONSOMMATION

plus EXPORT = 17 % de la CONSOMMATION ;

Soit :

PRODUCTION = 126 % CONSOMMATION.

On en déduit le tableau suivant :

Tableau 6.10. Prévisions de la consommation et de la production (TWh).

	2000	2010	2020	2030	2040
Consommation en TWh/an	411	488	554	604	636
Production en TWh/an	517	615	698	761	801

6.3.2.3. Évolution du parc électrogène français

Le parc électrogène français doit être d'une part partiellement renouvelé (vieillissement des installations), d'autre part, augmenté pour satisfaire une demande croissante.

Quelles sont les ressources à notre disposition :

a) L'éolien

La France s'est fixée, dans le cadre d'une directive européenne, l'objectif de 21 % de sa consommation d'électricité en 2010 fournie par les énergies renouvelables.

Le ministère de l'Économie, des Finances et de l'Industrie fixe pour objectif (le 6 juillet 2004), la réalisation d'installations éoliennes pour une puissance de 2 000 à 6 000 MW d'ici 2007.

Le parc éolien français est actuellement de 270 MW.

Rappelons qu'une éolienne fonctionne quand il y a du vent (mais pas trop) et qu'en conséquence, elle ne fonctionnera à pleine puissance que pendant 20 à 30 % du temps. Nous savons également que l'électricité d'origine éolienne est trois fois plus chère que l'électricité d'origine nucléaire.

b) L'hydraulique

L'hydraulique (voir tableau 6.8) présente une puissance installée de 25 400 MW. Il a produit 72 TWh en 2000 soit 13,9 % de la production brute française.

Le parc hydraulique sera certainement rénové mais les principaux gisements sont déjà exploités et l'idée de grandes installations (type usine marémotrice au niveau du Mont-Saint-Michel ou barrages sur la Loire) semble abandonnée notamment pour des raisons économiques. Des barrages « au fil de l'eau » sont peut-être encore réalisables, les rendements améliorables au cours des rénovations ce qui doit limiter l'hydraulique à une asymptote de 28 000 MW installés et une production de 82 TWh par an. On pourrait également réfléchir à des stations de pompage alimentées par de l'électricité « éolienne », ce qui rendrait le vent gérable par conversion en énergie potentielle récupérable mais avec une perte de rendement.

c) Le thermique classique

Le parc thermique classique à prédominance charbon doit être rénové. Les chaudières à charbon vieillissent et sont de gros émetteurs de dioxyde de carbone. Pour satisfaire d'une part, au renouvellement des chaudières à charbon et d'autre part, au protocole de Kyoto, il semble raisonnable d'installer en remplacement du charbon et du fuel, des turbines à gaz (cycle combiné). En effet, ces dernières présentent une moindre émission de gaz carbonique et une plus grande souplesse de fonctionnement.

En conséquence, le parc thermique classique devrait compter, à partir de 2015, pour 30 000 MW installés et une production de 170 TWh/an.

d) Le nucléaire

Le parc nucléaire français est exclusivement composé de réacteurs type REP. Ce parc possède actuellement une puissance installée de 63 000 MW (58 réacteurs) et a produit 395 TWh en 2000, soit 76,4 % de la production électrique totale française.

Ce procédé électrogène a démontré sa fiabilité et son intérêt économique (notons cependant qu'un réacteur nucléaire dégage son plus bas coût de production du kWh lorsqu'il fonctionne au maximum de sa puissance, c'est-à-dire à la puissance nominale de conception. Il y aura donc un intérêt économique à toujours faire fonctionner un parc nucléaire au maximum de sa puissance en « écrêtant » les pics de la demande avec des installations plus souples telles que les turbines à gaz ou les barrages de retenues).

e) Conclusion

La France dispose pour assurer ses besoins en électricité présents et futurs, des ressources suivantes : l'hydraulique, le thermique, le nucléaire et l'éolien.

L'hydraulique va compter à partir de 2010, d'une façon constante, pour 28 000 MW installés et une production annuelle de 82 TWh.

Le thermique classique va compter à partir de 2015, d'une façon constante, pour 30 000 MW installés et une production de 170 TWh/an.

L'hydraulique et le thermique vont produire environ 252 TWh/an avec un complément éolien de l'ordre de 40 TWh/an à soustraire du thermique classique. L'hydraulique (82 TWh/an) et l'éolien (40 TWh/an) vont produire un total de 120 TWh/an, ce qui satisfait la directive européenne (21 % de la consommation d'électricité en 2010 doit être produite à partir des énergies renouvelables).

Dans ce contexte, le calcul montre que le nucléaire devra fournir, en 2040, une énergie de 549 TWh/an correspondant à la mise en service de 50 réacteurs de type EPR (voir § 2.2.2.3).

Si l'on tient compte, en outre, des exigences du protocole de Kyoto, le nucléaire devra intervenir dans d'autres secteurs pour une contribution évaluée à une trentaine de réacteurs EPR supplémentaires, ce qui fait un total d'au moins 80 EPR à l'horizon 2040.

En conséquence, les prévisions gouvernementales actuelles de la mise en service de deux EPR par an à partir de 2020 seront forcément revues à la hausse, si l'on veut éviter, dans le cadre du plan climat, une grave pénurie d'énergie en France au cours des vingt prochaines années.

6.3.3. Les perspectives en Europe

En 2000, la Commission européenne a publié un document de travail sur la sécurité de l'approvisionnement énergétique. Ce document a fait ressortir l'état précaire de la situation énergétique de l'Europe et a prédit en particulier que, si rien ne change, la dépendance de l'UE-15 vis-à-vis des sources d'énergie extérieures pourrait passer de 50 % à 70 % dans les vingt à trente prochaines années.

En matière énergétique, chaque pays a ses orientations propres, en fonction de ses ressources internes, mais également de ses sensibilités politiques :

- l'Allemagne et les États-Unis sont charbonniers,
- l'Italie est gazière et pétrolière,
- la Norvège et la Suède sont hydrauliques,
- la France et la Finlande sont nucléaires.

Jusqu'à une époque récente, la poussée de mouvements politiques écologistes a provoqué le recul du nucléaire qui aurait dû logiquement se développer en Europe.

Cependant, ces mouvements sont actuellement en régression car le public prend progressivement conscience que leurs positions tranchées, à l'instar de leur opposition systématique et inconditionnelle au nucléaire, relèvent davantage d'une stratégie politique, visant la cohésion interne et la recherche du pouvoir, que d'une vocation à défendre l'environnement.

6.3.3.1. La Suède

L'exemple de la Suède est éloquent : en 1989, à la suite du « raz-de-marée » médiatique provoqué par la catastrophe de Tchernobyl, ce pays, dont la part du nucléaire dans la production électrique dépasse 50 %, décide d'abandonner progressivement la production d'électricité nucléaire conformément aux résultats du référendum de 1980.

En conséquence, les premières décisions ont été prises en ce sens début 1997 par le gouvernement suédois qui a programmé la fermeture de la centrale de Barsebäck (deux réacteurs à eau bouillante de 600 MWe) : arrêt du premier en 1998 et du deuxième en 2001. La fermeture de la dernière centrale nucléaire suédoise devait dans ce contexte intervenir en 2010.

Aujourd'hui, seule la première tranche de la centrale de Barsebäck est arrêtée et la majorité du pays s'oppose à la continuation du programme de dénucléarisation considéré comme une erreur historique pour l'environnement et pour l'économie.

En pratique, 11 réacteurs sur 12 fonctionnent actuellement à pleine puissance et fournissent environ 20 % de plus qu'il y a 15 ans !

Des études sont en outre engagées pour augmenter la puissance des réacteurs à eau sous pression Ringhals 3 et 4 de 920 à 1100 MWe.

À l'évidence, la Suède ne prend pas le chemin d'un abandon du nucléaire d'autant que la population est de plus en plus favorable à ce mode de production électrique.

Tableau 6.11. Évolution de la production brute d'électricité en Suède depuis l'année 2000 (TWh) (source : IEA statistics 2005).

	2000	2001	2002	2003
Nucléaire	57,3	72,1	68,1	67,4
Hydraulique	78,6	79,1	66,4	53,3
Éolien	0,5	0,5	0,6	0,6
Charbon	2,3	3,1	3,6	4,2
Fuel	1,7	2,5	3,1	3,9
Gaz	0,5	0,4	0,5	0,5
Biomasse	4,3	4,0	4,4	5,7
TOTAL	145,3	161,6	146,7	135,6

6.3.3.2. La Finlande

La Finlande anticipe la reprise du développement du nucléaire en Europe. En 2001, le Parlement a voté à une très large majorité (159 voix pour sur 199 députés) la construction d'un centre de stockage de ses déchets nucléaires. La Finlande devient ainsi le premier pays au monde à autoriser l'enfouissement permanent de son combustible usé. Les travaux commenceront en 2010 et le centre, situé à 200 km d'Helsinki, sera opérationnel en 2020. Ce plat pays, ne disposant pas comme ses voisins suédois et norvégien d'une topographie très favorable à l'énergie hydraulique, compte quatre réacteurs nucléaires (deux BWR et deux VVER) qui produisent 27 % de l'électricité domestique. Mais cette part va bientôt augmenter puisque la Finlande vient de commander à la France un réacteur EPR d'une puissance de 1 600 MWe qui devrait démarrer en 2009 sur le site de Olkiluoto où fonctionnent déjà les deux BWR.

Tableau 6.12. Évolution de la production brute d'électricité en Finlande depuis l'année 2000 (TWh) (source : IEA statistics 2005).

	2000	2001	2002	2003
Nucléaire	22,5	22,8	22,3	22,7
Hydraulique	14,7	13,2	10,8	9,6
Éolien	0,1	0,1	0,1	0,1
Charbon	13,2	17,5	19,7	26,8
Fuel	0,6	0,7	0,6	0,9
Gaz	10,1	11,6	11,3	13,9
Biomasse	8,9	8,7	10,1	10,2
TOTAL	70,0	74,5	74,9	84,2

6.3.3.3. L'Allemagne

Les bonnes relations franco-allemandes sont devenues au cours de la deuxième moitié du XXe siècle l'axe moteur de l'Europe en formation. Globalement, les deux peuples défendent les mêmes valeurs concernant l'Europe et leurs réponses au projet de traité constitutionnel de l'Europe en mai 2005 auraient probablement été identiques si le mode de consultation avait été le même.

En revanche, la question du nucléaire civil divise ces deux nations. En France, hormis le camp des Verts dont l'opportunisme politique ne fait plus de doute depuis l'arrêt malheureux de Superphénix, toutes les forces parlementaires soutiennent cette source d'énergie.

En Allemagne, la coalition entre sociaux-démocrates et Verts a établi, en 2000, une loi prescrivant la fermeture de toutes les centrales nucléaires à l'horizon 2020, mais dans le même temps le CDU, principal parti de l'opposition, annonce qu'il annulera cette loi dès son retour au pouvoir.

Il y a en effet fort à parier que l'Allemagne, qui a suivi l'exemple suédois en décidant de se retirer progressivement du nucléaire, connaisse à son tour le même retournement de situation. L'Allemagne développe ses énergies renouvelables et augmente ses importations de gaz de Russie, mais le recours massif au charbon est inéluctable dans ce pays qui regorge de lignite.

La conséquence immédiate sera une augmentation du prix de l'électricité, toujours très impopulaire, une augmentation des concentrations des gaz à effet de serre (dioxyde de carbone, méthane, protoxyde d'azote...) et des gaz polluants (dioxyde d'azote et de soufre, ozone...) dans l'atmosphère, ainsi qu'une dégradation de l'environnement terrestre en déblais des mines de charbon (terril) et en déchets de combustion (cendres de foyer) qui, contrairement aux déchets radioactifs, ne disparaissent pas avec le temps (loi de décroissance radioactive).

Les brouillards polluants, odeurs, et autres effets sanitaires qui en résulteront seront condamnées par les populations locales.

En outre, en ce qui concerne la lutte contre le changement climatique, l'Allemagne n'a plus alors aucune chance, loin s'en faut, de respecter les engagements de Kyoto.

En effet, ce pays doit réduire ses émissions de GES de 21 % d'ici à 2010 par rapport à 1990. Comment pourra-t-il y parvenir s'il remplace ses centrales nucléaires par des centrales au charbon extrêmement polluantes ?

En réalité la décision d'arrêter le nucléaire en Allemagne est éminemment politique mais non viable à long terme pour des raisons économiques et de respect de l'environnement.

Rappelons, pour l'anecdote, que les Allemands ont financé le premier réacteur nucléaire français de type REP de Fessenheim à hauteur de 15 %. En contrepartie, ils récupèrent 15 % de la production de cette centrale (2 × 880 MWe). S'ils ne redémarrent pas leur programme nucléaire, leur dépendance « nucléaire » vis-à-vis de l'étranger ne fera que croître avec les années.

Tableau 6.13. Évolution de la production d'électricité en Allemagne depuis l'année 2000 (TWh) (source : IEA statistics 2005).

	2000	2001	2002	2003
Nucléaire	169,6	171,3	164,8	165,1
Hydraulique	26,0	27,3	27,9	24,4
Solaire	0,1	0,1	0,2	0,3
Éolien	9,4	10,5	15,9	18,9
Charbon	299,0	301,6	291,5	314,2
Fuel	4,8	4,8	4,3	4,7
Gaz	52,5	58,4	54,1	58,5
Biomasse	10,1	12,4	12,9	13,4
TOTAL	571,4	586,3	571,6	599,5

6.3.3.4. La France

La France possède 58 réacteurs nucléaires qui fournissent près de 80 % de l'électricité nationale. L'EPR, réacteur de troisième génération, a été retenu pour remplacer les réacteurs du parc existant.

Rappelons la chronologie d'installation du parc d'EPR prévue actuellement par nos politiques (voir § 2.2.2.3) :

- 2007 début de construction de la tête de série à Flamanville,
- 2012 démarrage de l'EPR de Flamanville,
- 2012-2015 acquisition du retour d'expérience d'exploitation,
- 2015 construction du premier EPR de la série,
- à partir de 2020, mise en service de deux EPR par an (nous savons (voir § 6.3.2.3) que cela sera insuffisant pour satisfaire à nos besoins).

Si les Verts ont obtenu, à la suite d'accords pré-électoraux avec le parti socialiste en 1997, l'abandon du réacteur surgénérateur Superphénix, leurs revendications anti-nucléaires sont nettement plus discrètes aujourd'hui et il est peu probable que le programme électro-nucléaire français soit reconsidéré lors des prochaines élections présidentielles de 2007.

Un abandon en France du nucléaire, même différé, serait absurde et suicidaire.

- Du point de vue économique, le parc nucléaire est à moitié amorti (la durée d'amortissement est de 30 ans et les réacteurs ont une ancienneté moyenne de 17 ans) et, étant donné le coût très bas du combustible, le prix de l'électricité est en France parmi les plus bas d'Europe. En outre, l'industrie nucléaire nous confère une indépendance énergétique forte, qui nous met à l'abri d'un défaut d'approvisionnement consécutif à un problème géopolitique ou à la perspective prochaine de l'épuisement des réserves en hydrocarbure (durée de vie moyenne de 50 ans pour le pétrole et le gaz), ou encore d'une flambée intempestive des cours du pétrole ou du gaz.

Le marché de l'uranium est particulièrement sécurisant car :

- le prix du kWh nucléaire est très peu sensible au prix de l'uranium. Un doublement du prix de l'uranium entraîne une augmentation du kWhe de seulement 5 % alors qu'un doublement du prix du gaz entraîne une augmentation du kWhe de 70 % !
- les sources d'approvisionnement de la France en uranium sont très diversifiées (France, Gabon, Niger, Namibie, Etats-Unis, Canada, Australie...). En conséquence, l'apparition d'une « OPEP » de l'uranium est peu probable.

- Du point de vue écologique, une centrale nucléaire ne dégage pas de gaz à effet de serre. En conséquence, grâce à son programme nucléaire, la France fait partie des rares pays industrialisés à respecter les engagements de Kyoto. En outre, la quantité de déchets générés par l'industrie nucléaire est très faible en comparaison des autres déchets de l'activité humaine (voir § 2.2.1.5).
- Du point de vue technique, l'industrie nucléaire est de loin l'industrie la plus sûre. Plus de 400 réacteurs nucléaires fonctionnent dans le monde et, à part le réacteur de Tchernobyl qui a été conçu selon des règles qui n'auraient jamais été acceptées dans les pays occidentaux, aucune victime du fonctionnement du parc mondial n'est à déplorer.

  En France, aucun accident n'est survenu depuis la mise en service industrielle du premier REP à Fessenheim en 1978 (voir § 2.2.4.2).

En conclusion, il semblerait qu'il n'y ait pas d'alternative sérieuse au nucléaire en Europe et ce, pour au moins un siècle.

Citons Mme Loyola de Palacio en 2002, alors vice-présidente de la commission Européenne (Europe des 15 à l'époque) et chargée du dossier de l'énergie à Bruxelles :

« Si nous abandonnions le nucléaire, cela libèrerait 300 millions de tonnes de gaz carbonique par an dans l'atmosphère. Pour situer ce chiffre, il faut comprendre que nos engagements au titre du protocole de Kyoto concernent une réduction annuelle de 100 millions de tonnes. Et, au stade actuel de nos connaissances scientifiques, nous avons malheureusement la certitude que le changement climatique s'accélère.

Les énergies renouvelables, dont je suis le plus ardent défenseur, ne suffisent pas pour pouvoir se substituer au nucléaire. Il ne reste que le fossile, c'est-à-dire le gaz carbonique, c'est-à-dire l'effet de serre.

Le nucléaire est à l'origine d'un tiers de notre production énergétique, et nous ne pouvons y renoncer, pour des questions de stabilité des prix autant que de sécurité d'approvisionnement. »

Tableau 6.14. Évolution de la production brute d'électricité en France depuis l'année 2000 (TWh) (source : IEA statistics 2005).

	2000	2001	2002	2003
Nucléaire	415,2	421,1	436,8	441,1
Hydraulique	71,8	78,8	65,9	64,3
Marée	0,6	0,5	0,5	0,5
Éolien	0,1	0,1	0,3	0,3
Charbon	31,1	24,2	27,6	29,7
Fuel	7,5	7,1	7,2	8,7
Gaz	11,2	14,0	16,2	17,1
Biomasse	3,8	4,1	4,6	5,0
TOTAL	541,2	549,8	559,2	566,9

6.3.4. Les perspectives aux USA

6.3.4.1. Énergies fossiles

Les États-Unis font partie des rares pays autonomes sur le plan énergétique dans la mesure où ils disposent de la palette complète des ressources énergétiques (charbon, gaz naturel, pétrole, uranium).

Des réserves sont constituées (fonds de réserves stratégiques), qui ne seront exploitées, pour des raisons d'indépendance énergétique mais aussi de coût, qu'après tarissement des sources d'hydrocarbures à l'importation, plus faciles à extraire et donc moins chères (voir § 6.3.5.2). Les États-Unis pourront alors renforcer leur position de super-puissance mondiale. En attendant, ils pèsent sur le marché international de l'énergie et surveillent attentivement les évènements susceptibles d'influer sur leur politique d'approvisionnement.

Notons qu'en août 2005, après le passage du cyclone Katrina sur les côtes de Louisiane, les États-Unis ont dérogé à cette politique en puisant dans leurs réserves stratégiques pour éviter une rupture des approvisionnements pétroliers et faire baisser le cours du brut qui avait dépassé 70 dollars le baril.

Le cyclone avait entraîné la fermeture de 711 puits et plates-formes offshore qui, en temps normal, assuraient un quart de la production américaine.

6.3.4.2. La renaissance du nucléaire

Le nombre de compagnies exploitantes qui était de 54 en 1989 pour 113 tranches en service, est tombé à 24 en 2001 pour 103 tranches. Il devrait passer à une dizaine d'ici à 2010.

Après la prise en compte des exigences post-TMI, qui a eu pour conséquence une augmentation sensible des coûts de production, de l'ordre de 40 % entre 1980 et

1987, la reprise en main du nucléaire date du début des années 1990. Elle fait l'objet d'efforts continus et soutenus qui ont commencé à porter leurs fruits il y a cinq ans à peine. Ainsi, en 1997, la tranche 2 de TMI était-elle en vente pour environ 60 millions de dollars, soit le coût d'un arrêt de tranche, alors qu'elle doit valoir actuellement 15 fois plus.

Cette reprise en main coïncide plus ou moins avec le début de la déréglementation (1992 : Energy Policy Act). Elle a conduit l'ensemble de l'industrie à regrouper en 1994 ses instances professionnelles au sein du NEI (Nuclear Energy Institute) à Washington. Ce dernier mène en particulier la réflexion sur les perspectives stratégiques à long terme, et en pratique, assure l'essentiel des relations avec les administrations, notamment la NRC (Nuclear Regulatory Commission) ainsi que le Congrès et l'opinion publique.

Un dialogue approfondi a été engagé entre les exploitants et la NRC depuis 1990. Ce travail de longue haleine a permis de mettre en œuvre de nouvelles approches de sûreté (PRA, *probabilistic risc assessment* depuis 1990, document de synthèse proposant les principes d'une réglementation fondée sur l'évaluation du risque et de la performance).

Les États-Unis ont repris confiance dans le nucléaire désormais présenté par l'administration comme « une énergie nationale ». Outre l'amélioration des performances qui représente, à puissance quasi constante, un accroissement de 30 % de la production, deux autres séries d'actions vont en ce sens.

- Le nombre des autorisations (7 sites - 14 tranches) déjà délivrées pour l'extension de la durée de vie de l'exploitation nucléaire (life extension) de 40 à 60 ans. À terme, les responsables de la NRC envisagent le passage à 60 ans pour 90 % des tranches existantes.
- Les programmes d'augmentation de la puissance des tranches en service. Les augmentations de puissance peuvent aller de 5 % à 15 % avec un retour sur investissement d'environ trois ans. D'ici à 2010, 5 000 MW supplémentaires pourraient ainsi être dégagés.

Cette reprise du nucléaire aux États-Unis semble durable car elle se situe dans un contexte de besoins croissants en électricité (taux de croissance prévu par le DOE de 1,8 % par an) et une meilleure acceptabilité sociale du nucléaire. Le NEI essaie ainsi de promouvoir un programme de développement de nouvelles tranches qui ferait passer à l'horizon 2020 le taux de pénétration du nucléaire de 20 à 23 %.

Dès à présent, la décision a été prise de stocker le combustible usé à Yucca Mountain et de financer des études préparatoires à la construction de nouvelles unités. L'exploitation de Yucca Mountain pourrait débuter vers 2012. Notons également que la validation administrative du concept AP 1000 (réacteur à eau sous pression à sûreté passive de conception Westinghouse) a été conclue récemment et que la construction d'un réacteur de ce type est envisagée entre 2006 et 2010.

Tableau 6.15. Évolution de la production brute d'électricité aux États-Unis depuis l'année 2000 (TWh) (source : IEA statistics 2005).

	2000	2001	2002	2003
Nucléaire	797,7	792,6	804,5	787,8
Hydraulique	280,0	214,7	291,8	305,7
Géothermique	14,6	14,2	14,9	14,9
Solaire	0,5	0,6	0,6	0,6
Éolien	5,7	6,8	10,5	11,3
Charbon	2 129,5	1982,1	2 038,6	2 086,8
Fuel	118,5	129,6	107,2	137,6
Gaz	634,3	659,9	712,4	670,2
Biomasse	71,7	64,5	70,4	70,7
TOTAL	4 052,5	3 865,1	4 050,9	4 081,5

6.3.5. Les perspectives en Asie

C'est en Asie que se situe le potentiel principal de croissance des capacités nucléaires au cours des trente prochaines années, même si l'Amérique latine qui connaît des conditions différentes (libéralisation, croissance incertaine, concurrence éventuelle de l'hydraulique) ne doit pas être ignorée.

Les contraintes environnementales croissantes y rendent attractive l'électricité d'origine nucléaire. Cet attrait pourrait être renforcé par l'implication progressive de ces pays dans des engagements de limitation des émissions de GES.

6.3.5.1. La Chine

À la création de la République Populaire de Chine (RPC) en 1949, alors que le pays sortait du chaos de la guerre avec le Japon et de la guerre civile entre les nationalistes de Tchang Kai-Chek et les communistes de Mao Zedong, ce dernier, une fois au pouvoir, mit en place un système politique fondé sur la théorie révolutionnaire marxiste-léniniste. L'action révolutionnaire était dirigée par le parti communiste chinois qui s'appuyait principalement sur les classes ouvrières et paysannes.

Au début des années 60, l'esprit révolutionnaire des masses populaires, en voie de tarissement, fut ranimé par le lancement du Mouvement d'Éducation Socialiste. On encouragea alors le travail manuel, les cadres et les étudiants furent envoyés dans les champs. Le Petit Livre Rouge, recueil de citations du « grand timonier » parues dans différents ouvrages ou conférences, fut massivement distribué à la population par l'armée. À partir des idées véhiculées par cet ouvrage naquit la révolution culturelle, qui s'attaqua d'abord aux intellectuels, puis aux anciens bourgeois et aux révisionnistes. Elle s'étendit de 1966 à la mort de Mao en 1976, faisant des centaines de milliers de victimes.

Mao laissa un bilan mitigé. Il réussit à stopper la guerre civile, à repousser l'envahisseur japonais, à vaincre la famine et l'analphabétisme, mais la Chine s'enlisa dans un état de sous-développement économique chronique.

Aussi, la période qui s'ensuivit, marquée par la démaoïsation du pays, débouchat-elle très vite, sous l'impulsion de Deng Xiaoping, sur une politique de développement industriel fortement inspirée du système capitaliste : on entama dès 1979 une ouverture du pays aux capitaux, techniques et produits étrangers. En 1987, une loi rétablit le commerce privé et une politique de libéralisme progressif fut engagée.

En 2000, deux décennies plus tard, la Chine est l'un des plus gros producteurs d'énergie du monde (3e producteur d'énergie, 2e producteur d'électricité) et l'un des plus gros consommateurs (2e en énergie, 10 % de la demande mondiale d'énergie, un quart de la consommation mondiale de charbon).

Or, son développement rapide amorcé en 1978 accroît ses besoins en énergie. La demande énergétique devrait croître de l'ordre de 4 à 5 % par an d'ici à 2015 et représenter un cinquième de l'augmentation de la demande mondiale d'électricité d'ici à 2020. Cette demande concerne tout particulièrement le secteur résidentiel et industriel avec l'électrification des zones rurales et le développement de l'équipement ménager.

La production et la distribution d'énergie seront donc parmi les plus grands défis que le pays aura à relever dans les décennies à venir. Il dispose d'abondantes ressources (hydrauliques et charbon), mais ses besoins évoluent rapidement et il se heurte à des problèmes d'infrastructures, notamment de transport de la houille, la localisation des ressources étant très éloignée des centres de consommation. Globalement, le volume du transport de la houille produite dans les régions du Shanxi, du Shaanxi et de la Mongolie intérieure vers les provinces à forte consommation représente près de 50 % du volume total des marchandises transportées par chemin de fer.

Le charbon continuera d'être la principale source d'énergie de la Chine, malgré les fortes pressions internationales liées aux problèmes de pollution. Cependant, l'accroissement de sa production de pétrole devrait être bien inférieure à la demande. Ainsi, depuis 1993, le pays est devenu importateur net de pétrole brut et vient de dépasser l 'Allemagne en tant que 4e consommateur mondial. Ses besoins croissants auront des conséquences prévisibles sur les approvisionnements et le prix du pétrole au niveau mondial.

Il existe ainsi une importante disparité entre l'offre et la demande d'énergie qui se traduit notamment par des pénuries fréquentes dans le domaine de l'électricité (15 à 20 % de la demande n'est pas satisfaite). Une utilisation plus importante du gaz naturel pourrait permettre de réduire ces déséquilibres, de soulager les problèmes d'environnement et de mieux contrôler la dépendance vis-à-vis des importations pétrolières.

La Chine devrait, en 2020, importer près des deux tiers de ses besoins en pétrole et se trouve donc confrontée à un enjeu primordial concernant la sécurité de ses approvisionnements, qui relève dorénavant pleinement de sa politique étrangère et de sécurité. Elle développe une politique énergétique à l'image de celle des pays de l'OCDE dans les années 70. Elle tend ainsi à diversifier ses fournisseurs et à se rapprocher des pays producteurs du Moyen-Orient et d'Asie centrale (en 1993, pour la première fois, les importations pétrolières en provenance du Moyen-

Orient ont dépassé celles en provenance de la zone Asie-Pacifique). Elle s'efforce également de développer les prospections en Chine, notamment par une ouverture aux investisseurs étrangers. Cette politique a des conséquences sur l'ensemble de la région Asie-Pacifique, notamment sur la question des îles Spratleys riches en ressources pétrolières et gazières, qui sont situées en mer de Chine et dont la souveraineté est disputée par de nombreux États côtiers (Chine, Philippines, Vietnam, Taïwan...). Les impératifs de développement, et notamment le besoin de garantir un cadre régional stable pour ses échanges économiques, devraient cependant conduire la Chine à opter pour une modération dans ses choix en matière de politique extérieure.

Du point de vue hydroélectrique, le projet phare est le très ancien projet de barrage des Trois Gorges sur le Yang Tsé Kiang, qui relève sans doute autant de l'affirmation de la puissance du pouvoir chinois par la maîtrise des eaux (attribut traditionnel des empereurs de Chine) que de la simple logique du développement énergétique. Mais ce projet, qui devrait fournir à lui seul 4 % de la production nationale d'énergie électrique, pourrait également, par son gigantisme, constituer une cible préoccupante en cas de conflit.

Étant donné les besoins énergétiques considérables, le recours à l'énergie nucléaire est incontournable. En partant du niveau actuel de 2,2 % de l'électricité nucléaire (en 2003 selon l'AIEA) pour atteindre l'objectif raisonnable de 4 ou 5 % en 2020, la Chine aura besoin de 40 à 42 nouveaux réacteurs de 1000 MWe. Elle a clairement exprimé son ambition d'ajouter d'ici à 2020, 32 000 MW de capacité de production nucléaire aux 8 500 MW actuellement en exploitation ou en construction.

De récentes décisions ont été prises de compléter les sites nucléaires existants et de lancer un appel d'offres international (septembre 2004) pour quatre tranches de génération 3 (celle de l' EPR) à installer dans les régions de Guangdong et Zhejiang (attribution des marchés fin 2005).

Cependant, l'énergie nucléaire restera marginale en Chine, même si elle offre l'avantage considérable de pouvoir être produite, hors de toute considération de transport, là ou les besoins s'en font le plus sentir.

En outre, le développement de l'énergie nucléaire risque de poser une série de problèmes écologiques, notamment en matière de gestion des déchets, en Chine même et pour ses voisins, alors que le système politique n'encourage ni la transparence des décisions ni la gestion efficace des risques.

D'une manière générale, dans le domaine énergétique comme dans celui des Droits de l'Homme ou encore des règles du commerce international, la RPC n'accepte pas la critique extérieure perçue comme une ingérence dans les affaires intérieures. Se situant délibérément en dehors du système international de l'après-guerre froide, la RPC se place ainsi, notamment dans le domaine énergétique, dans une position de rapports de force qui pourraient conduire le pouvoir chinois, s'il se sentait menacé, à des prises de position dangereuses.

6.3.5.2. Les États du Golfe et le développement durable

On peut distinguer schématiquement deux catégories de pays, au sein du Conseil de Coopération du Golfe (CCG), en fonction de leurs perspectives de production d'hydrocarbures : les premiers (Arabie Saoudite, le Koweit, le Qatar et Abou Dhabi) ont des ressources à long terme qui leur permettent d'aborder l'avenir avec sérénité, mais les seconds (Bahrein, Dubaï et le sultanat d'Oman), dont les réserves sont très limitées, doivent impérativement valoriser leurs ressources et s'investir dans la préparation de l'après-pétrole.

Pour l'ensemble de ces pays, qui détiennent au total (Iran et Irak compris) les deux tiers des réserves mondiales d'hydrocarbures, les perspectives de l'« après-pétrole » peuvent paraître lointaines.

Cette sécurité apparente masque en réalité des disparités d'un pays à l'autre et certains, plus que d'autres, ont entrepris de diversifier leur économie et de valoriser la production de pétrole brut et de gaz naturel, animés par la nécessité d'anticiper l'inéluctable tarissement des puits de pétrole.

Nulle part sur la planète ne sont réunies en un seul lieu des conditions aussi favorables à l'exploitation du pétrole et du gaz naturel. Ces conditions sont liées à la qualité du produit et à sa facilité d'exploitation :

- les nappes d'hydrocarbures que recèle le gigantesque géosynclinal du golfe Persique sont vastes, abondantes, peu faillées, peu profondes et donc d'un coût d'exploitation très faible (1 $ le baril (année 2000) contre 4 pour les gisements de la mer Caspienne et 10 pour ceux de la mer du Nord) ;
- elles produisent un pétrole d'excellente qualité (l'*arabian light* sert de référence sur le marché international pour sa fluidité et sa faible teneur en soufre) ;
- les hydrocarbures, qu'ils soient terrestres ou offshore, sont d'un embarquement facile à destination des pays consommateurs. En outre, le transport par pipelines ou oléoducs ne rencontre pas d'accident du relief et sur le plan politique, peu d'aléas liés à la traversée de pays hostiles sont à redouter, comme c'est aujourd'hui le cas pour les productions gazières d'Asie centrale ou pétrolières de la mer Caspienne. Enfin, cet or noir est à partager entre une population très faible (hors Iran/Irak), dont les besoins immédiats sont largement satisfaits.

Tous ces éléments ont fait accéder les populations locales à l'opulence et, dans une certaine mesure, les ont poussé à l'oisiveté, anéantissant les bases de l'économie antérieure.

En conséquence, la transition vers l'après-pétrole des pays du Golfe risque d'être problématique et de générer des tensions géopolitiques préjudiciables à l'équilibre mondial.

Résumé du chapitre 6

Les facteurs déterminants de la demande énergétique sont la démographie et la croissance économique modulée par l'intensité énergétique.

La population mondiale passera de 6 milliards d'habitants en 2000 à environ 9 milliards en 2050 et 11 milliards en 2100.

Dans les 30 prochaines années, les besoins énergétiques seront très variables d'un pays à l'autre mais globalement, ils seront en forte croissance :

- 10 Gtep en 2000,
- 15 Gtep en 2030,
- 20 Gtep en 2050.

La consommation d'énergie va de plus en plus se concentrer dans les pays en développement qui rattrapent les pays industrialisés.

Le Japon a rattrapé l'Occident en 50 ans.

La Chine est en train d'aller encore plus vite.

Les réserves d'énergie fossile sont limitées et il est nécessaire dès maintenant d'anticiper pour préparer au mieux la transition vers l'« après-pétrole ».

La durée de vie des réserves prouvées récupérables est de 40 ans pour le pétrole, 63 ans pour le gaz et 223 ans pour le charbon.

Cependant, il existe d'autres réserves d'hydrocarbures (schistes bitumineux, hydrates de méthane, sables asphaltiques...) dont les réserves sont difficilement quantifiables aujourd'hui.

A contrario, les réserves d'énergie primaire fissile sont quasiment inépuisables car elles possèdent une durée de vie de plusieurs millénaires.

En conséquence, la consommation d'hydrocarbures va connaître un pic vers 2020–2030 puis va décroître jusqu'à l'épuisement des réserves.

En 2060, les deux tiers de la consommation d'énergie seront satisfaits par les énergies renouvelables (surtout dans les pays en développement) et l'énergie nucléaire (en base dans les pays industrialisés).

En ce qui concerne la France, l'évaluation des besoins en énergie dans les 40 prochaines années montre que le recours massif au nucléaire est incontournable.

Le calcul montre qu'au moins 80 réacteurs de type EPR devront être opérationnels à l'horizon 2040.

En conséquence, les prévisions actuelles de la mise en service de 2 EPR par an à partir de 2020 devront être revues à la hausse si l'on veut éviter une grave pénurie d'électricité en France dans les 20 prochaines années.

D'une manière générale, il serait souhaitable dès maintenant de réorganiser le paysage énergétique :

- en valorisant l'énergie fossile
    - dans la pétrochimie, la fabrication de solvants, de bitume...
    - dans le transport (voitures hybrides, aviation, ...)
- en développant l'industrie électro-nucléaire dans les pays industrialisés,
- en encourageant les énergies renouvelables comme solutions complémentaires au nucléaire, dans le cadre d'une politique d'économie d'énergie.

Conclusion

ÉNERGIE ET CHOIX DE SOCIÉTÉ

Ad augusta per angusta
(à des résultats magnifiques par des voies étroites)

Victor Hugo (Hernani, acte 4)

Quel sera l'état du monde en 2050 ?

Nous éclairerons-nous à la bougie ?

Nous déplacerons-nous à bicyclette ?

Connaîtrons-nous une intensification des catastrophes naturelles ?

Ces questions peuvent paraître en première lecture incongrues mais elles s'avèrent, à l'analyse, pertinentes et appropriées.

Électricité

La production électrique ne peut pas être assurée de la même façon dans les pays en développement et dans les pays industrialisés.

Les premiers utiliseront le cas échéant leurs ressources locales à l'instar de la Chine, grande consommatrice de charbon. Ils exploiteront de préférence les énergies renouvelables mais devront évoluer vers un système de production occidental à mesure qu'ils s'industrialiseront.

Les pays développés devront, quant à eux, disposer d'un mix énergétique fondé sur l'énergie nucléaire en base et les énergies renouvelables en complément lorsque les conditions locales sont adaptées (topographie favorable pour l'hydraulique, vents réguliers suffisamment forts pour l'éolien, ensoleillement généreux pour le solaire...)

On évitera de brûler l'énergie fossile dans une centrale électrogène en l'économisant pour des applications plus nobles (pétrochimie, bitume, solvants... et transport).

L'inertie est grande entre la décision de construire une centrale nucléaire et sa mise en service industriel, et tout retard dans la réalisation d'un programme nucléaire fait courir au pays impliqué le risque d'une grave pénurie d'électricité.

La solution de repli sera le recours aux turbines à gaz dont les délais de réalisation sont courts et le retour sur investissement rapide mais cela ne peut constituer qu'une solution transitoire d'autant qu'elles sont émettrices de gaz à effet de serre et que les réserves de gaz sont limitées.

Rappelons que l'énergie nucléaire est sans conteste la meilleure solution pour la production électrique en base dans les pays industrialisés car :

- sa densité de puissance est considérable (1 gramme d'uranium équivaut énergétiquement à 1 tonne de pétrole),
- l'électricité nucléaire est la plus compétitive du marché,
- La durée de vie des réserves de matière fissile se chiffre en millénaires, rendant ces réserves quasiment illimitées à l'échelle de notre société,
- l'énergie nucléaire peut être utilisée avantageusement dans des applications de cogénération (dessalement de l'eau de mer, production d'hydrogène, chauffage urbain),
- la centrale nucléaire n'émet pas de gaz à effet de serre.

Transport routier

Les réserves d'hydrocarbures sont limitées : 40 ans pour le pétrole et 60 ans pour le gaz naturel, bien que des ressources complémentaires solides (schistes bitumineux, hydrates de méthane) ou liquides (sables asphaltiques) puissent accroître ces valeurs, dans des limites qui restent, dans l'état actuel des connaissances, inquantifiables.

Au-delà des carburants alternatifs (GPL, GNV, biocarburant...) dont l'usage ne peut être que limité, les solutions d'avenir gravitent autour de l'électricité.

Il s'agit de la voiture électrique, de la voiture hybride et de la voiture à pile à combustible.

La voiture électrique risque d'être cantonnée aux agglomérations à cause du manque d'autonomie des batteries.

Si des progrès importants sont possibles dans ce domaine, on pourra alors envisager une généralisation de ce type de véhicules. Les batteries seront rechargées « à la prise électrique », c'est-à-dire à l'électricité nucléaire.

La voiture hybride réalise un couplage entre moteur thermique et moteur électrique.

La batterie est rechargée lorsque la voiture fonctionne ou encore lorsqu'elle décélère, par récupération de l'énergie cinétique de freinage.

Au total, une économie de 30 à 40 % de carburant peut être obtenue.

Cependant, l'essence est toujours présente, donc également les gaz à effet de serre.

Une solution d'avenir peut être une voiture hybride fonctionnant avec une essence de synthèse (combinaison carbone et hydrogène).

Enfin, la pile à combustible possède l'avantage de ne pas émettre de GES et d'utiliser comme carburant l'hydrogène, abondant dans la nature.

Cependant, la production, le transport et le stockage d'hydrogène posent des problèmes de rentabilité et de sécurité.

Réchauffement climatique

Par son activité, l'homme est responsable du réchauffement climatique qui provoquera d'ici à la fin du siècle, si rien n'est changé dans ses habitudes, une augmentation de la température moyenne de la planète de 2 à 6 °C et une élévation du niveau des océans de 30 à 80 cm. Ces variations génèreront des fluctuations climatiques intensifiées et jalonnées de catastrophes naturelles.

Le protocole de Kyoto impose aux pays industrialisés un effort, variable d'un pays à l'autre, pour réduire leurs émissions de GES à l'horizon 2008–2012. Il ne représente qu'un premier pas vers la stabilisation des GES dans l'atmosphère, c'est-à-dire de la température moyenne à la surface de la Terre, mais il est à lui seul nettement insuffisant.

Au-delà de 2012, les pays en développement seront contraints d'apporter massivement leur contribution à l'effort de réduction des GES.

En conséquence, à l'horizon 2050 :

- nous nous éclairerons à la bougie si nous ne faisons pas aujourd'hui les bons choix en matière d'investissement pour nos besoins d'électricité ;
- nous nous déplacerons à bicyclette si nous ne préparons pas dès maintenant la période de l'« après-pétrole » ;

- nous subirons un désastre climatique si nous ne réduisons pas drastiquement les émissions de gaz à effet de serre.

S'éclairer à la bougie ou se déplacer à bicyclette peut être considéré comme acceptable pour les uns mais inconcevable pour les autres.

Objectivement, c'est à l'évidence une régression dans la grande marche de l'humanité mais l'Homme en a vécu d'autres et il a toujours su les surmonter.

L'homme est un être raisonnable. Gageons qu'il saura relever ces défis planétaires en effectuant les choix susceptibles d'assurer son épanouissement présent et à venir. C'est le sens du concept de développement durable.

La difficulté réside dans le caractère planétaire de la problématique énergétique.

À quoi cela sert-il que les pays développés se conforment au protocole de Kyoto si les pays en développement sont autorisés à polluer l'atmosphère et à épuiser les réserves d'énergie primaire ?

En outre, l'épanouissement de soi n'a pas le même sens pour un matérialiste occidental que pour un spiritualiste d'Asie du Sud, pour un confucianiste chinois que pour un animiste d'Afrique équatoriale. En conséquence, leurs besoins en énergie sont très différents. Nous ne pouvons pas imposer un mode de pensée, une culture unique à la planète entière car ce serait la mort de la civilisation.

Il n'est donc pas possible d'imposer des restrictions au plan mondial sur l'usage des ressources énergétiques. Nous ne pouvons, au mieux, qu'encourager les économies d'énergie. Il est tout aussi illusoire d'imposer une limitation du taux de croissance économique, de renoncer à l'économie de marché, sauf à s'orienter vers un système à économie planifiée dont on a pu récemment constater la faillite.

Nos chances d'atteindre l'objectif de stabilisation de la température moyenne à la surface de la planète, c'est-à-dire de diviser par deux les émissions de GES à l'horizon 2050, dépend d'une part de la vitesse à laquelle nous épuiserons les ressources fossiles (en prenant en compte la décroissance attendue de la production d'hydrocarbure à partir de 2020 et le tarissement des réserves avant la fin du siècle) et d'autre part de notre capacité à séquestrer le dioxyde de carbone.

Si nous y parvenons, nous limiterons le réchauffement climatique et, grâce à une gestion cohérente du mix énergétique dans lequel le nucléaire occupera une place prépondérante, étant donné les réserves de matière fissile de plusieurs milliers d'années et l'absence d'émission de GES, nous serons en mesure d'assurer sans risque de pénurie la transition vers des énergies « meilleures », aujourd'hui inconnues, que nos descendants lointains seront en mesure de mettre en place.

Si nous n'y parvenons pas, le désastre climatique occasionné par le réchauffement de la planète s'ajoutera au lot des catastrophes naturelles, des guerres, du terrorisme, de la misère, des maladies...

Là encore, l'instinct de conservation de l'Homme lui permettra de survivre jusqu'au retour naturel du froid, autrement dit de survivre en attendant la prochaine glaciation...

Annexes

Annexe 1

Unités

A 1.1. Unités et équivalences énergétiques.

	Joule	Kilowatt-heure	Calorie	Électron-volt
Joule		2,778.[-7]	0,2389	6,242.[18]
Kilowatt-heure	3,60.[6]		8,60.[5]	2,25.[25]
Calorie	4,186	1,163.[-6]		2,616.[19]
Électron-volt	1,602.[-19]	4,44.[-26]	3,828.[-20]	
u.m.a.	1,49.[-10]	4,14.[-17]	3,56.[-11]	931,12.[6]
btu	1055	2,930.[-4]	252	6,59.[21]

Notation : [8] = 10^8 ; [-4] = 10^{-4}. u.m.a. = unité de masse atomique. btu = british thermal unit.

A 1.2. Préfixes des multiples et sous-multiples.

Préfixe	Facteur	Symbole	Préfixe	Facteur	Symbole
exa	[18]	E	déci	[-1]	d
péta	[15]	P	centi	[-2]	c
téra	[12]	T	milli	[-3]	m
giga	[9]	G	micro	[-6]	μ
méga	[6]	M	nano	[-9]	n
kilo	[3]	k	pico	[-12]	p
hecto	[2]	h	fento	[-15]	f
déca	[1]	da	atto	[-18]	a

Notation : [9] = 10^9 ; [-12] = 10^{-12}.

Annexe 2

Définitions

Accélérateur. Dispositif servant à communiquer, sous l'action d'un champ électrique, une énergie cinétique très élevée à des particules chargées.

Actinide. Nom donné aux éléments chimiques de numéro atomique supérieur ou égal à celui de l'actinium (89).

Activité. Nombre de désintégrations nucléaires spontanées se produisant par unité de temps dans un élément de matière radioactive.

Alizé. Vent régulier de la zone intertropicale dû à la quasi-permanence des anticyclones sur les régions subtropicales et de dépressions sur les régions équatoriales.

Anticyclone. Centre de hautes pressions atmosphériques.

Antimatière. Matière dans laquelle chaque particule serait remplacée par l'antiparticule correspondante.

Antiparticule. Particule ayant des caractéristiques de charge et de moment magnétique opposées à celles de la particule considérée.

Asthénosphère. Partie plastique du manteau supérieur, sur laquelle flotte la lithosphère.

Atome. Constituant de base de la matière. Il est composé d'un noyau (neutrons + protons) autour duquel gravitent des électrons.

Bactérie. Micro-organisme vivant, généralement unicellulaire, sans noyau et se multipliant rapidement, mesurant moins de quelques micromètres.

Bagasse. Résidu végétal (tiges de cannes à sucre, marc de raison ou d'olive ...).

Baril. 159 litres - Baril américain (baril US) = 0,14 tonne de pétrole - 1 tonne de pétrole brut = 7 barils américains.

Barrière de potentiel. Rempart énergétique dû à la présence de forces répulsives autour d'un noyau et s'opposant à la pénétration d'une particule extérieure à ce noyau. Cette barrière empêche également les particules du noyau de s'échapper si leur énergie est inférieure au sommet de la barrière de potentiel.

Becquerel. Unité d'activité exprimant le nombre de désintégrations radioactives par seconde (symbole Bq).

Big Bang. Modèle théorique standard de la cosmologie selon lequel l'Univers actuellement observable est en expansion à la suite d'une explosion originelle survenue il y a 13,7 milliards d'années.

Biosphère. Ensemble des écosystèmes de la planète, comprenant tous les êtres vivants et les milieux où ils vivent.

Boson. Particule de spin entier, n'obéissant pas au principe d'exclusion de Pauli. Les quatre forces d'interaction entre fermions responsables de la cohésion de l'Univers sont des bosons.

Burn-up. Synonyme de combustion massique.

Catalyser. Accélérer une réaction chimique sans que la substance accélératrice (catalyseur) ne subisse elle-même de modifications.

Clathrates. Hydrates de gaz (principalement du méthane), constitués de molécules gazeuses emprisonnées dans des molécules d'eau, se trouvant dans les sédiments sous-marins.

Cœur. Région d'un réacteur nucléaire dans laquelle peut se produire une réaction nucléaire en chaîne.

Compost. Mélange de détritus organiques et de matières minérales (sable, cendre ...) destiné à engraisser et alléger le sol.

Corium. Amas de combustibles et d'éléments de structure du cœur d'un réacteur nucléaire fondus et mélangés, pouvant se former en cas d'accident grave.

Coriolis (force de). Force due à la rotation de la Terre, qui dévie notamment les vents vers la droite dans l'hémisphère Nord et vers la gauche dans l'hémisphère Sud.

Criticité. État du cœur d'un réacteur nucléaire, dit critique, qui est les siège d'une réaction en chaîne stable, c'est-à-dire dans lequel la puissance est constante.

Combustion massique (ou burn-up ou taux de combustion). Énergie totale libérée par unité de masse dans un combustible nucléaire. Généralement exprimée en mégawatts × jours par tonne.

Critique. État d'une réaction nucléaire en chaîne stabilisée (le taux de production des neutrons est égal à leur taux de disparition).

Défaut de masse. Différence entre la somme des masses des nucléons constituant un noyau et la masse de ce noyau.

Défense en profondeur. Lignes de défense successives visant à prévenir l'occurrence, ou de limiter les conséquences de défaillances techniques ou humaines susceptibles de conduire à des situations accidentelles.

Demi-vie radioactive. Voir période radioactive.

Dépression. Centre de basses pressions atmosphériques.

Désintégration radioactive. Modification subie par un noyau, le transformant en un ou plusieurs autres noyaux ou particules, avec dégagement d'énergie.

Deutérium. Isotope lourd de l'hydrogène dont le noyau est formé d'un proton et d'un neutron.

Dioxine. Tétrachloro-dibenzo-paradioxine. Produit très toxique émis lors de la combustion du charbon.

Doppler (effet). En physique des réacteurs nucléaires, élargissement de la bande d'énergie de résonance des sections efficaces des particules cibles résultant de leur agitation thermique.

Eau légère. Eau ordinaire (H_2O) par opposition à eau lourde (D_2O).

Eau lourde. Protoxyde de deutérium (D_2O), D étant le deutérium et O l'oxygène.

Effet de serre. Hausse de la température imputable au rayonnement solaire qui peut pénétrer dans l'atmosphère terrestre alors que le rayonnement thermique qui en résulte ne peut en sortir.

Électrolyte. Composé qui, à l'état liquide ou en solution, permet le passage du courant électrique par déplacement d'ions.

Électron. Particule élémentaire portant la plus petite charge électrique.

Endothermique. Qualificatif d'une réaction qui absorbe de l'énergie.

Énergie de liaison. Énergie nécessaire à une particule pour l'extraire d'un système.

Énergie nucléaire. Énergie libérée dans les réactions de fission ou de fusion nucléaire.

Enrichissement. Processus par lequel la teneur isotopique d'un élément relatif à un isotope déterminé est augmentée.

Exothermique. Qualificatif d'une réaction qui libère de l'énergie.

Fermion. Particule de spin demi-entier obéissant au principe d'exclusion de Pauli. Les quarks et les leptons sont des fermions.

Fertile. Qualifie un noyau susceptible d'être transformé en un noyau fissile par capture de neutron.

Fission nucléaire. Réaction nucléaire au cours de laquelle un noyau lourd se divise pour former deux noyaux plus légers.

Fossile (énergie). Produite à partir de combustibles issus de la Terre et d'origine organique (charbon, pétrole, gaz naturel).

Fumerolle. Émanation gazeuse sortant à haute température de crevasses, dans des régions à forte activité volcanique.

Fusion nucléaire. Réaction nucléaire au cours de laquelle deux noyaux légers s'unissent pour former un noyau plus lourd.

Geyser. Source d'eau chaude caractérisée par une projection verticale d'eau intermittente.

Ion. Atome, molécule ou groupe de molécules possédant une charge électrique totale non nulle.

Isotopes. Noyaux ayant le même nombre de protons mais un nombre différent de neutrons.

Kérogène. Substance brunâtre et boueuse, provenant de la dégradation de déchets organiques, qui est à l'origine de la formation du pétrole dans les couches géologiques.

Kérosène. Carburant obtenu par raffinage du pétrole brut et utilisé pour les moteurs d'avions.

Lithosphère. Revêtement solide de la Terre, formé de la croûte terrestre et de la partie supérieure solide du manteau, qui flotte sur l'asthénosphère.

Lixiviat. Liquide résiduel provenant de l'infiltration d'eau à travers une décharge.

Manteau. L'une des trois zones concentriques de la Terre, entre le noyau et la croûte.

Masse critique. Masse minimale de matière fissile qui peut être rendue critique pour un arrangement géométrique et une composition matérielle donnés.

Matière radioactive. Toute matière ayant une activité spécifique supérieure à 70 000 Bq/kg.

Modérateur. Substance utilisée dans les réacteurs nucléaires pour réduire, au moyen de collisions de diffusion et sans capture appréciable, l'énergie cinétique des neutrons.

Mousson. Régime de vents dont la direction, constante au cours d'une saison, s'inverse brutalement d'une saison à l'autre, produisant des variations climatiques importantes (sécheresse, pluies torrentielles).

Neutron. Composant du noyau de charge nulle.

Neutron prompt. Neutron accompagnant le processus de fission sans retard mesurable.

Neutron retardé. Neutron accompagnant le processus de fission avec un retard égal à celui de la désintégration bêta du produit de fission qui lui a donné naissance.

Neutron thermique. Neutron en équilibre thermique avec le milieu dans lequel il se trouve.

Nombre de charge. Nombre de protons contenus dans le noyau. On le désigne par Z. Il est égal au numéro atomique.

Nombre de masse. Somme des neutrons et des protons dans le noyau. On le désigne par A.

Noyau. Partie centrale de l'atome, chargé positivement et constitué de protons et de neutrons.

Noyau fissile. Noyau pouvant subir une fission provoquée par l'absorption d'un neutron lent.

Nucléon. L'un ou l'autre des constituants du noyau, proton ou neutron.

Numéro atomique. Numéro attribué à chaque élément dans la classification de Mendeleïev. Il est égal au nombre de charge.

Ozone. Molécule formée de trois atomes d'hydrogène présentes dans l'atmosphère terrestre.

Particule élémentaire. Particule actuellement considérée comme une entité simple non dissociable.

Période radioactive (ou demi-vie radioactive). Temps au bout duquel la moitié des atomes, contenus dans un échantillon de substance radioactive, se sont naturellement désintégrés.

Perturbation. Ensemble de phénomènes atmosphériques qui accompagne la rencontre de deux masses d'air d'origines et de caractéristiques différentes.

Photon. Particule élémentaire sans masse ni charge électrique.

Photosynthèse. Synthèse de substances organiques effectuée par les plantes vertes exposées à la lumière.

Pile atomique. Synonyme de réacteur nucléaire.

Plasma. Matière gazeuse très chaude, constituée d'ions positifs et d'électrons, électriquement neutre et très conductrice. Le plasma est considéré comme un quatrième état de la matière.

Produit de fission. Fragments de noyaux lourds produits par la fission nucléaire.

Pyrolyse. Décomposition chimique provoquée par la chaleur.

Entropie. Grandeur thermodynamique qui caractérise l'état de désordre d'un système.

Proton. Composant du noyau de charge électrique égale et opposée à celle de l'électron et de masse voisine de celle du neutron.

Radioactivité. Propriété de certains noyaux d'émettre spontanément des particules α (hélium), β (électron ou positon) ou un rayonnement électromagnétique γ.

Réactivité. En physique des réacteurs nucléaires, paramètre traduisant l'écart de l'état de fonctionnement du réacteur par rapport à la criticité.

Reformage. Procédé thermique ou catalytique de traitement des fractions légères du pétrole, qui permet d'extraire les essences à fort indice d'octane ou à teneur élevée en hydrocarbures aromatiques.

Relativiste. Caractérise une particule dont la vitesse approche celle de la lumière.

Section efficace. Mesure de la probabilité d'interaction d'une particule avec un noyau cible.

Solfatare. Terrain volcanique d'où sortent des fumerolles sulfureuses chaudes.

Spin. Moment angulaire intrinsèque d'une particule. Voisin de la notion de « rotation sur soi-même ».

Stratosphère. Couche de l'atmosphère située au-dessus de la troposphère (entre 10 et 50 km d'altitude).

Supernova. État explosif final des étoiles massives ou de naine blanche (état final des étoiles de petite masse).

Supraconducteur. Métal ou alliage dont la résistivité (résistance spécifique au mouvement des électrons) tombe brusquement à une valeur quasi nulle à une température dite critique.

MA	Moyenne Activité
MCFC	Molten Carbonate Fuel Cells
MHE	Micro-Hydro-Electricité
MIT	Massachussetts Institute of Technology
MOX	Mixed Oxide
MSI	Mise en Service Industriel
MSR	Molten Salt Reactor
OCDE	Organisation de Coopération et de Développement Économique
OMC	Organisation Mondiale du Commerce
ONG	Organisation Non Gouvernementale
OPEP	Organisation des Pays Exportateurs de Pétrole
ORNL	Oak Ridge National Laboratory
PAFC	Phosphore Acid Fuel Cells
PE	Polyéthylène
PEMFC	Proton Exchange Membrane Fuel Cells
PET	Téréphtalate de polyéthylène
PFC	Perfluorocarbone
PFVL	Produit de Fission à Vie Longue
PNB	Produit National Brut
PNUD	Programme des Nations unies pour le Développement
PNUE	Programme des Nations unies pour l'Environnement
ppm	Partie par million
PVC	Chlorure de Polyvinyle
PWR	Pressurized Water Reactor
QCD	Quantic Chromodynamics
QED	Quantic Electrodynamics
RBMK	Reaktor Bolchoï Mochtnosti Kanalnyi
RCP	Réacteur Circuit Primaire
REB	Réacteur à Eau Bouillante
REP	Réacteur à Eau sous Pression
RIS	Réacteur Injection de Secours
RNR	Réacteur à Neutrons Rapides
RPC	République Populaire de Chine
R&D	Recherche et Développement
RTE	Gestionnaire du Réseau de Transport d'Électricité

SCLWR Super Critical Light Water Reactor
SFR Sodium Cooled Fast Reactor
SOFC Solid Oxid Fuel Cells
STEP Station de Transfert d'Énergie par Pompage

TAG Turbine À Gaz
TAV Turbine À Vapeur
TEP Tonne Équivalent Pétrole
TFA Très faible Activité
TMI Three Mile Island
TNT Trinitrotoluène

UNGG Uranium Naturel Graphite Gaz

VHTR Very High Temperature Reactor
VVER Vodo Vodianyi Energetichesky Reakto

WTW Well to wheel

Index

D

E

F

P

Q

R

S

T

V

Y

Imprimé en France. - JOUVE, 11, bd de Sébastopol, 75001 PARIS - FRANCE
N° 386771V. - Dépôt légal : Novembre 2005